白色LED照明システム
技術と応用

Technology and Application of White LED Lighting System

監修:田口常正

シーエムシー出版

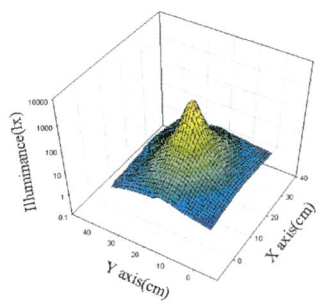

第2章 図2 白色集積光源の照度分布
(指向角15deg)

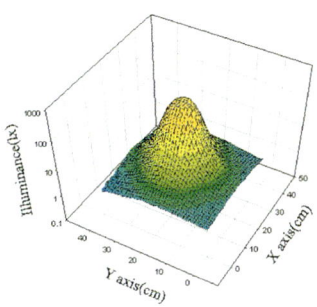

第2章 図3 白色集積光源の照度分布
(指向角30deg)

光源の直下から外側へ向けて
青色から黄色へと変化

第2章 図4 白色LEDの照射面の色ムラ

i

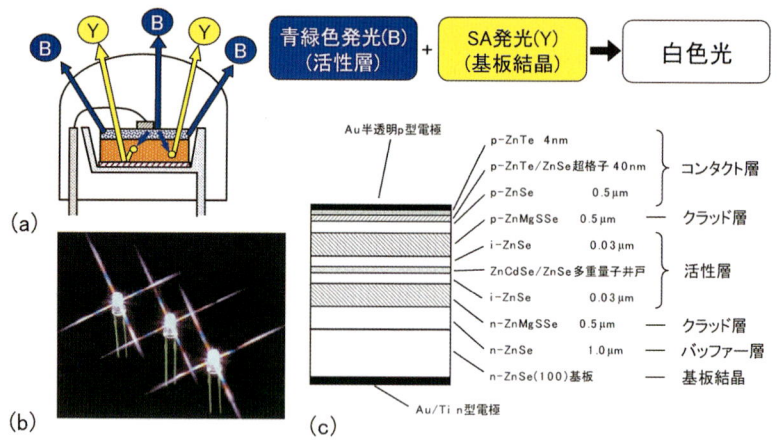

第5章4　図2　ZnSe系白色LEDの(a)発光概念図、(b)モールドされた素子、(c)断面構造。

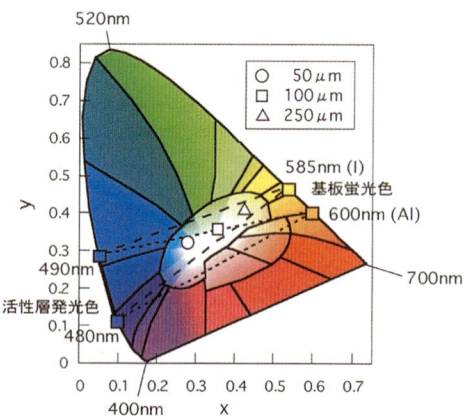

第5章4　図3　白色を得るための色度図上での色合成と基板厚(50, 100, 200μm)による色度制御。

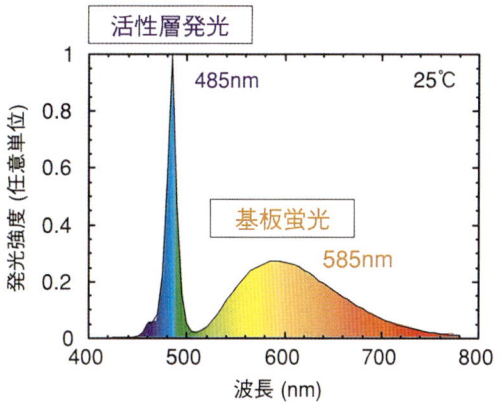

第5章4　図4　ZnSe白色LEDの発光スペクトル。

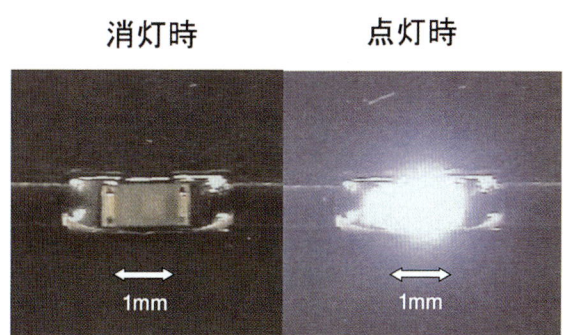

第5章4　写真1　表面実装したZnSe系白色LED。

(a) 昼景　　　　　　　　　　　　(b) 夜景（点灯時）

第7章6　図5　開発した白色LED街灯

(a)夜景（点灯時）　　　　　　　　(b)昼景

第7章6　図8　設置したLEDサインパネル

はじめに

　GaN系半導体を利用した白色発光ダイオード（LED＝light-emitting diode）が次世代固体照明光源として期待されるまでには幾多の変遷があった。少なくとも，10年前は学界，産業界でほとんど誰も見向きもしなかった。青色LEDには多くの研究者が注目したが，白色LEDの使い道（市場）は全くなかったと言っても過言ではない。

　1997年，青色LEDで黄色蛍光体（YAG：Ce＝セリウム添加イットリウム・アルミニウム・ガーネット）を励起して，青色と蛍光の黄色という補色による擬似白色LEDが商品化された。これと携帯電話（液晶バックライト）の爆発的な普及がなかったら，白色LEDの実用化はほとんど進まなかっただろう。

　1998年，化合物半導体で近紫外光を発するLEDを作り，蛍光灯と同じ原理でRGB（光の3原色，Rは赤，Gは緑，Bは青）蛍光体を励起して白色光を作り出す蛍光灯式の新型白色LED光源作製の概念が登場した。

　白色LED光源は蛍光灯で使っているガラス管，不活性ガス，水銀などが必要でない。さらに，変圧器，昇圧器も不要で電力が大幅に省け，熱の発生も少ない。理想的な白色光源である。これで白熱電球や蛍光灯を代替することができるなら省エネルギーで廃棄物が少なく，地球環境にやさしい照明システムを作ることが可能である。

　このアイディアは，1998年，経済産業省の地球温暖化防止京都会議に向けた省エネルギー対策の国家プロジェクト「高効率電光変換化合物半導体開発（21世紀のあかり）」に採用された。"21世紀のあかり"プロジェクトは，本格的な白色LED照明の開発とその照明システム技術の実用化に取り組んだものである。即ち，白色LED照明は，21世紀のあかりなのである。

　本著は，"21世紀のあかり"計画に参加した13社すべてのグループの新進気鋭のメンバーにより執筆された，白色照明に関する国内外で最も優れた書籍である。内容も基礎から応用および製品化まで分りやすく書かれており，特に最新の白色LED研究の現状と将来動向を知ることができ，学生のみならず，現場の研究者と技術者にとって座右の書となることを願っている。

2003年6月

　　　　　　　　　　　　　　　　　　　　　　　　　山口大学　工学部　田口常正

普及版の刊行にあたって

本書は2003年に『白色LED照明システム技術の応用と将来展望』として刊行されました。普及版の刊行にあたり，内容は当時のままであり加筆・訂正などの手は加えておりませんので，ご了承ください。

2008年6月

シーエムシー出版　編集部

執筆者一覧(執筆順)

田口　常正	山口大学　工学部　電気電子工学科　教授	
内田　裕士	山口大学　工学部　電気電子工学科	
森　　　哲	山口大学　工学部　電気電子工学科	
山田　陽一	山口大学　工学部　電気電子工学科　助教授	
渡辺　　智	アジレント・テクノロジー㈱　アジレント研究所　プロジェクトマネージャー	
	(現) Philips Lumileds Lighting　Research and Development Section Manager	
甲斐荘敬司	㈱ジャパンエナジー　精製技術センター　主任研究員	
草尾　　幹	(現) 住友電気工業㈱　半導体技術研究所　主席	
元木　健作	住友電気工業㈱　エピソリューション事業部　主席	
	(現) 住友電気工業㈱　半導体技術研究所　主幹	
前田　尚良	住友化学工業㈱　筑波研究所　主席研究員	
	(現) 鳥取大学　産学・地域連携推進機構　研究推進部門　副部門長・教授	
砂川　和彦	並木精密宝石㈱　Y.B.O.商品部　開発グループ　マネージャー	
岡川　広明	(現) 三菱電線工業㈱　LED事業開発部　主席部員	
倉井　　聡	(現) 山口大学大学院　理工学研究科　助教	
只友　一行	三菱電線工業㈱　情報通信事業本部　フォトニクス研究所	
	(現) 山口大学大学院　理工学研究科　教授	

酒井 浩光	昭和電工㈱　研究開発センター　3グループ
鈴木 尚生	化成オプトニクス㈱　蛍光体技術室　担当部長
吉田 清輝	(現)古河電気工業㈱　横浜研究所　GaNプロジェクトチーム　チーム長
武部 敏彦	住友電気工業㈱　半導体技術研究所　主幹 (現)㈱新エネルギー・産業技術総合開発機構（NEDO）イノベーション実用化推進グループ　主査
中村 孝夫	(現)住友電気工業㈱　半導体技術研究所　グループ長
原田 光範	(現)スタンレー電気㈱　研究開発センター　デバイス開発グループ　研究員
森田 康正	スタンレー電気㈱　光半導体第一技術部　技術開発課
船本 昭宏	(現)オムロン㈱　技術本部　先端デバイス研究所　主事
石井 健一	三菱電機照明㈱　器具技術部　照明技術課　課長
金森 正芳	山田照明㈱　LED開発室
山田 健一	松下電工㈱　照明分社　照明R＆Dセンター　光源グループ
後藤 芳朗	(現)松下電工㈱　LED・特品・新市場開発センター　LED事業推進部　技師
小野 紀之	小糸工業㈱　照明技術部　課長
小橋 克哉	山口大学　工学部　電気電子工学科　技官 (現)㈱中川研究所　研究開発グループ　研究員

執筆者の所属表記は，注記以外は2003年当時のものを使用しております。

目　　次

序　　章　　　　　　田口常正

1　まえがき……………………………………1
2　高効率LEDの開発と発光メカニズム…2
3　高効率青色・近紫外LEDの開発………3
4　白色LED……………………………………5
5　まとめ………………………………………6

第1章　白色LED研究開発の状況：歴史的背景　　田口常正，内田裕士

1　はじめに……………………………………9
2　照明用光源の発光効率…………………10
3　新しいタイプの白色LEDの登場………11
4　従来の白色LEDの問題点………………11
4.1　RGB LEDによる白色LED……………11
4.2　青色LED＋蛍光体……………………12
5　白色LEDの特性比較……………………17
6　おわりに…………………………………18

第2章　白色LED照明光源の基礎特性　　田口常正，森　哲

1　はじめに…………………………………21
2　白色LED集積光源における照度分布…21
　2.1　光源の配置形状と照射面における照度分布………………………………21
　2.2　集積光源における照度測定結果……22
3　白色LED1素子の配光特性……………23
　3.1　白色LED単体における配光測定方法と測定距離について…………………23
　3.2　白色LED単体の配光測定結果………25
4　砲弾型LEDの配光分布と色ムラの関係…27
　4.1　蛍光体塗布の有無と色ムラについて…27
　4.2　砲弾型LEDのエポキシ樹脂と色ムラについて………………………………29
　4.3　砲弾型LEDと表面実装型(SMD: Surface Mount Device)LEDの比較…31
5　おわりに…………………………………34

第3章　白色LED光源の発光メカニズム　　山田陽一，渡辺　智

1　はじめに…………………………………35
2　$In_xGa_{1-x}N$混晶半導体の光学特性………35

I

2.1 In$_x$Ga$_{1-x}$N混晶半導体の輻射再結合モデル …………………36	3.1 キャリアの局在効果と分極電界効果…43
2.2 In$_x$Ga$_{1-x}$N混晶半導体の発光スペクトル ……………………………37	3.2 発光波長シフト …………………………44
	3.3 外部量子効率の電流依存性 (効率曲線) ……………………………46
2.3 In$_x$Ga$_{1-x}$N混晶半導体の吸収スペクトル ……………………………39	3.4 面内発光分布 ……………………………49
	3.5 フォトルミネッセンス特性 ……………50
2.4 ストークスシフトの温度依存性 ……41	4 LED効率 ……………………………………51
3 In$_x$Ga$_{1-x}$N系量子井戸LEDの発光特性 …43	5 おわりに ……………………………………53

第4章　青色LED，近紫外LEDの作製

1 結晶成長……………………………………55	(2) HVPE法とそのバルクへの応用について ………………………………71
1.1 バルク…………………………………55	
1.1.1 高圧溶液成長法によるバルクGaN単結晶の成長………甲斐荘敬司…55	(3) 2インチ径窒化ガリウム基板の作成 ………………………………………72
(1) はじめに ……………………………55	(4) 転位分布 ……………………………73
(2) 高圧溶液成長法 ……………………55	(5) 新しい転位低減手法DEEPの提案 …………………………………………75
(3) 結晶成長 ……………………………56	
(4) 結晶の評価 …………………………59	(6) おわりに ……………………………76
(5) おわりに ……………………………61	1.2 ホモエピ用GaN on sapphire基板 (テンプレート) ………前田尚良…77
1.1.2 低圧気相法によるGaNエピタキシャル基板の開発……草尾　幹…63	
	1.2.1 はじめに …………………………77
(1) はじめに ……………………………63	1.2.2 Epitaxially Lateral Overgrowth(ELO)について ……78
(2) 概要 …………………………………63	
(3) GaN合成プロセスの熱力学的検討 …………………………………………64	1.2.3 Facet Controlled ELO(FACELO)による転位密度低減 ………82
(4) GaN単結晶成長 ……………………66	1.2.4 FACELO基板のLED性能におよぼす効果 ……………………………85
(5) おわりに ……………………………69	
1.1.3 Hydride Vapor Phase Epitaxy(HVPE)によるバルク結晶 ……………………元木健作…71	1.2.5 おわりに …………………………86
	1.3 サファイヤ ……………砂川和彦…88
	1.3.1 はじめに …………………………88
(1) はじめに ……………………………71	1.3.2 サファイヤ基板の品質 …………89

1.3.3 サファイヤ基板の研磨……92	1.5.3 NH₃GS-MBE法を用いたホモエピタキシャル成長……110
1.3.4 試験結果……93	
1.3.5 GaN基板の研磨……95	1.5.4 GaNバルク単結晶の表面極性制御……112
1.3.6 おわりに……96	
1.4 MOCVD………岡川広明…97	1.5.5 おわりに……113
1.4.1 GaN系材料のMOCVD装置……97	2 デバイス作製………只友一行…115
1.4.2 GaN成長……98	2.1 プロセス概要……115
1.4.3 InGaN……99	2.2 p型導電性制御……116
1.4.4 AlGaN……99	2.3 反応性イオンエッチング加工(RIE)…117
1.4.5 AlGaInN……100	2.4 オーム性接触電極……118
1.4.6 GaNの高品質化……100	3 特性評価………酒井浩光…123
1.5 MBE………倉井 聡…105	3.1 転位密度低減（下地GaN層の影響）…123
1.5.1 はじめに……105	3.2 発光層の最適化……125
1.5.2 RF-MBE法によるホモエピタキシャル成長……105	3.3 p-AlGaN層クラッド層の最適化……126
	3.4 近紫外LEDランプ特性……127

第5章　高効率近紫外LEDと白色LED

1 高効率近紫外LED………只友一行…131	2.4 混合白色光……143
1.1 はじめに……131	2.5 発光特性の評価……145
1.2 近紫外LEDの開発課題と高効率近紫外素子構造……131	2.6 安定性……147
	2.6.1 初期特性のばらつき……147
1.3 LEDの発光効率……133	2.6.2 温度特性……147
1.4 LEPS-NUV-LEDの電気特性……135	2.6.3 劣化特性……148
1.5 LEPS-InGaN-LEDの発光出力特性…136	2.7 赤色蛍光体の開発……148
1.6 LEPS-InGaN-LEDの発光スペクトル……138	2.8 おわりに……149
	3 3原色(RGB)白色LED化に向けたGaNP系窒化物新発光材料開発…吉田清輝…150
1.7 おわりに……139	
2 白色LED用蛍光体………鈴木尚生…141	3.1 はじめに……150
2.1 白色LEDの構成……141	3.2 光照射MOCVD……152
2.2 白色LED用蛍光体の必要特性……141	3.2.1 原理……152
2.3 近紫外発光蛍光体の選択……142	3.2.2 実験装置……153

  3.2.3 GaNPの成長結果および考察 …154
3.3 GaNP LED ………………………156
3.4 Pイオン注入法によるGaNP LED…160
3.5 おわりに………………………………161
4 ZnSe系白色LED
  ………………武部敏彦，中村孝夫…163
 4.1 はじめに………………………………163
 4.2 高品質基板およびホモエピタキシャル層の開発………………………163
 4.3 基板発光を用いた白色発光の原理…164
 4.4 ZnSe系白色LEDの特性 …………166
 4.5 ZnSe白色LEDの特性向上 ………169
 4.6 ZnSe白色LEDの応用 ………………172
 4.7 おわりに………………………………172

第6章　白色LED実装化技術

1 蛍光体とパッケージング……**原田光範**…175
 1.1 はじめに………………………………175
 1.2 青色LED＋YAG蛍光体の白色化およびパッケージ………………………175
 1.3 近紫外LED＋RGB蛍光体の白色化およびパッケージ………………………177
 1.4 高出力白色LEDのパッケージ ……182
 1.5 おわりに………………………………183
2 樹脂モールド …………………**森田康正**…184
 2.1 LED封止樹脂の現状…………………184
  2.1.1 透明液状エポキシ樹脂 ………184
  2.1.2 トランスファーモールド樹脂 …185
  2.1.3 シリコーン樹脂 ………………185
 2.2 白色LED用モールド材料 …………186
  2.2.1 エポキシ樹脂の紫外線劣化 …186
  2.2.2 水添ビスフェノールAグリシジルエーテルの酸無水物硬化 …188
 2.3 紫外，白色LED用封止樹脂の開発動向………………………………………190
  2.3.1 エポキシ樹脂系 ………………190
  2.3.2 シリコーン系 …………………190

第7章　白色LEDの応用と実用化

1 大型白色LED照明装置の可能性
 ………………………………**船本昭宏**…193
 1.1 はじめに………………………………193
 1.2 発光領域変換型照明システムの比較
 ………………………………………193
 1.3 ベクター放射結合型LED照明 ……195
 1.4 ベクター放射結合型LED照明の試作
 ………………………………………199
 1.5 将来像…………………………………202
 1.6 おわりに………………………………202
2 集積化白色LED光源の熱対策
 ………………………………**石井健一**…204
 2.1 はじめに………………………………204
 2.2 熱による影響…………………………204
 2.3 発生熱の伝熱経路……………………207
 2.4 LEDを集積した時の温度上昇につ

いての検証……………………208	4.5 おわりに……………………230
2.5 熱対策のまとめ………………212	5 道路用，トンネル内LED照明装置の
3 一般照明装置の製品化(1)	実例……………小野紀之…232
……………………金森正芳 214	5.1 道路交通分野におけるLEDの利用…232
3.1 はじめに……………………214	5.2 道路，トンネル照明のLED照明装
3.2 照明用光源としての白色LEDにつ	置の実例……………………233
いて……………………214	5.2.1 歩道灯……………………233
3.2.1 寿命……………………214	5.2.2 足元灯……………………234
3.2.2 発光効率………………215	5.2.3 ソーラー照明灯…………235
3.2.3 コスト効率………………215	5.2.4 ハイブリッド照明灯……235
3.3 白色LED照明の製品化について …217	5.2.5 センターライン表示灯…236
3.3.1 LED光源ユニット…………217	5.2.6 誘導灯……………………237
3.3.2 LED照明器具………………217	5.2.7 ガイドライトシステム…237
3.3.3 施工事例……………………219	5.2.8 非常口表示灯………………239
3.4 白色LED照明の今後について …219	5.3 道路，トンネル照明における白色
4 一般照明装置の製品化(2)	LEDの今後………………239
……………山田健一, 後藤芳朗…223	6 集積化，街灯，サインパネルの実例
4.1 はじめに……………………223	……………田口常正, 小橋克哉…240
4.2 白色LEDの現状と課題…………223	6.1 はじめに……………………240
4.3 白色LEDのモジュール化………224	6.2 集積化した多点光源……………240
4.4 LED照明製品事例………………226	6.3 照度分布シミュレーション……241
4.4.1 フットライト……………226	6.4 省エネルギー型街灯の試作と照明
4.4.2 スポットライト……………226	特性……………………243
4.4.3 デスクスタンド……………227	6.5 LEDサインパネル………………245
4.4.4 LED照明施設例……………228	6.6 おわりに……………………248

第8章　海外の動向，研究開発予測および市場性　　田口常正

1 はじめに……………………251	2.3 韓国……………………253
2 高効率白色LED開発の世界動向……251	2.4 その他……………………253
2.1 アメリカ……………………252	3 研究開発予測……………………254
2.2 台湾……………………253	4 市場性……………………255

5　おわりに ……………………………256

第9章　まとめと今後の課題および将来展望　　田口常正

1　はじめに ……………………………257
2　白色LED照明の将来展望 ……………258
3　将来展望と課題 ……………………260

序　章

田口常正*

1　まえがき

　GaAs，GaP，GaN系III-V族化合物半導体を用いた可視光発光ダイオード（Light-emitting diode：LED）は，その電気から光への変換効率が約30％を超え，表示用光源から照明用光源として実用化されている[1]。LEDの光放射は，基本的に半導体固有の性質によるもので，熱や放電の光ではない。従って，LED照明器具は，通常の白熱電球と違って手で触っても熱くなく安全，更に寿命が長いので廃棄の発生も少ない。また，水銀などの有害な物質が含まれていないので，地球環境に優しい照明用光源として期待できる。

　特に，窒化物系混晶半導体InGaNを用いた，10カンデラ以上の高光度青色LEDと蛍光体（YAG：Ce）の組合せにより，発光効率20 lm/W以上の白色LEDが商品化され[2]，次世代省エネルギー照明光源として脚光を浴びている。更に，短波長の紫外領域で発光する近紫外線（nUV）LEDについても，最近，革新的な素子構造が開発され，外部量子効率（η_e）が40％以上のnUV LEDと3原色蛍光体の組み合わせによる蛍光灯と類似の照明用白色LED光源も実現された[3]。

　白色LEDは日本で生まれた技術であり，ガラス管式白熱電球，放電式蛍光灯を代替することが可能な固体照明光源として期待が大きい。1997年，国連気候変動枠組条約第三回締約国会議（COP3）において，我が国における温室効果ガス排出量の1990年比6％削減が求められ，地球温暖化対策として，我が国の産業，民生，運輸部門における省エネルギーの推進が喫緊の課題となっている。民生用のエネルギー消費量の約20％以上を占める照明の省エネルギー技術開発は極めて重要であり，現在の白熱電球，蛍光灯を上回るエネルギー効率を有する白色LED照明光源を実用化することを目的に，1998年に通産省（現，経済産業省）の"高効率電光変換化合物半導体開発"（通称，21世紀のあかり）国家プロジェクトが開始された[4]。これを契機として，世界各国で白色LEDを用いたsemiconductor lighting（半導体照明）または，solid state lighting（固体照明）という分野の技術革新が積極的に行われている[5]。

　本章では，InGaN系半導体を中心とした次世代高効率白色LED照明技術の開発状況およびそ

＊ Tsunemasa Taguchi　山口大学　工学部　電気電子工学科　教授

の照明応用技術の概要を述べる。

2 高効率LEDの開発と発光メカニズム

　LEDは，半導体のp-n接合に順方向電流を流すと発光する素子であり，光の閉じ込めと電流狭窄を行うため，通常はダブルヘテロ（DH）接合，および量子井戸（QW）構造を用いる[6]。可視光LEDの開発の歴史はまだ新しく，GaAsPで1962年赤色LEDを商品化したのが始まりであると考えられている。ほとんどの可視光LEDにおいて，約10年ごとに約1桁の割合で発光効率が向上している。2000年には，InGaN混晶を活性（発光）層とした量子井戸構造で，光度10カンデラ以上の青色，緑色LEDが開発された。更に，AlInGaPアンバーLEDで外部量子効率50％を超えるものが開発された。青色および近紫外LEDも，この値に近づくものと考えられている[3]。

　図1は，各種LEDの発光効率を波長ごとに整理し，他の照明光源の効率と比較したものである。AlInGaP，InGaN系のLEDでは，既に30Wのハロゲン電球の発光効率を上回り，40Wの蛍光灯のそれを超えている。

　一般に，LEDの発光効率（wallplug efficiency：η_{wp}）は3つのファクターの積によって表される[6]。

$$\eta_{wp} = \eta_v \cdot \eta_i \cdot \eta_{ext}$$

ここで，η_{wp}は入力対出力効率，η_vは電圧効率，η_iは内部量子効率，η_{ext}は光の外部とり出し効率である。特に，η_iは再結合プロセスに対する注入効率に関係し，格子欠陥密度に強く依存する。一般によく使われる外部量子効率（η_e）は$\eta_i \cdot \eta_{ext}$の積で表される。

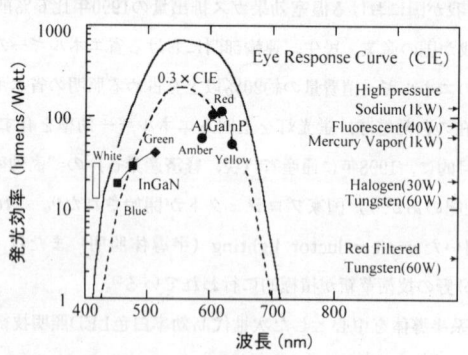

図1　各波長におけるLEDの発光効率と他の照明光源との比較
　　　実線は人間の比視感度を示すCIE曲線，点線はその30％の値

序　　章

　InGaN混晶半導体を用いたカンデラ級の青色，緑色LEDが商品化されて以来，発光メカニズムに関して，従来の半導体の光物性物理学の理論では説明できないことが指摘された[5]。普通，LED，半導体レーザー（LD）などの発光素子は欠陥が多く（$10^3 cm^{-2}$以上）存在すると発光キラー（非発光，非輻射）中心となってしまい，図2に示す様に，発光効率の低下につながり実用化の障害となる。GaNをベースにしたInGaN/GaN量子井戸（QW）型LEDには，$10^9 \sim 10^{10} cm^{-2}$程度の非発光中心の欠陥密度が含まれている。それにも関わらず発光効率は低下せず，高効率発光を維持している。したがって，InGaN系LEDでは従来のLEDの発光過程と異なるメカニズムが働いているものと推測される[5]。

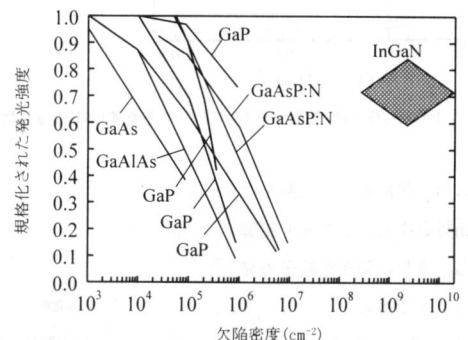

図2　GaAsとGaP系化合物半導体による各種LEDの欠陥密度と発光効率の関係
　　　斜線のひし型はInGaN系LEDを示す。

3　高効率青色・近紫外LEDの開発

　図3は，発光波長に対する外部量子効率の最高値をプロットしたものである。これらの値は，日亜化学工業㈱，クリー社，"21世紀のあかり"プロジェクトから報告されている正式な値である。この図で発光波長が短くなることは，活性層に含まれるInの量が少ないことに対応している。傾向として，外部量子効率の値に最大値があるように思われ，発光波長の範囲は400nm前後と推定される。"21世紀のあかり"計画では2002年12月に外部量子効率43%（発光波長405nm，動作条件：3.4V，20mA）を達成し，世界最高値を得た[7]。

　ここで，高効率発光を如何にLEDで実現させることが出来るかを考えてみる。すでに指摘した様に電子と正孔は，それぞれ，固有の局在効果によって結晶格子に捕獲されており，電子と正孔の束縛の確率は低いと考えられる。この様な真性状態のキャリアの局在効果を出現させる最良

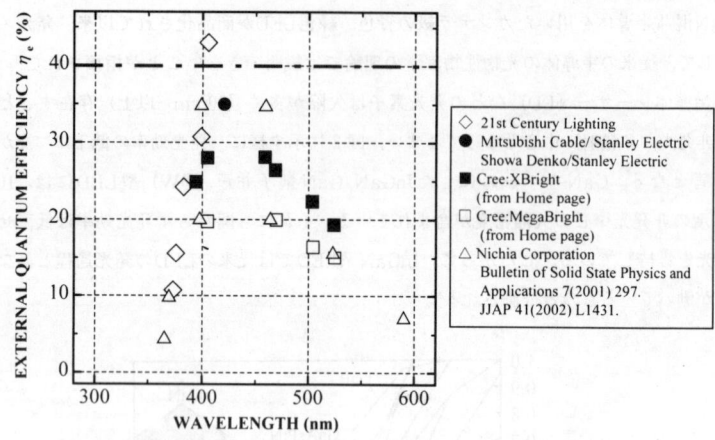

図3 InGaN/GaN系量子井戸型LEDの外部量子効率の波長依存性

の活性層の環境作りには,欠陥密度の低減を徹底的に行い,さらにIn組成ゆらぎと歪みを制御する必要がある。即ち,通常の局在励起子の発光プロセスを制御することである。

以上の様な発光メカニズムを考慮して,"21世紀のあかり"計画では,図4(a),(b)に示した様に,サファイヤ基板を加工したLEPS(lateral epitaxy on a patterned substrate)法により活性層の欠陥密度を$10^8 cm^{-2}$程度に減少させ,Siマウント基板上へフリップチップ方式を用いて高出力近紫外LEDを作製し,382 nmで外部量子効率24%(20mA時)および405 nmで外部量子効率43%(20mA時)を得た。また,ヒートシンクを用いるとチップサイズ1 mm²角で400mAの高電流を流すことができ,発光出力は約140mWであった。

2003年には白色LEDの効率60 lm/W以上を達成し,2010年に120 lm/Wを達成することにより蛍光灯の効率を上回る照明器具が作製でき

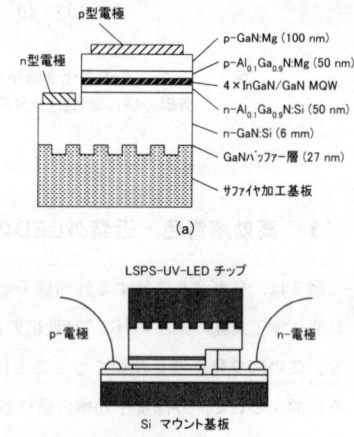

図4 近紫外LEDの構造
(a) 〈11-20〉方向に溝を掘ったサファイア基板上にGaNにエピタキシャル成長を行う。(b)サファイア基板側から光を取り出す。

序　章

るものと予測している。現在，アメリカ，ドイツでは半導体結晶成長メーカーと大手照明メーカーのジョイント・ベンチャー会社（GELcore，Lumileds，Osramopto，Cree Lighting）が設立され，活発に白色LED照明光源の開発と応用研究が行われている。本国家プロジェクトはアメリカ，ヨーロッパ，台湾，韓国のLED，照明業界にも大きな影響を与え，アメリカでは，2002年からSolid State Lighting Initiativeなる国家計画の設立も検討されている。アメリカの目標は，本国家プロジェクトよりさらに高く，発光効率200 lm/Wを設定している。

4　白色LED

LEDを用いて演色性（Ra≧85）の高い白色を得るには表1に示す様に基本的に二つの方式（ワンチップとマルチチップ型）がある。一つは赤色・緑色・青色（R・G・B）または青緑色と黄橙色の2，3種類のLEDを同時に点灯させる方式であり，もう一つは青色や近紫外の光を放射するLEDを励起用光源として用い，蛍光体を励起する方式である。前者の方式では，各LEDの駆動電圧や発光出力に違いがあり，更に温度特性や配光特性にも違いがあるなど実用化に向けての課題は多い。一方，後者の方式は素子が1種類ですみ，駆動回路の設計が大変容易になる。"21世紀のあかり"計画では，後者の2方式を考えている。すなわち，(1)青色LEDで黄色発光の蛍光体を励起する方式と，(2)近紫外LEDでR・G・B蛍光体を励起する方式である。蛍光体の組合せにより白色光以外に様々な種類の発光色を出すことが可能であり，照明への応用範囲は広がる。しかしながら，現状では，LED 1個当たりの光束（lm）は弱いので，照明用光源としては多数のLEDを配置しなければいけない[8]。LED照明用光源の開発には，多数のLED集積化素子の配光分布を含めたデバイスシステムの最適設計が必要となる。今後，(2)のタイプの白色LEDが

表1　白色LEDの方式

方式		励起源	発光材料および蛍光体	発光原理
ワン・チップ型		3波長発光層	InGaN-MQW	RGBの発光を生じる3種類の活性層により直接白色光
		青色LED	InGaN/YAG	青色光で蛍光体又は結晶（黄色発光）を励起
		近紫外・紫外LED	InGaN/RGB InGaN/OYBG (山口大.田口研究室の発明)	蛍光ランプと同様で近紫外・紫外光で蛍光体を励起
マルチ・チップ型		青色LED 緑色LED 赤色LED	InGaN, AlInGaP, AlGaAs	3色のLEDをひとつのパッケージに実装

開発されてくるものと予想される。短波長の近紫外領域で発光する近紫外線 (nUV) LEDについて、革新的な素子構造が開発され、照明用白色LED光源の商品化も行われている。

図5に示すように近紫外 (nUV) LEDを用いて3原色蛍光体を励起して白色光を得る発光効率は次式で与えられる。

$$\eta_{white} = \frac{\int \frac{\lambda_0}{\lambda} \times F_{ph}(\lambda) \times \kappa(\lambda)\, d\lambda}{I \times V \times \int F_{ph}(\lambda)\, d\lambda} \times P \times \eta_{UVph} \times \eta_{ph}$$

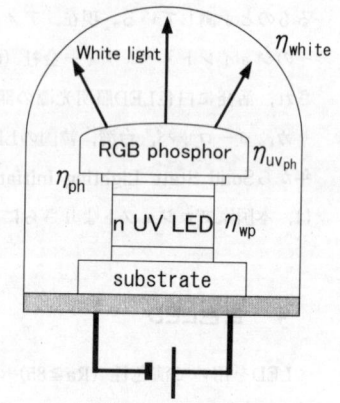

図5 近紫外UV LEDとRGB蛍光体の組合せによるLEDの概念図

ここで、PはUV LEDの出力、λ_0はUV LEDの波長、η_{ph}は蛍光体の効率、η_{UVph}は変換効率、$F_{ph}(\lambda)$は蛍光体の発光スペクトル、$\kappa(\lambda)$は視感度係数である。$\eta_{UVph}=95\%$、$\eta_{ph}=90\%$と仮定すると30mWのLEDにより約100 lm/Wが得られることになる。現在、サファイア基板を加工したLEPS法を用いて高出力nUV LEDとして、382nmで外部量子効率24% (20mA時) で出力光15.6mW (20mA時) および38mW (50mA時) および405nmで外部量子効率43%、出力26mWが得られており、蛍光体の効率改善技術によっては、実験的にこの値を十分クリアできるものと考えられている。

5 まとめ

近紫外LEDの外部量子効率は40%以上を達成した。今後、さらに高効率化を目指すには、エピタキシャル膜の高品質化をはかり、電子・正孔の局在効果を高める発光中心の導入と非発光中心の原因となる欠陥の制御を行うことが重要である。具体的にはIn添加の物性論的アプローチにより、発光層の欠陥密度をさらに低減して内部量子効率を高め、また表面加工、フリップチップ構造等を最適化することにより大幅な光取出し効率の改善をはかることが、キー・テクノロジーである。近紫外LED励起の白色LEDは、RGB蛍光体の混合比を変えることにより色温度を自由に調整することができ、市販の白色LEDより優れている。現在、発光効率は最大60 lm/Wまで上がり、さらに白色光への変換効率の改善に向けて、新規蛍光体材料の探索とナノテクノロジー技術を用いた構造制御および物性制御の技術的アプローチが必要とされる。

また、LED照明システム技術の進展を促すには、白色LED光源作製の共通のベース作りが必要であり、図6に示した様に、照明デザイナー、インテリアデザイナーを含む様々な分野の研究

序　章

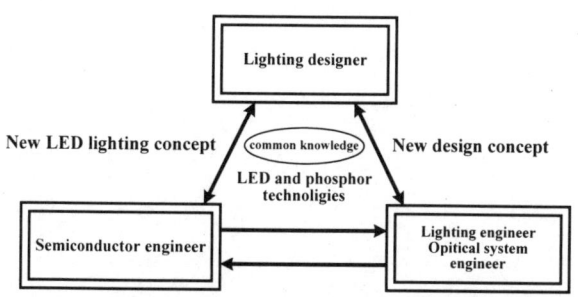

図6　半導体LED照明システム技術を作り出す半導体技術者,
照明・システム技術者と照明デザイナーの連携

者・技術者の連携が不可欠である。今後，具体的な市場を考慮したLED照明の応用を考えてゆくことも重要である。

文　献

1) 山田範秀，応用物理，**68**，139 (1999)
2) 坂東完治，電球工業会報，No. 429, 19 (2000)
3) 田口常正，日経先端技術，No. 14, 11 (2002)
4) 田口常正，照明学会誌，**85**, 496 (2001)
5) 田口常正，オプトニクス，No. 12, 112 (2000)
6) 田口常正，照明学会，**85**, 273 (2001)
7) Y. Uchida and T. Taguchi, Proc. of SPIE, to be published (2003)
8) 内田裕士，田口常正，2000年電気学会基礎・材料・共通部門内大会講演論文集，188 (2000)

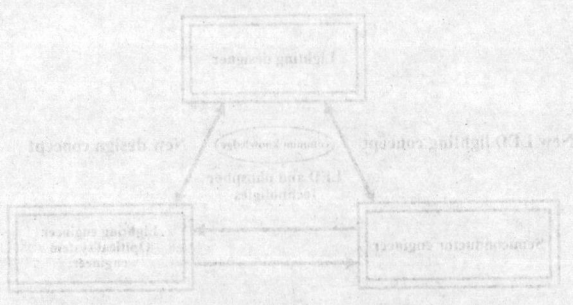

第1章　白色LED研究開発の状況：歴史的背景

田口常正[*1]，内田裕士[*2]

1　はじめに

　GaN系半導体を利用した白色LEDが次世代固体照明光源として期待されるまでには幾多の変遷があった。少なくとも，10年前は学会でも産業界でも誰もが見向きもしなかった。青色LEDには多くの研究者が注目したが，白色LEDの使い道（市場）は全く存在しなかったと言っても過言ではない。

　1997年，青色LEDで黄色蛍光体（YAG:Ce＝イットリウム・アルミニウム・ガーネットとセリウムの混合物）を励起して，青（B）と蛍光の黄（Y）という補色（2つの色の光を混ぜると白色光になる）の関係にある2色光による擬似白色（以下BYと記す）LEDが商品化された。これと携帯電話（液晶バックライト）の爆発的な普及がなかったら，白色LEDの研究開発はほとんど進まなかったと思われる。

　バンドギャップが広い（ワイドギャップ）半導体であるZnS，GaN等は，青色および紫外発光に適する材料であり，古くから注目されていた。上述の白色光の発生方式とまったく異なり，化合物半導体で近紫外光を発するLEDを作り，蛍光灯と同じ原理でRGB（光の3原色，Rは赤，Gは緑，Bは青）蛍光体を励起して白色光を作り出す蛍光灯式白色LEDの方式を初めて提案したのは"21世紀のあかり"国家プロジェクトにおいて山口大学工学部教授の田口常正である[1]。

　白色LED光源は蛍光灯で使っているガラス管，不活性ガス，水銀などが必要でない。さらに，変圧器，昇圧器も不要で電力が大幅に省け，熱の発生も少ない。理想的な白色光源である。これで白熱電球や蛍光灯を代替することができるなら省エネルギーで廃棄物が少なく，地球環境にやさしい省エネルギー照明システムを作ることが可能と考えた[2]。

　この方式は，1997年，通産省（当時）で注目され，地球温暖化防止京都会議に向けた省エネルギー対策「高効率電光化合物半導体開発（21世紀のあかり）プロジェクト」として採用された。研究計画（5年間（第1期目））は，1998年8月からスタートした。当時，国内では開発で先行した日亜化学工業㈱と豊田合成㈱の2社が競うように技術開発を進めていたが，近紫外LEDの開

---

　*1　Tsunemasa Taguchi　山口大学　工学部　電気電子工学科　教授
　*2　Yuji Uchida　山口大学　工学部　電気電子工学科　大学院博士課程

発は行われていなかった[3]。

本章では，1996年以降実用化された白色LED開発の歴史を振り返り，高効率化と高演色性の達成によって照明用光源としての期待がかけられた技術革新についてふれる。

2　照明用光源の発光効率

図1は，日本電球工業会から発表されている照明用光源の発光効率の推移を示している[4]。それぞれの光源の実用化年代が記されているが，電球型蛍光ランプ以外は，ここ数10年間で発光効率の飛躍的な伸びは見られない。一方，1997年に実用化された白色LEDはわずか数年で発光効率が約10倍になっている。光源開発と新光源の登場は，効率向上の歴史であり，21世紀に入り，これまでの白熱電球と放電灯による発光と異なり，半導体の電子と正孔の再結合による固体光源が誕生した訳である。

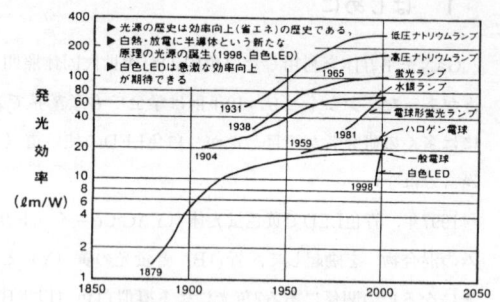

図1　照明用光源の発光効率の推移[4]

表1は，日経エレクトロニクスの記者，大久保氏によってまとめられた，日亜化学工業㈱における青色LEDと白色LEDの開発の歴史である。現在，白色LEDの発光効率が実験室レベルで，61 lm/Wと報告されている[5]。この10年間で，青色LED励起の白色LEDが市場のほとんどを占めており，日亜化学工業㈱の技術力の強さをまざまざと見せつけられている[6]。

表1　日亜化学工業㈱の青色，白色LED関係の事例[5,6]

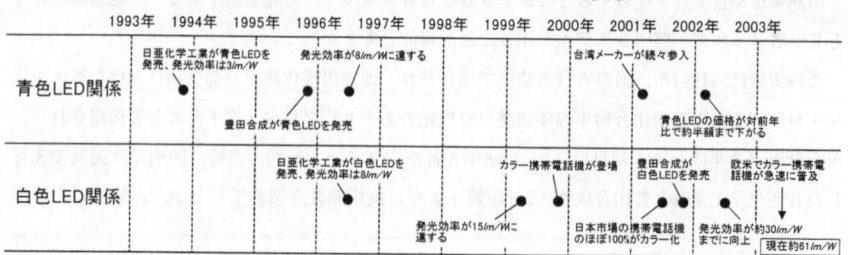

3 新しいタイプの白色LEDの登場

表1に示した様に，白色LEDのタイプは数種類ある。従来の光源と同様に，さまざまな白色LEDが出現してくるのは当然である[7]。表2は1998年に，"21世紀のあかり"国家プロジェクトにおいて開発目標が公表され，その後の研究開発の成果をまとめたものである。基本的に新しいタイプの白色LED光源は，近紫外LEDで3波長（R，G，B）蛍光体を励起して白色光を得るものであり，従来型と全く異なっている。この方式が，公表されてから，日本，米国，ドイツ，台湾，韓国などの企業が研究を開始しているが，2002年12月近紫外LEDで世界最高の外部量子効率（43%，405nm，20mA）を達成した。これを用いた白色LEDは発光効率30〜40 lm/W，平均演色評価数93と最も優れた照明特性を示した。

表2　白色LED研究開発の流れ

年代	開発　内容	企業・研究機関
1997	青色LED（〜465nm）とYAG:Ce黄色蛍光体による擬似白色	日亜化学工業
1998	近紫外LED（〜400nm前後）と3原色(RGB)蛍光体による本当の白色 ①外部量子効率：40% ②白色LEDの発光効率：60〜80lm/W(2003) 　　　　　　　　　　　　　　120lm/W(2010) ③平均演色評価数(Ra)：90以上	"21世紀のあかり"
2001	RGB白色LED(382nm, 24%, 10lm/W)	"21世紀のあかり"
2001〜2002	RGB白色LED(近紫外LED励起)	・豊田合成 ・GE(Gelcore, GElighting) ・Cree lighting ・Osram Opto Semiconductor ・日亜化学(365〜380nm)
1月	31%(399nm), 30lm/W	"21世紀のあかり"
8月	35%	日亜化学(405nm)
12月	43%(405nm)	"21世紀のあかり"
2003年1月	43%(現在，世界最高値 30〜40lm/W, Ra>90) 60%(目標値) (現状は25%, SiC基板)	"21世紀のあかり" オスラム社

（最新データはPhotonics West 2003年1月28-31日, San Jose）

4 従来の白色LEDの問題点

4.1 RGB LEDによる白色LED

最もシンプルな組合せであるが，なかなか高性能の白色LEDが登場していない。最大の理由は，RGB 3色を発光する半導体材料が異なっているためである。駆動回路が煩雑で，例えば，

赤色LEDの駆動電圧は1.8Vであるが他の青・緑は3.5Vとなっている。発光波長は図2に示す様に，640，525，470nmに位置し，それぞれの半値幅が極めて狭く，照明用白色LEDとしては問題点が多い。コストも2,000〜4,000円と非常に高価である。2色のLED（青色LED：500nmとアンバーLED：612nm）による補色関係の擬似白色LED（BCW：binary complementary white）の開発も進んでいるが，Raが極めて低く実用化が困難である[8]。

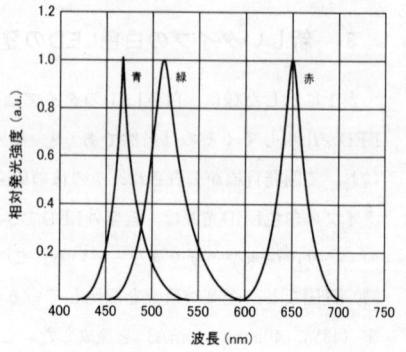

図2　市販のRGB3原色LEDの典型的な発光スペクトル（20mA）

今後，化合物半導体結晶技術とLEDのコストダウン化が進むと，最も理想的な白色LED光源を作製できる可能性はある。例えば，459.7nm，542.4nm，607.3nmのRGB LEDの組合せによるRa＝80，K＝400 lm/Wとなるので，各LEDの外部量子効率を20％と仮定するとK＝80 lm/Wとなり充分な光源特性が得られる。

4.2 青色LED＋蛍光体

InGaN青色LEDを励起源とし，YAG:Ce^{3+}黄色蛍光体を青色光で蛍光発光させ，蛍光体を透過してくるInGaN青色LEDの透過光と青色で励起されて発光するYAG蛍光体による黄色蛍光との青色・黄色混成光（補色白色光）によって白色光源を作るというものである。

色彩の理論によると，1つの有色な光源色に対し色度図内にその光源色の色座標（x_1, y_1）が求められる。この色座標（x_1, y_1）に対してある任意の白色点（慣例ではx=1/3，y=1/3）を設定すると2点間で直線を作る事ができ，この直線に対して任意の白色点を中心として発散していく方向と色度図の外郭（単スペクトル軌跡）に交わる色度点（x_d, y_d）が求められる。この色度点（x_d, y_d）と色度点に対応するスペクトルの波長を光源の主波長という（有色LEDの場合は，発光スペクトルがシャープな為，光源色度が色度図外郭線に相当する単スペクトル軌跡の上に乗るのでピーク波長がほぼ主波長になる）。この主波長に対して光源色主波長とその任意に設定した白色点を直線で結び，その主波長の逆側に位置する色度図の外郭線に，主波長と白色点から引いた直線を延長させて交点（x_c, y_c）を求める。この色度点（x_c, y_c）を光源色（x_1, y_1）に対する「補色」と呼ぶ（あるいは，この補色を主波長とする光源色も補色と呼ばれる）。図3に色度図上の関係を示し，図4にそのスペクトル関係を示す。色彩の理論によると，任意の光源色と任意に設定した白色点に対する補色を用いると，その任意光源色と補色の混成光を作り出す事によっ

第1章　白色LED研究開発の状況：歴史的背景

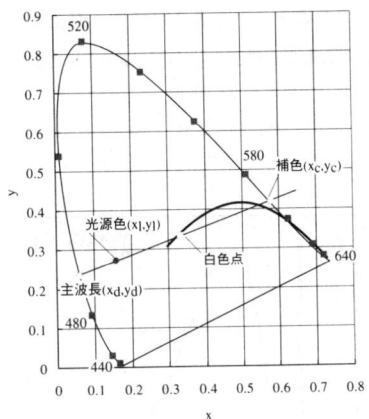

図3　光源色，主波長，補色の色度図内での関係

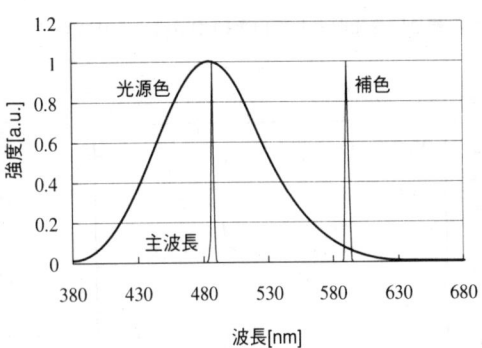

図4　光源色，主波長，補色のスペクトル関係

て任意光源色と補色までの間を直線的に光源色を変化させる事ができる。補色白色とは，これらの色彩の理論を用いて1有色光源に対する補色を光源に混ぜ合わせ，設定した「白色点」にパワースペクトルを一致させて白色を生み出す方法である。

ただし，任意白色点の決め方は必ずしも$(x, y) = (1/3, 1/3)$である必要は無く，例えば黒体放射のスペクトルを白色とするという1つの白色規定をもちいた時には，「ある特定の色温度に対する白色点」を色度図内に設定する事もできる。色温度を用いて光源特性を示したい場合は，黒体放射における白色の規定を用いて白色点を決めて光源色の補色を決定する手法の方が白色生成の用途には適している。

InGaN青色LEDのスペクトルは測定で既知であり，およそ450～470nmを主波長とする光源である。この光源に対して白色点を仮に6,500Kと設定すると，その補色は黄色光となる。450nmの光源を励起源とし，それに対して黄色の光を蛍光させる蛍光体が存在すれば，スペクトルバランスを調整する事によって補色白色は実現できると考えられる。これらの蛍光体を求めた結果，P46蛍光体$Y_3Al_5O_{12}:Ce$（通称YAG蛍光体）を基にした蛍光体が，それらに近い蛍光体発光を示す事がわかる。YAG蛍光体の吸収スペクトルと発光スペクトルを図5と図6に示す。図5から分かるように，YAG蛍光体の最も吸収率の良い波長は460nmであり，これらのデータにより白色LEDのための励起波長は460nmとなるように$In_xGa_{1-x}N$組成比の制御によって設計されている。更に青色LEDとYAG蛍光体のスペクトルをガウス関数近似して計算した色度点の色度図を図7に示し，その合成光によって相関色温度$T_{cp}=6,000K$となるスペクトルを図8に示す。

次に,白色LEDの素子構造を図9に示し,光源としての基礎データを表3に示す。現在は InGaN MQW青色LEDを励起源としYAG蛍光体をその上に塗布する構造によって,励起光と蛍光の補色白色光源として白色LEDは構成されている[9]。

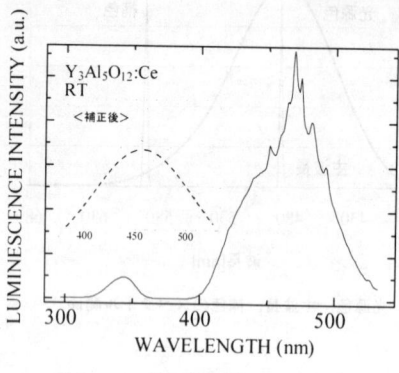

図5　YAG蛍光体の吸収スペクトル

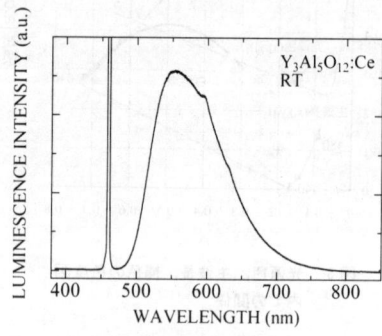

図6　YAG蛍光体の発光スペクトル

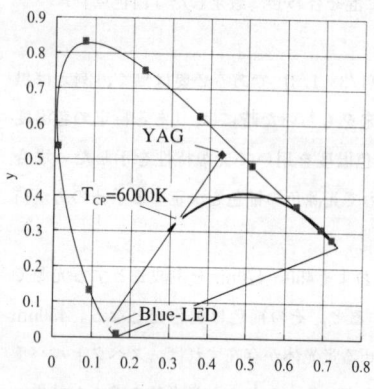

図7　ガウス関数近似したYAGと青色LEDの色度図座標と混成光で作る事のできる光源色範囲

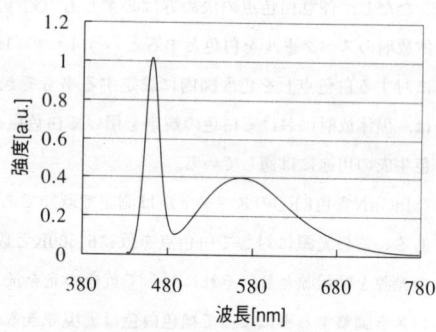

図8　ガウス関数近似した青色LED＋YAG蛍光体の6,000Kにおける白色スペクトル

第1章　白色LED研究開発の状況：歴史的背景

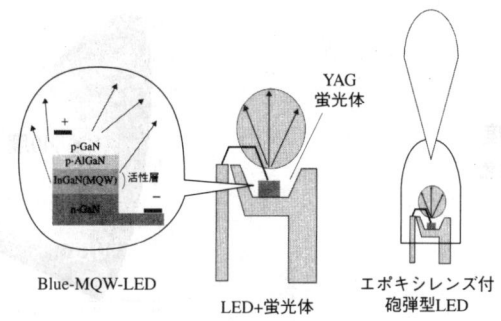

図9　白色LEDの構造

表3　白色LEDの代表的な光源性能

ピーク波長	Blue：460[nm]
	YAG：555[nm]
色度	X=0.31
	Y=0.32
色温度	6500K
演色評価指数	Ra = 85
光変換効率	>20%

　次に，配光と色斑の問題について述べる。LEDの配光の測定については光量の低さ，あるいは測定理論に対する種々の問題から未だに完全な測定方法が確立されているわけではない。配光測定を基に，色度斑の問題について触れる。赤，緑，青等の有色のLEDは配光測定を行うとϕ軸対称性のない配光である事が確認されている。これの測定結果に対して白色LEDは蛍光体励起という通常のLEDの結晶表面からの光取り出し法を用いていないので，ϕ軸対称性の強い配光であることが分かっている。ϕ軸対称性があると配光の特性はθ軸のみを測定すれば十分であるので，これを基にθ軸方向における配光特性を測定した。この時，配光による光度変化と同時に色度変化も同時に測定すると，白色LEDに独特な光特性が得られた。図10に概念図を示し図11に色度図上での変化を示す。

　白色LEDは中心（0, 0）から（θ, 0）にθが増加するごとに，青色性の強いスペクトルから黄色性の強いスペクトルに変化するという特性である。図11は放射スペクトルに角度依存性が存在している事を意味している図である。これらの現象は何処に起因した原因であるのかは不明であ

15

白色LED照明システム技術の応用と将来展望

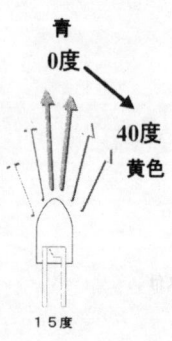

図10　白色LEDの色度斑の概念図

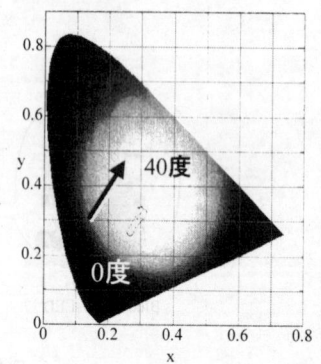

図11　角度による色度斑の色度図上での変化

るが，照明光源としては非常にまれな特性である。

通常の光源は，放射強度関数$I_R(\theta,\phi,\lambda)$に対して，常に

$$I_R(\theta,\phi,\lambda) = I_{RO} \times I_{Shape}(\theta,\phi) \times S(\lambda)$$

という配光とスペクトルに対する変数分離の関係性が成り立っており，このため配光の全立体角4π（Ωと記号化する）に対する空間積分を行うと次式の関係性が成り立つ。

$$\Phi_R(\lambda) = I_{RO} \times \left[\iint_\Omega I_{Shape}(\theta,\phi)\,d\omega\right] \times S(\lambda) = I_{RO} \times \Phi_{Shape} \times S(\lambda)$$

このため放射束におけるスペクトルは配光には依存されずに配光とスペクトルは別々に計測してもよく，放射束を計測するのにスペクトルの計測のみですんだ。しかし図11に示した白色LEDの色度斑の問題はこれらの変数分離性が成り立っていない事を意味しており，方位別の放射束，放射強度関数$I_R(\theta,\phi,\lambda)$を計測してスペクトル変化を観察しなければならない事を要求している。

また，電流注入のところでも述べたが，照明応用に関しては光源色度が補色に変化していく白色光は非常に色度斑を感じ人間の視感にストレスを与える光源である。特に，青色と黄色は人間の目にストレスを強く与える光の代表的な色であり，これらの色度斑は照明応用では大変に嫌われる特性である。よって，θが$0 \sim 40\deg$の間で青色白色から黄色白色に変化していく光源は，光源色の不均一性による反射物体色の不均一性，また色彩からのストレス性により，非常にネガティブな光源特性であると考えられる。

5 白色LEDの特性比較

図12は3種類の白色LEDの特性を比較している。日亜タイプ（BY白色LED），あかりタイプ（RGB白色LED）と山口大タイプ（OYGB白色LED）の3種類の白色LEDの室温での発光スペクトルと照明光源としての典型的な特性（発光効率，色温度，平均演色評価数＝Ra）を表に示している[10]。

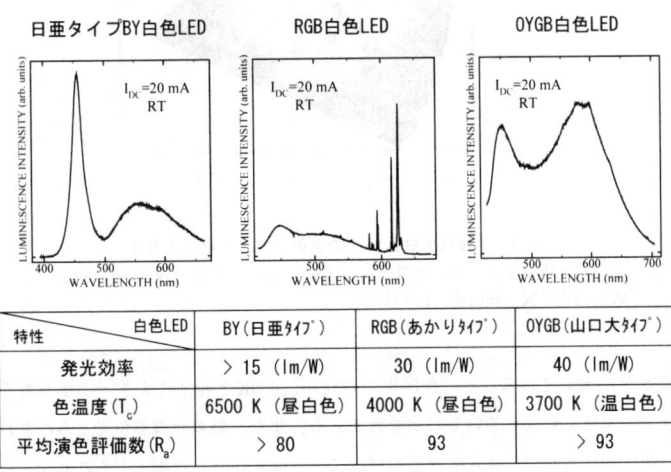

特性＼白色LED	BY（日亜タイプ）	RGB（あかりタイプ）	OYGB（山口大タイプ）
発光効率	＞15（lm/W）	30（lm/W）	40（lm/W）
色温度（T_c）	6500 K（昼白色）	4000 K（昼白色）	3700 K（温白色）
平均演色評価数（R_a）	＞80	93	＞93

図12　3種類の白色LEDの発光スペクトルと照明特性の比較（20mA時）

日亜タイプ20mA時の発光スペクトルから分かるように，赤色成分が弱く，高演色性が良いことを示す高いRaが得られない。山口大タイプは高演色性白色LEDで，Oはオレンジ，Yは黄色を示す。OY蛍光体の幅広い発光帯域で赤色成分を補強し，これをGBと混色する方式であり，蛍光体の最適励起波長は400nm前後である。励起波長を380～410nmと変化させても発光強度は一定で優れた特性を有する。また，色温度はOYGBの混合割合を変化することにより，3,000～6,500K（Kは色温度の単位）の広い範囲をカバーし，高い演色性Ra（＞93）が得られる。

注入電流に依存した発光色の変化をxy色度図上に示したのが図13である。順方向電流を0.5mAから50mAまで変化させた時の，日亜タイプの色度変化は，3種類の白色LEDの中で最も大きく，あかりタイプの2倍程度変化している。

この色度変化の大きな特徴としては，注入電流の増加に伴い黒体軌跡（実線の曲線）からのず

17

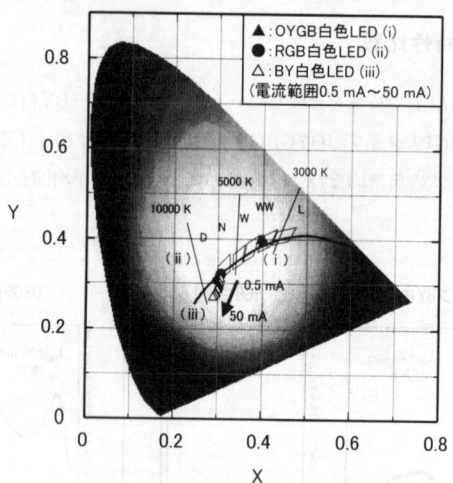

図13　3種類の白色LEDの色度の順方向電流依存性
実線は黒体（プランク）軌跡，白色光領域（L＝電球色，WW＝温白色，W＝白色，N＝昼白色，D＝昼光色）

れを示す偏差が増大していること，色温度の変化が3,000Kと非常に大きいことである。励起光自身が白色光の成分を形成しているのが原因である。また，偏差が有彩色光とみなされない白色光領域内の変化ではあるが，注入電流値の増加に伴い偏差がさらに増大することから，発光色の安定した白色光を得ることが難しいと思われる。

一方，あかりタイプの白色LEDの色度変化は，等偏差線に沿って変化していることから，RGB蛍光体の混合比により偏差を抑制することが可能と考えられる。山口大タイプのLEDは，注入電流の増加に伴う色度変化と白色光の偏差も小さく，発光色の安定した白色光を得られる。また発光効率も，日亜タイプと同等以上であり，注入電流依存性においては，最も優れた特性を有している[3]。

6　おわりに

現在，商品化されている砲弾型BY白色LED光源は補色関係を利用した擬似白色である。しかし，これは高い演色性（Ra＞90）が得られない，高電流になると色度のずれを生じる，温度特性が悪い等，将来，一般照明用白色LED光源として解決されなければならない多くの課題を抱えている。それでも，BY白色LED光源を多数個組合わせた簡単な多点光源白色装置がすでにい

第1章 白色LED研究開発の状況：歴史的背景

ろいろな所で使用されており，LED照明の用途は広がりつつある．

　LEDによる照明用には，3波長蛍光灯と同じく演色性の高い質の良い均一照度の白色光が必要である．その意味でも近紫外・紫外LEDと多色発光蛍光体による組合わせは，蛍光灯と類似の発光特性を持っていて，今後の技術革新によってはこれが主流になるものと考えられる．

文　　献

1) 「高効率電光変換化合物半導体」提案書，財団法人金属系材料研究開発センターホームページ，http://www.mocn.ne.jp/check1/2ctlight/b-21ctlight.html
2) 高効率電光変換化合物半導体開発"21世紀のあかり"計画成果報告書（平成11年度）財団法人金属系材料開発研究センター，pp. 226-228，（平成12年3月）成果報告書（平成12年度）
3) 田口常正，日経先端技術，No. 14, 11（2002）
4) 経済産業新聞，2003年2月25日
5) 大久保，日経エレクトロニクス，2002.2.25, No. 816, 61（2002）
6) 白倉，大久保，日経エレクトロニクス，2003.3.31, No. 844, 105（2003）
7) 田口常正，オプトニクス，No. 12, 112（2000）
8) 田口常正，光学，**30**, 741（2001）
9) S. Nakamura and G. Fasol, The blue laser diode, Springer, 1997
10) T. Taguchi, Proc. Int. Conf. on EL2002 (Ghent, Sept.,) 245（2002）

第2章　白色LED照明光源の基礎特性

田口常正[*1]，森　哲[*2]

1　はじめに

近年，LED照明の応用が，少しずつではあるが確実に進んでいる。インジケータ用の発光素子として取り扱う場合においても，LEDの発光特性は必要な情報である。中でも配光の基礎特性は必要不可欠な情報となる。特に白色LEDの実用化が照明光源への応用の第一歩となったことから，有彩色LEDとは異なり住宅などの一般照明に用いる可能性を有している。しかし，色ムラ，演色性などの問題を解決しなければならない。最近，照射面に表れる2種類の色ムラについてLEDの個体差が生じていることが指摘されている[1]。

本章では，多点光源単一点光源近似[2]について簡単に述べ，白色LEDの基本特性である配光について述べる[2~7]。

2　白色LED集積光源における照度分布

2.1　光源の配置形状と照射面における照度分布

インジケータ用などの用途に広く普及していたLEDが，近年，照明用光源として期待されるようになったのは，言うまでもなく白色LEDが製品化されたことによるものである。そこで照明用光源として応用する際に必要不可欠な情報である配光特性を理解することは重要である。

これまでの研究でLED1素子を点光源と見なした場合，多数集積した光源は多点光源となるが，多点光源単一点光源近似が可能であることが分かっている。これは，光源から照射面，あるいは受光器までの距離に依存するものであるが，光源のサイズに応じたある一定の光源—受光器間距離を隔てることで多数配置したLED群を一つの点光源と見なすことができるというものである。また，光度に関しては1素子から放たれる光度が既知であれば，LED集積光源における光度は，1素子からの光度を単純に個数倍することで近似的に算出することが可能である。具体的にこれを示すために行った実験を例に挙げて説明する。簡単なモデル図を図1に示す。任意形

[*1] Tsunemasa Taguchi　山口大学　工学部　電気電子工学科　教授
[*2] Tetsushi Mori　山口大学　工学部　電気電子工学科　大学院修士課程

状に配置したLED群は照射面との距離が近距離であれば，その形状がそのまま映し出されるが，遠方においては一般の電球等の光源により照射された面のように円形に光が映し出され，そのLEDを配置した形状には依存しない。さらに光度値においても，個数倍することで理論値が測定値と非常に良い近似を得た。これにより，近似計算を行うことで複雑な計算をせずに照明設計が可能であること，一般の照明のように空間を明るく照らすには，光源形状は問わないことが分かった。つまり一つの光源を用いてサインや文字などの意味を持たせた光源側と，空間を明るくする照射面側とで異なる光を得ることができ，インテリアや装飾光源としての応用が十分に期待できる。

図1　照射面との距離と投影される光のモデル図

2.2　集積光源における照度測定結果

有彩色LEDのときと同様に作製したサンプル光源を，図2と図3のように用いて照度の測定を行った。また，白色LEDについては指向角の異なるLEDを用いて同様の光源を作製し比較も行った。ここでは指向角15deg，30degのLEDを用いた。それぞれの測定結果を図2と図3に示す。

まず，指向角が異なるために照度分布にもその違いが顕著に表れており，15deg型LEDを用い

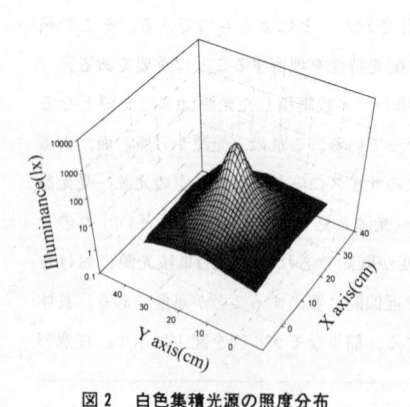

図2　白色集積光源の照度分布
（指向角15deg）

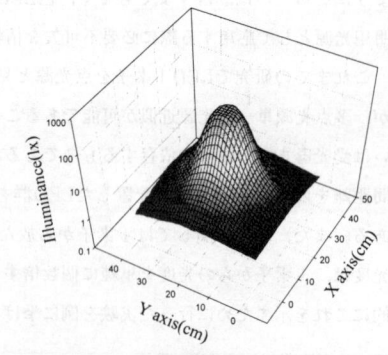

図3　白色集積光源の照度分布
（指向角30deg）

カラーの図は巻頭ページをご覧下さい。

第2章　白色LED照明光源の基礎特性

光源の直下から外側へ向けて
青色から黄色へと変化

図4　白色LEDの照射面の色ムラ
カラーの図は巻頭ページをご覧下さい。

た場合の方が30deg型を用いた場合に比べてシャープな分布を有する。そして全体的に青白い光を放っており，演色性において問題があることが改めて確認できた。しかしここで有彩色LEDとは明らかに異なる点が見られた。それは色ムラの種類である。有彩色LEDを集積した時に表れる色ムラは不規則な色ムラと同心円状の色ムラの二種類であったが，白色LEDの場合，指向角が異なるLEDであっても不規則な色ムラが見られず，同心円状の色ムラのみが表れた。さらにそれは青色と黄色という二色からなる色ムラであり，有彩色LEDのように同心円状の小さな色ムラはそれほど目立たず，図4のように照射面全体に光源直下を中心とした大きな同心円状の色ムラとして表れていた。そこで，集積光源における色ムラがLED1素子の配光に起因しているのではないかという点，さらに同じ条件で集積した有彩色LEDとでは色ムラの種類が異なっている点の二点に着目し，白色LED1素子ずつの配光を測定し評価を行う必要がある。

3　白色LED1素子の配光特性

3.1　白色LED単体における配光測定方法と測定距離について

照明工学では球面上の照度は光源の光度に比例し，距離の2乗に反比例するという照度の逆2乗の法則という基本法則がある。これは光源が点光源ではなく距離が小さいときには成立せず，光源を微小面積に分けて照度の算出をする。しかし距離が十分に大きければ逆2乗の法則の適用が可能となる。全ての光源は，ある程度の大きさ，広がりを持っている。一般に光源の最大長の10倍以上の距離において，その光源を点光源と見なすことができると言われている。これをLEDに対しても適用すれば，LEDはその大きさの10倍の距離に相当する5[cm]程度の距離を離

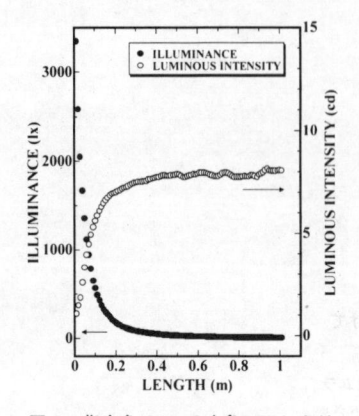

図5　指向角15degの白色LEDにおける光度の収束距離

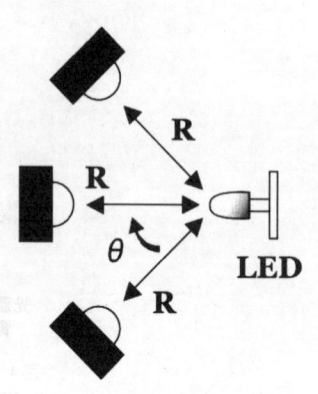

図6　光源−受光距離一定の照度測定

すことで逆2乗の法則が成立することになる。しかしLEDは既存光源と異なり，その先端にレンズを有する特殊な光源であることからこれが成立しない。レンズによって集光しているために，光源と受光器が近接している場合はLEDから放たれる全光束が受光器に入射し，θやϕを変化させても光束量が変化しない。

そのため本来の空間的な光度分布を測定することができない。そこで距離の逆2乗の法則を満たし，さらにθの変化に伴う光度の増減が見られる距離を決定する必要がある。ここでは指向角15deg型の白色LEDにおける距離と光度に関して示す。但しこれはレンズ設計により指向角の変化が可能であるLED全般に適用できる距離ではない。すでに示したように照度測定には測定距離というものが重要である。ここでは指向角15deg型の白色LEDを用いた場合について光度の収束距離を測定したが，LED配光を測定する場合には個々のレンズ形状が異なるために，統一した測定距離の決定ができない。

そこで各種のLEDに対して配光測定を行うには，それぞれのレンズ設計によって異なる照度の逆2乗の法則が成り立つ距離を保ち照度の測定を行わなければならない。但しこれは図6のようにLEDを中心とし受光器との距離を半径とした円周上に受光器をθ方向に回転させて照度を測定する場合である。今回はθ方向だけでなくϕ方向に対しても回転させて照度を測定するために，光源によって照射された面における水平照度を測定した。一般の光源特性に用いられている配光曲線はθ，もしくはϕのどちらか一方を固定した面における分布を表している。しかし，θとϕの両方向に光度は変化するので，ここで示す方法は全方向について測定が可能であり，非常に有効

第2章　白色LED照明光源の基礎特性

な方法であると考えられる。この場合，LEDの鋭い指向性により光軸上では高い光度を得ることができる。しかし角度θの増大に伴い著しい光度の減衰があり，さらに光源－受光器間距離も長くなることから十分な光度値を得ることができない。そのために光軸上の距離を60cmに保つと照射面全体における配光測定が不可能となる。そのため，光源－受光器間距離を60cm以下に設定することが必要となった。角度θの増大に伴う光度値の減衰が測定可能な範囲として35cmを測定距離として設定した。但し，この測定では照度の逆2乗の法則を満たす距離を保っていないので正確な光度値は得られない。しかしながら，60cmの距離を保った場合との光軸上での光度値の誤差が数％であったことから配光分布に関しては十分に議論できる範囲であると考えられる。参考までに指向角が異なる30deg型，70deg型の白色LEDにおける光度の収束距離を図7，図8にそれぞれ示した。

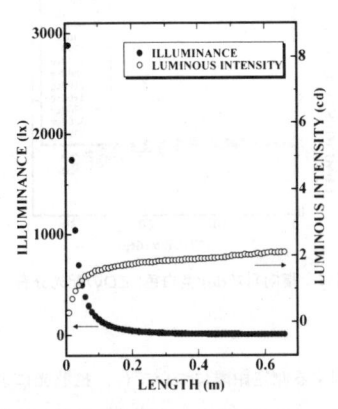

図7　指向角30degの白色LEDにおける光度の収束距離

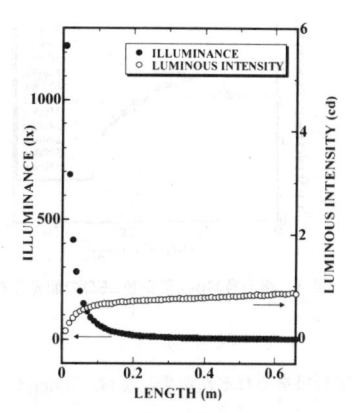

図8　指向角70degの白色LEDにおける光度の収束距離

3.2　白色LED単体の配光測定結果

前節で述べた方法を用いて指向角の異なる白色LED単体の配光測定を行った。まず最初に指向角の異なる白色LEDの角度θの増大に伴う光度値の変化について図9に示す。図のように70deg型LEDは他の2種類の白色LEDに比べると極端に低い光度値であり，光度のブロードな減衰が見られる。これは既に述べたように，無色透明のエポキシ樹脂と乳白色のエポキシ樹脂の違いによるものであり，拡散光を放つ70deg型LEDは他の2種類の白色LEDと異なる性質を有することを示している。次に，これを踏まえて図10～12に15deg型，30deg型，70deg型の白色LEDの配

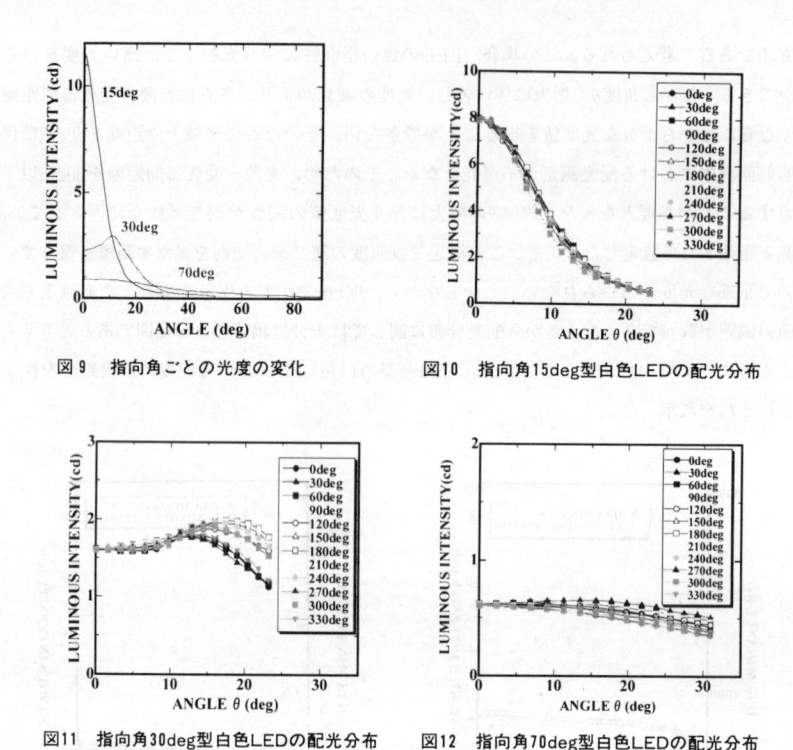

図9　指向角ごとの光度の変化

図10　指向角15deg型白色LEDの配光分布

図11　指向角30deg型白色LEDの配光分布

図12　指向角70deg型白色LEDの配光分布

光測定結果をそれぞれ示す。なお，70deg型LEDに関する測定距離については，拡散光により光度が他の2種類よりも著しく低い値であったために25cmに設定した。まず，3種類とも図9に示した指向角ごとの光度変化の傾向を継承しており，指向角による明確な違いが表れていることが確認できる。15deg型，70deg型に関しては図からも分かるように角度θの増加に伴う光度値の減衰が，全てのφ方向に対して同じ割合で見られた。また30deg型に関してはθ＝15°付近から光度値が上昇した後，再び減衰するが，その光度値の大きな変化の過程においてφ方向による光度のばらつきが見られた。この現象は30deg型白色LEDに対して数多くの配光測定を行った際に，全ての素子において表れたものであり，図9に示すような30deg型特有の光度変化を有するレンズの設計上，生じたものであると考えられる。

しかしながら，いずれの素子においても同様の傾向が見られるというのが有彩色LEDとは異なる点であり，その意味では個体差を持たないということも可能である。そのように考えると，素子による個体差も生じておらず，ここに示した配光分布をそれぞれの指向角における白色

第2章　白色LED照明光源の基礎特性

LEDの配光と呼んでも差し支えない。

4　砲弾型LEDの配光分布と色ムラの関係

4.1　蛍光体塗布の有無と色ムラについて

　これまで述べたように，有彩色LEDにおいては集積光源を形成したときに規則的な同心円状の色ムラと共に，不規則な斑点のような色ムラが生じる。しかしながら，白色LEDにおいてはそのような不規則な色ムラが表れない一方で，同心円状の黄色と青色の二色からなる色ムラが生じた。またそれぞれを一素子ずつ取り出して配光測定を行っても，そのような現象は表れ，特に有彩色LEDの場合は素子による個体差を有することが明らかとなった。

　LEDをこれまでのようにインジケータ用として使用するのであれば，照射面に表れる色ムラは無視してよいが，照明用として使用するには無視できない。そこでまず最初に，有彩色LEDにのみ生じた素子による配光の個体差について考察することにした。今回測定に用いた白色LEDはInGaN系の白色LEDであり，青色LEDとYAG蛍光体からの黄色光とによる補色の関係にある両者を組み合わせることで白色光を得ている。この蛍光体を有するという点が白色LEDと他の有彩色LEDとの間の相違点であり，配光の個体差の有無を生じる原因となっていると考えられる。それを示すものとして，白色LEDを構成している青色LEDとの配光測定結果を比較する。図13(a)，(b)にそれらを示す。図を見ると明らかなように，青色LEDは他の有彩色LEDと同様に各方向による光度の分布にムラがあり，そのムラが不規則であるために素子ごとの個体差が生じてしまっている。一方で白色LEDにはこのようなことが生じていないことから，元来生じ

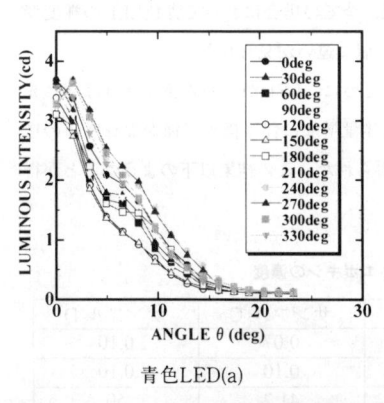

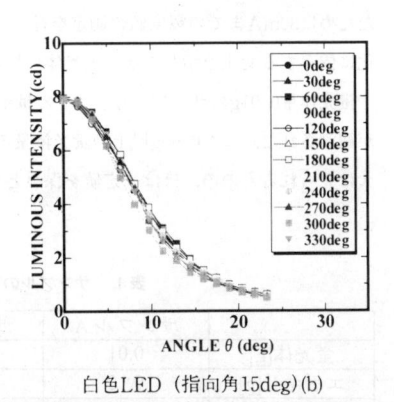

青色LED(a)　　　　　　　　　　　白色LED（指向角15deg)(b)

図13　青色LED(a)と白色LED(b)の配光特性の比較

LUMINANCE METER

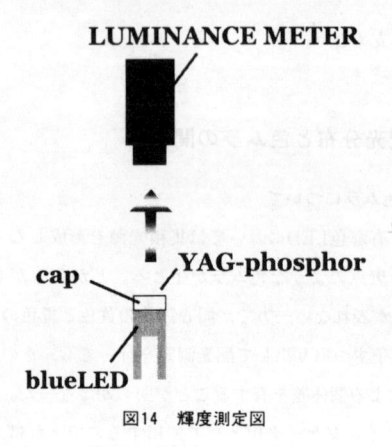

YAG-phosphor
cap
blueLED

図14　輝度測定図

ていた個体差を白色光を得るために塗布した蛍光体が，方向による光度差をも補償したのではないかと考えられる。ここで蛍光体塗布量と輝度及び色度変化について検討する。蛍光体とエポキシ樹脂を濃度を変えて混合したサンプルを作製し，それぞれのサンプルにおいて青色LEDを励起光源とした輝度の注入電流依存性を図14のようにして測定した。

YAG蛍光体とエポキシ樹脂の濃度を表1のように設定し混合した後，0.01gを取り出し，直径約9mmの円形の蛍光体膜を作製した。まず最初にエポキシ樹脂を取り除いた青色LEDのみを注入電流を変化させながら駆動させ，輝度の注入電流依存性を測定した。その後青色LEDに作製したYAG蛍光体サンプルを載せ同様に輝度の注入電流依存性を測定した。その結果が図15である。なお，青色LEDのみを点灯させた際に電流値が30mAを超えると輝度の測定が不可能となったために30mAまでの輝度値の測定を行った。その結果，全ての場合において青色LEDの輝度変化に依存する変化を示したが，蛍光体の量によって輝度値に違いが見られた。

蛍光体量0.01gのサンプルAではその量が少なかったために，LEDからの青色光とほぼ同じ光が観測された。また0.05g以上の蛍光体量の場合，蛍光体量増加に伴う極めて僅かな輝度値の増大は見られるものの，ほぼ一定値を保つという結果が得られた。この結果以下のようなことが得

表1　サンプルのYAG蛍光体とエポキシの濃度

	サンプルA	サンプルB	サンプルC	サンプルD
蛍光体[g]	0.01	0.05	0.07	0.10
エポキシ[g]	0.10	0.10	0.10	0.10
蛍光体濃度[%]	9.10	33.3	41.2	50

第2章 白色LED照明光源の基礎特性

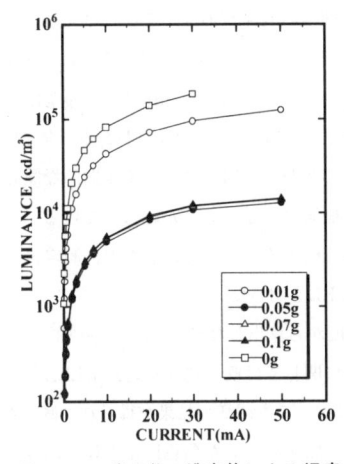

図15 YAG蛍光体の濃度差による輝度の注入電流依存性

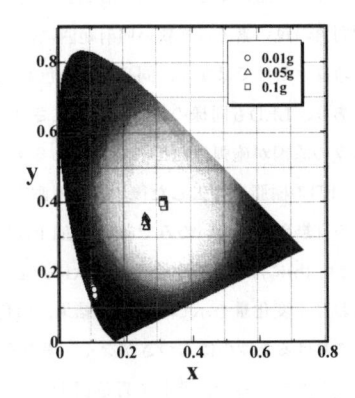

図16 YAG蛍光体の濃度差による色度の注入電流依存性

られた。蛍光体塗布により，LEDチップからの光が遮られることで輝度を低下させている。しかしながら蛍光体塗布量の増大に伴う輝度値の減衰は見られず，ある一定の値に収束している。つまり青色光と黄色光との補色による光を得ることができる量を満たす場合，蛍光体の塗布量を変化させても輝度に関してはある値に収束し，大幅な変化がない。

これは蛍光体を塗布することでLEDからの光が拡散されたことが原因ではないかと考えられ，それが蛍光体を塗布した白色LEDにおいて不規則な分布の色ムラを解消した原因ではないかと考えられる。また，色度については図16にYAG蛍光体の濃度の違いによる注入電流依存性を示した。中間色を得るための方法として試みた2色以上のLEDを用いた混色では，ϕ方向に対する光度のばらつきや，駆動電圧が異なるために強度の調整が困難であるなどの，各素子の特性の違いが影響してしまうという問題が生じていた。しかしながら蛍光体の操作により様々な発光色が得られるのは，蛍光体塗布により解消されると考えられる色ムラの問題においても非常に効果のある方式と言える。

4.2 砲弾型LEDのエポキシ樹脂と色ムラについて

規則的な同心円状に生じる色ムラについて検討する。これは白色，有彩色の両方において生じている問題であり，かつ二色から構成される方式の白色LEDにおいては色味の異なる光が照射面に表れてしまい望ましくない。さらに補色関係を利用した擬似白色であるため，青色と黄色の色ギャップを生じ，色彩学的見地からすると人間にストレスを与える色の組み合わせである。市

販されている砲弾型白色LEDには指向角の異なる数種類の製品があり，これらは先端に付けられたエポキシ樹脂によるレンズの形状を変化させることで指向角を操作している。言うまでもなく，指向角の鋭い素子ほど狭い照射範囲に強い光を放つことになるが，指向角70deg型LEDでは光度値の違いだけではなく，同心円状の色ムラも表れないという大きな違いがある。発光原理が同じであり，LEDも同様の材料から構成されていることから，LEDにおける規則的な同心円状の色ムラの原因が砲弾型LEDの特徴であるエポキシ樹脂によるレンズが起因している。そこで砲弾型LEDの樹脂を除去した後，同様の測定を行い比較することにした。なお，測定には蛍光体塗布の有無による違いのみである青色LEDと白色LEDを用いた。

図17(a),(b)には光軸を中心に放射状に測定した照度から算出した光度の，0 deg方向を含む4方向における変化量を示した。その結果，白色LEDに関しては既に述べた砲弾型LEDと同じく各方向における光度のばらつきがなく，異なる素子においても同様の結果が得られ，個体差を持たないことが分かった。そして青色LEDにおいても樹脂を除去した白色LEDとほぼ同様の結果が得られた。青色LEDは砲弾型の樹脂に封入されているときには配光に個体差を有し，ϕ方向による光度のばらつきが見られた。その現象が高い精度は満たしていないまでも，樹脂を除去することで解消されていた。

また照射面に生じる色ムラについてはϕ方向の中で0 deg方向を代表として色度値をプロットし，比較を行った。それを図18に示した。除去前は色度の大幅な変化が観測されていたが，同じ指向角を持つ白色LEDでも先端部分のエポキシ樹脂を除去することにより，色度値の変化が全く見られなくなった。そして照射面に同心円状の色ムラは表れておらず，色ムラのない均一な色

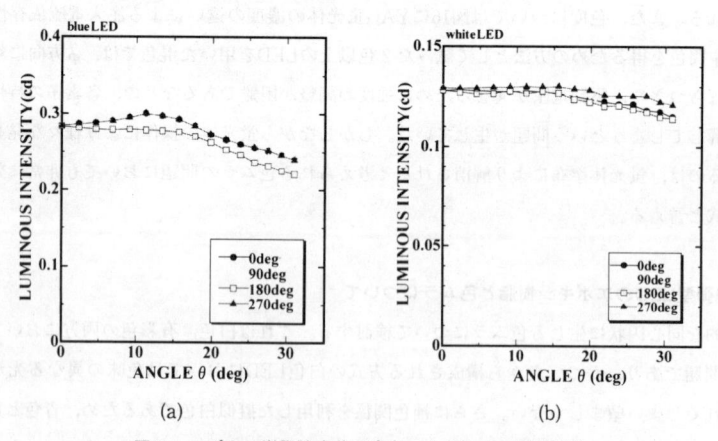

(a)　　　　　　　　　　　(b)

図17　エポキシ樹脂除去後の青色，白色LEDの配光特性

第2章　白色LED照明光源の基礎特性

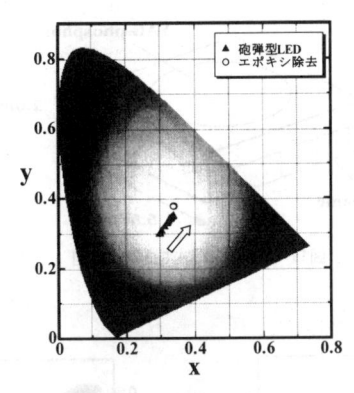

図18　エポキシ樹脂の除去前後の白色LEDにおける色度比較

の照射面が得られた。これらの配光と色度の比較から砲弾型LEDにおける同心円状に表れていた色ムラの原因が，LEDを封入していたエポキシ樹脂によるものではないかと考えられる。

4.3　砲弾型LEDと表面実装型（SMD :Surface Mount Device）LEDの比較

砲弾型LEDに照射された面における同心円状の色ムラは，エポキシ樹脂を除去したLEDでは色ムラが解消されていたことから，先端に取り付けられたエポキシ樹脂が原因であるという可能性を示唆した。そこで，同じくInGaN系青色LEDとYAG蛍光体を組み合わせるという方法で白色光を構成し，かつ先端に砲弾型の樹脂でコーティングしていない市販の表面実装型(SMD : Surface Mount Device)LEDを用いて，レンズの有無が色ムラに与える影響について考察を行った。

図19に示すように砲弾型LEDよりもさらに小型であり，主に液晶のライトなどに用いられている。上記のようにLEDを構成する材料及び蛍光体は同じものである。中央部の封止樹脂中にYAG蛍光体を含んでおり，砲弾型LEDとはパッケージの点で異なる。またこの素子を評価するために，他の素子と同様に配光特性，色度を測定した。その結果を図20，21にそれぞれ示す。ただし，光量が不足していたために4素子を2×2の正方形に配置したものを資料光源とした。また図21には色ムラが顕著に表れていた指向角15deg型，30deg型の砲弾型LEDにおける色度変化も同時に示した。配光に関しては，全ての方向に非常に類似した光度値の変化を示し，方向による光度のばらつきを持たない。これは砲弾型LEDと共通する部分であるが，色度値の分布は全く異なる。砲弾型LEDは大幅な色度のシフトが観測されたのに対して，表面実装型LEDは一定値を保つ。前節で述べたエポキシ樹脂を除去したLEDの測定結果と併せて比較を行うことで，エ

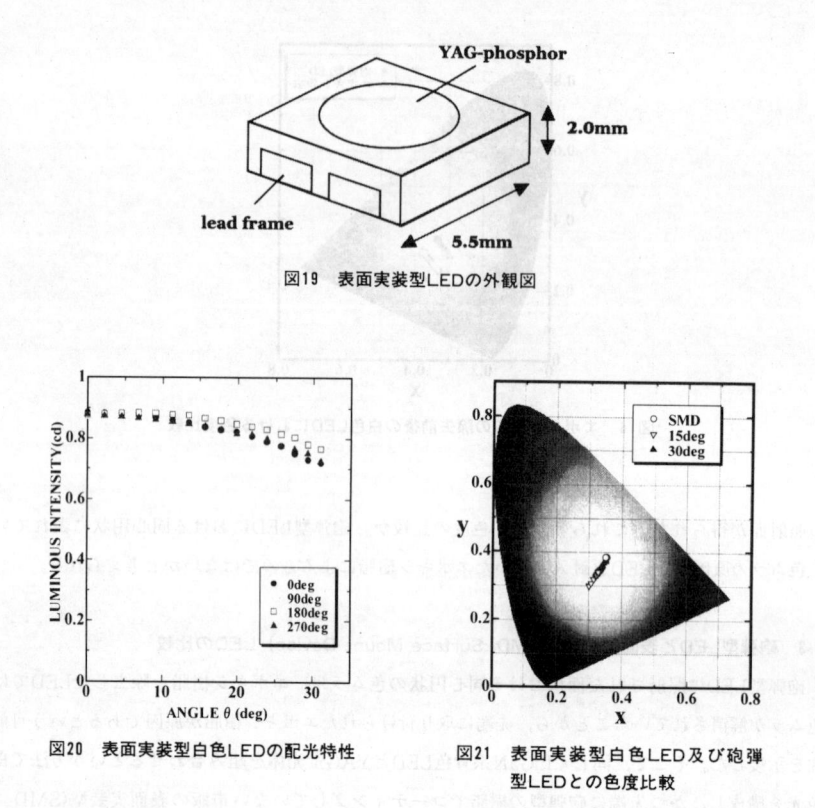

図19 表面実装型LEDの外観図

図20 表面実装型白色LEDの配光特性

図21 表面実装型白色LED及び砲弾型LEDとの色度比較

ポキシ樹脂の有無によるレンズ効果の影響が顕著に表れていることが改めて確認できた。

さらにゴニオメータとMCPD装置を用いて角度θとスペクトルの関係について測定を行った。なお,受光器に対して光軸が垂直に入射するときの角度を$\theta=0\mathrm{deg}$とした。θ軸上の対称性を確認した後,$\theta>0$の範囲における測定結果を図22に示した。その結果,スペクトルの強度が砲弾型LEDではθ増大に伴い急激に減衰するのに対し,表面実装型では角度に伴う強度の低下が非常に小さい。さらに青色,黄色領域におけるスペクトル強度のピーク比を図23にプロットした。

これらを比較すると一目瞭然であるが,砲弾型LEDの場合,θの変化により規則性を持たずに変化していることが分かる。一方,表面実装型LEDではピーク比の変化が軽減されている。

この現象が全てのϕ方向に対して起こるために照明面全体では色ムラの有無が明瞭に表れる。このスペクトルの観点からもエポキシ樹脂によるレンズ効果の有無が影響していることが確認できた。つまり,集光されていないために発光部分が局在せず,点光源に非常に近い光源が形成さ

第2章 白色LED照明光源の基礎特性

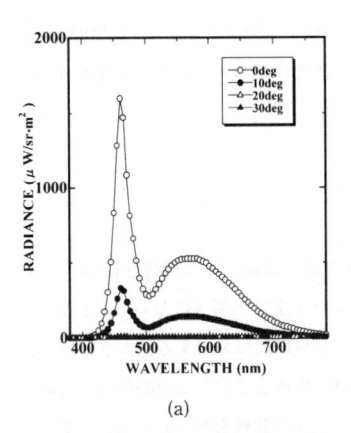

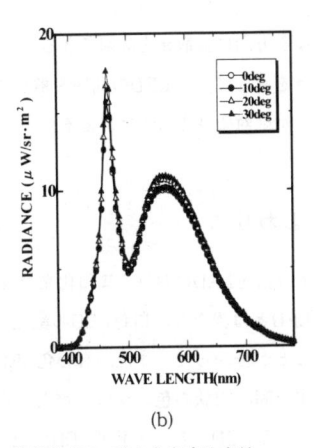

(a)

(b)

図22 砲弾型(a)及び表面実装型(b)白色LEDの放射輝度のθ軸方向角度依存性

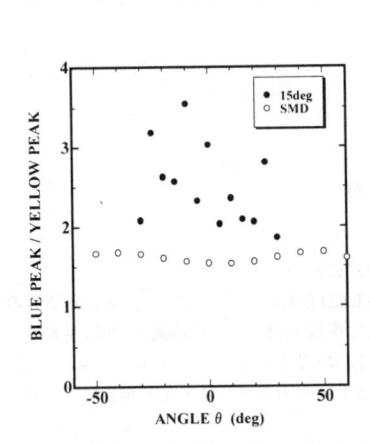

図23 砲弾型,表面実装型LEDにおける青,黄色領域のピーク比角度依存性

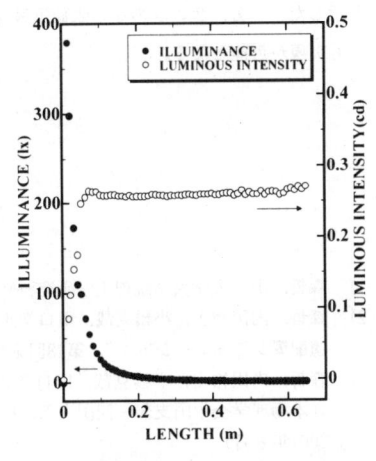

図24 表面実装型白色LEDにおける光度の収束距離

れていることが言える。

図24に表面実装型LEDにおける光度の収束距離を示した。砲弾型LEDの収束距離と比較しても明らかなように,その距離が約7 cmと非常に短く,点光源と見なすことが可能となり照度の逆2乗の法則が成り立つまでの距離が大幅に短縮されている。このことからも表面実装型LED

33

はあらゆる方向に拡散光を放射できる光源であり，方向による光度のばらつきが原因で個体差及び色ムラを有していたLEDの問題を解決するためには集光作用のあるレンズ効果を伴わないパッケージが絶対条件であると言える。

5 おわりに

本章では白色LEDにおける集積化光源及び単体の配光測定に関する基礎特性について述べた。有彩色LEDとは異なり，白色LEDの配光に個体差を持たず全ての素子において同じ配光特性を有することが分かった。また，有彩色LEDに生じていた不規則に分布する色ムラが白色LEDには表れず，同心円状の色ムラのみが表れる。白色LEDに共通して生じる同心円状の色ムラについて，砲弾型LEDと表面実装型LEDの色度及びスペクトルの比較を行った結果，蛍光体の濃度を操作することによる色調の変化及び，光の拡散が観測された。また，砲弾型，表面実装型の両者の比較から，エポキシ樹脂が及ぼすレンズ効果が照射面に色ムラを分布させる原因であることを示した。一方，色ムラのない表面実装型LEDを用いれば，混色による均一な照射面を得ることも実現が可能となる。

文　献

1) 森哲，山口大学大学院理工学研究科修士論文，(2003) 2月
2) 森哲，内田裕士，小橋克哉，田口常正，"高輝度LEDを用いたイルミネーション光源群の最適配置シミュレーション"，第48回応用物理学会学術講演会，(於 明治大学 2001年3月)
3) 森哲，内田裕士，小橋克哉，田口常正，"有色LEDの混色によるイルミネーション応用"，日本物理学会中国支部・四国支部，応用物理学会中国四国支部2001年度支例会(於 鳥取大学 2001年8月)
4) 森哲，内田裕士，小橋克哉，田口常正，"LEDの装飾用光源への応用"，平成13年度(第34回)照明学会全国大会(於 山口大学 2001年9月)
5) 森哲，内田裕士，小橋克哉，田口常正，"集積化させたLED照明光源の配光特性"，第49回応用物理学会学術講演会(於 東海大学 2002年3月)
6) 森哲，内田裕士，小橋克哉，田口常正，"集積化LED光源の配光特性"，平成14年度(第35回)照明学会全国大会(於 中京大学 2002年8月)
7) 森哲，内田裕士，小橋克哉，田口常正，"蛍光体を塗布した白色LEDの配光特性"，第63回応用物理学会学術講演会(於 新潟大学 2002年9月)

第3章　白色LED光源の発光メカニズム

山田陽一[*1], 渡辺　智[*2]

1　はじめに

　白色LED光源は，青色LEDとYAG系黄色蛍光体との組み合わせにより，または，紫外～近紫外LEDとRGB三原色蛍光体との組み合わせにより構成される。現在市販されている白色LED光源のほとんどは，青色LEDとYAG系黄色蛍光体との組み合わせによるものであるが，発光効率や演色性の向上を目指して，最近では，紫外～近紫外LEDとRGB三原色蛍光体との組み合わせによる白色LED光源の研究開発が精力的に行われている。

　白色LED光源を構成する青色LEDおよび紫外～近紫外LEDは，III族窒化物系半導体量子井戸構造を利用して作製されている。本章では，まず，そのLED構造の活性層（発光層）として利用されている$In_xGa_{1-x}N$三元混晶半導体の光学特性について述べる。次に，$In_xGa_{1-x}N/GaN$量子井戸LED構造の特徴的な発光特性を示し，最後にLEDの効率について考察する。

2　$In_xGa_{1-x}N$混晶半導体の光学特性

　白色LED光源を構成するIII族窒化物系半導体を利用した青色LEDや紫外～近紫外LEDは，そのデバイス構造中に10^6～$10^9 cm^{-2}$もの多量の転位を含有しているにもかかわらず，高い発光の量子効率を示すことで知られている。一般に，半導体中の転位（欠陥）は非輻射再結合中心として働くことが知られており，半導体発光デバイスの外部量子効率や素子寿命はデバイス構造中に含まれる欠陥密度の減少とともに改善されてきた経緯がある。したがって，III族窒化物系半導体を利用したLED構造には，転位の影響を受けにくい特異な性質または発光機構が存在することが示唆される。

　本節では，青色および紫外～近紫外LED構造の量子井戸活性層（発光層）として利用されている$In_xGa_{1-x}N$三元混晶半導体に関して，これまでに提案されている輻射再結合モデルについて

---

*1　Yoichi　Yamada　山口大学　工学部　電気電子工学科　助教授
*2　Satoshi　Watanabe　アジレント・テクノロジー㈱　アジレント研究所　プロジェクトマネージャー

概説する。次に，$In_xGa_{1-x}N$混晶半導体のフォトルミネッセンス（PL），吸収スペクトル，およびストークスシフトの温度依存性に関する最近の実験結果を示し，$In_xGa_{1-x}N$混晶半導体に固有の発光機構について考察する。

2.1 $In_xGa_{1-x}N$混晶半導体の輻射再結合モデル

$In_xGa_{1-x}N$混晶半導体の発光機構に関しては，これまでに複数の研究機関から様々なモデルが提唱されてきている。しかしながら，測定試料の品質のばらつき等の影響もあり，未だ統一的理解に至っていないのが現状である。以下に，これまでに提案されてきた代表的な輻射再結合モデルについて概説する。

まず，一般に混晶半導体の発光機構に関しては，その研究が先行している$Cd_xZn_{1-x}Se$や$Cd_xZn_{1-x}S$等のワイドギャップII-VI族混晶半導体の場合を例に取ると，少なくとも低温では局在励起子の輻射再結合過程により説明され，理解されている[1]。混晶半導体では，混晶組成の揺らぎ（不均一性）に起因して，励起子のエネルギー状態には不均一な拡がりが存在する。その結果，励起子は不均一に拡がったエネルギー状態の中で，最もエネルギーの低い状態に局在し，輻射再結合に寄与する。このような励起子の局在化は，混晶の組成制御が充分になされた系においても，励起子の体積内における混晶組成の統計的揺らぎが存在するために避けることができず，アロイブロードニング効果と称されている[2]。このアロイブロードニング効果は，励起子の空間的拡がり，すなわち，励起子のボーア半径が小さいほど顕著に現れる。$In_xGa_{1-x}N$混晶半導体の発光機構に関する初期の研究でも，このような局在励起子の輻射再結合過程が考えられた。しかしながら，単に組成不均一に起因した励起子の局在化を考慮するだけでは，結晶中に多量の転位を含有しているにもかかわらず高効率発光を呈するという$In_xGa_{1-x}N$混晶半導体に特有の発光特性を説明することはできない。

その後，$In_xGa_{1-x}N$混晶半導体の発光機構に関しては，混晶組成の揺らぎに起因して生じる高In組成領域が3次元的なポテンシャル極小値を形成し，そのポテンシャル極小値に局在した励起子の輻射再結合モデル[3]，相分離等により生成された量子ドットに局在した励起子の輻射再結合モデル[4]等，局在中心の形態は異なるが，基本的には励起子の局在化を考えることにより説明されている。

一方，励起子が関与した輻射再結合モデルとは異なり，ポーラロン電子が関与した輻射再結合モデルも提案されている[5]。この輻射再結合モデルは，窒化物系化合物半導体が他のIII-V族化合物半導体やII-VI族化合物半導体と比較して，非常に強い電子—格子相互作用を有しているという特徴に基づいている[6]。GaNにおけるLOフォノンエネルギー（$\hbar\omega_{LO}$）の値は約90meVであり，この値はGaAsやZnSeにおける値と比較して約3倍程度大きい。そのために，Fröhlich結合

第3章 白色LED光源の発光メカニズム

係数（α_e）とLOフォノンエネルギーとの積で与えられる電子とLOフォノンの相互作用エネルギー（$\alpha_e\hbar\omega_{LO}$）の値は約44meVにも達し、この値はGaAsにおける値の約19倍、ZnSeにおける値の約3.4倍である。したがって、励起された電子はLOフォノンと強く相互作用し、結晶格子に捕獲されて"重く"なり（ポーラロン状態）、自己束縛状態となる。すなわち、電子―格子相互作用を強く伴った電子は、歪み場を引きずるように移動するために、その見かけ上の質量は増大する。そのため、電子は極めて短い距離しか移動できないものと考えられる。電子の場合と同様に、正孔についてもポーラロン的束縛状態は形成されるものと考えられている[6]。

さらに、電子―格子相互作用に基づいたポーラロン的束縛状態に加えて、GaNにInを添加すると、そのIn格子位置の周辺には短距離型ポテンシャルによる強い正孔の捕獲が生じている可能性も指摘されている[7]。

上述したような電子と正孔の局在化は、ナノスケール以下の原子サイズの範囲で生じており、$In_xGa_{1-x}N$混晶半導体に固有の性質と考えられる。したがって、輻射再結合に寄与するキャリアは空間的に局在化しているため、非輻射再結合中心に到達する確率が低くなり、結果的に高効率発光に結び付くものとして説明されている。

2.2 $In_xGa_{1-x}N$混晶半導体の発光スペクトル

$In_xGa_{1-x}N$混晶半導体から観測される発光スペクトルには、その混晶組成比にも依存するが、組成揺らぎに起因したスペクトル線幅の不均一拡がりが顕著に現れる。しかしながら、最近の結晶成長技術の進展により、発光半値全幅の不均一拡がりが抑制された混晶薄膜の成長も可能となっている。図1に、混晶組成比を変化させた5種類の$In_xGa_{1-x}N$三元混晶薄膜（x＝0.02、0.03、0.05、0.06、0.09）からの低温4KにおけるPLスペクトルを示す。測定に用いた試料は、有機金属気相成長法により加工サファイア基板上に膜厚約5μmのGaNバッファ層を介して成長された膜厚約90nmの単結晶薄膜である[8]。5種類の異なるIn組成比を有する混晶薄膜からのPLスペクトルを見ると、In組成比の増大とともに禁制帯幅（バンドギャップエネルギー）が減少することに起因して、発光ピーク位置は低エネルギー側にシフトしている。また、全てのPLスペクトルにおいて、そのバンド端発光には2つの発光成分が観測されていることがわかる。各PLスペクトルにおける高エネルギー側の支配的な発光成分

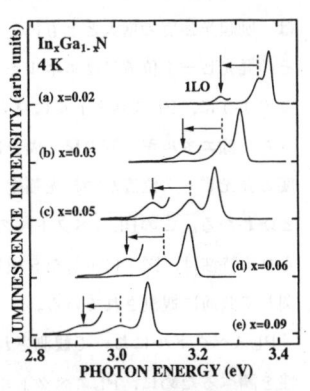

図1 $In_xGa_{1-x}N$混晶薄膜（x＝0.02、0.03、0.05、0.06、0.09）の4KにおけるPLスペクトル

を見ると，In組成比の増大に伴う発光半値全幅の拡がりは顕著に現れておらず，In組成比が$x=0.02$の試料の発光半値全幅は約22meV，$x=0.09$の試料においても約29meV程度である。

一方，高エネルギー側の支配的な発光成分と低エネルギー側の弱い発光成分とのエネルギー間隔は，In組成比の増大とともに増加している。そのエネルギー間隔は，$x=0.02$の試料で約23meV，$x=0.09$の試料で約70meVと見積もられる。また，2つの発光成分よりも低エネルギー側の領域を拡大すると，全ての試料において低エネルギー側の発光成分の発光ピーク位置よりも約90meV程度低エネルギー側に微弱な発光線が観測されている。この90meVという値はGaNのLOフォノンエネルギーの値にほぼ一致していることから，この微弱な発光線は低エネルギー側の発光成分のLOフォノンレプリカによるものであると考えられる。

次に，In組成比が$x=0.03$の混晶薄膜からの低温6KにおけるPLスペクトルの励起光強度依存性を図2に示す。弱励起下では，バンド端の2つの発光成分のうち，高エネルギー側の発光成分が支配的に観測されている。その発光ピーク位置と発光半値全幅は励起光強度の増大に対してほとんど変化していない。一方，低エネルギー側の発光成分は，励起光強度の増大とともに，その発光強度が増大し，その発光ピーク位置は高エネルギー側へシフトしている。このように，PLスペクトルに見られる2つの発光成分のうち，低エネルギー側の発光成分に関しては，その発光強度と発光ピーク位置が励起光強度に大きく依存していることがわかる。このPLスペクトルの励起光強度依存性に見られる特性は，図1に示した5種類の混晶薄膜試料全てに関して共通に観測されている。

PLスペクトルにおいて観測された2つの成分の発光特性を調べるために，PLスペクトルの温度依存性の測定を行った。図3にIn組成比が$x=0.05$の混晶薄膜からのPLスペクトルの温度依存性を示す。低温5Kでは，図1に示した通り，高エネルギー側の発光成分が支配的であるが，温度上昇とともに，高エネルギー側の発光成分に対する低エネルギー側の発光成分の相対的な発光強度が増大し，50〜90K付近でその発光強度が逆転していることがわか

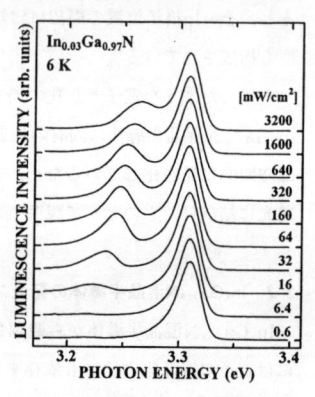

図2　$In_{0.03}Ga_{0.97}N$混晶薄膜の6KにおけるPLスペクトルの励起パワー密度依存性

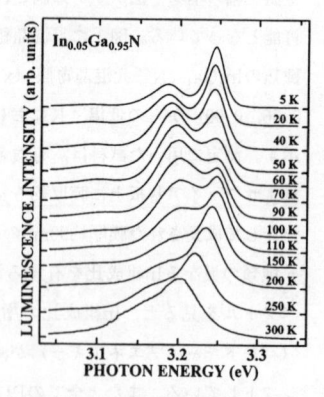

図3　$In_{0.05}Ga_{0.95}N$混晶薄膜のPLスペクトルの温度依存性

第3章 白色LED光源の発光メカニズム

る。しかしながら，100K以上の温度領域では，低エネルギー側の発光成分の温度消光が顕著に現れ，室温付近では再び高エネルギー側の発光成分が支配的に観測されている。このPLスペクトルの温度依存性に見られる2つの成分の発光強度変化の特異な振舞いも，図1に示した5種類の混晶薄膜試料全てに関して共通に観測されている。

上述したように，$In_xGa_{1-x}N$混晶半導体のバンド端発光スペクトルは，本質的に2つの発光成分により構成されていることがわかる。PLスペクトルの温度依存性において観測された2つの発光成分の相対発光強度の変化は，この2つの発光成分の間で発光に寄与するキャリアの相互移動が生じていることを示しているものと考えられる。この2つの発光成分間のキャリアの移動は，時間分解発光スペクトルの測定結果においても観測されている[9]。また，2つの発光成分それぞれに対する励起スペクトルの測定より，高エネルギー側と低エネルギー側の発光成分に対する吸収ピークは同じエネルギー位置に現れることが明らかにされている[5]。この測定結果は，発光に寄与するキャリアは高エネルギー側と低エネルギー側の発光成分ともに同一の励起状態より緩和してきている（発光に寄与するキャリアが同一のエネルギー状態で生成されている）ことを示しているものと考えられる。

低エネルギー側の発光成分に関しては，その発光ピーク位置が励起光強度の増大とともに高エネルギー側にシフトしていることから，高エネルギー側の発光成分と比較して，混晶組成の揺らぎ等に起因した状態密度の不均一性がその輻射再結合過程に大きく関与しているものと考えられる。さらに，低エネルギー側の発光成分はLOフォノンレプリカによる発光線を伴っていることから，局在または束縛された正孔がその輻射再結合過程に関与していることが強く示唆される。図1に示したように，In組成比の増大に伴い，2つの発光成分のエネルギー間隔が増加しているという実験結果も，低エネルギー側の発光成分にIn添加に伴う正孔の局在化が関与していると考えることにより説明できるものと考えられる。

このように，$In_xGa_{1-x}N$混晶半導体の発光スペクトルに見られる本質的な2つの発光成分は，2.1項で述べた電子—格子相互作用に基づいたポーラロン的束縛状態とIn添加に伴う正孔の局在化を考慮することにより説明することができる[10]。すなわち，2つの発光成分のうち，高エネルギー側の発光成分はポーラロン電子の輻射再結合過程によるものであり，また，低エネルギー側の発光成分は，ポーラロン電子とIn添加に伴い局在化した正孔との間の輻射再結合過程によるものであるとして考えることができる。

2.3 $In_xGa_{1-x}N$混晶半導体の吸収スペクトル

発光スペクトルの測定に加えて，励起スペクトルや吸収スペクトル分光法を用いて発光再結合に寄与するキャリアの励起状態を調べることは，発光機構を議論する上で必要不可欠な知見を与

えてくれるものと期待される。ここでは$In_xGa_{1-x}N$混晶薄膜の吸収スペクトルの測定結果を示し，その温度依存性について考察する。

まず，2.2項で示した5種類の$In_xGa_{1-x}N$混晶薄膜の低温4Kにおける吸収スペクトル（実線）を図4に示す。図中，比較のために各試料のPLスペクトルを破線で示している。全ての試料の吸収スペクトルにおいて明瞭な吸収ピーク構造が観測されていることがわかる。その吸収ピーク位置はIn組成比の増大とともに低エネルギー側へシフトし，同時に，その吸収構造にはブロードニングが生じている。このように，$In_xGa_{1-x}N$混晶薄膜において明瞭な吸収ピーク構造が観測されたという実験的報告はこれまでになく，今回の測定に用いた試料の高品質性が反映されているものと考えられる。また，今回の

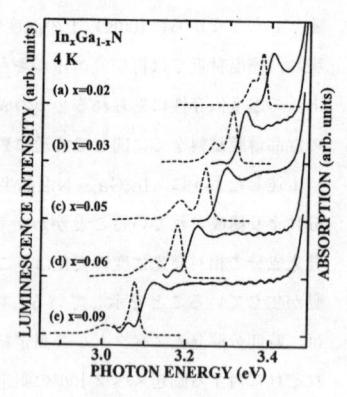

図4 $In_xGa_{1-x}N$混晶薄膜（x=0.02, 0.03, 0.05, 0.06, 0.09）の4Kにおける吸収スペクトル（実線）とPLスペクトル（破線）

測定に用いた試料は，低転位化を目的として，表面を凹凸に加工したサファイア基板上に選択的横方向成長技術を利用して作製されたものである[8]。したがって，試料表面と基板との界面で生じる光の干渉効果が抑制されていることも，明瞭な吸収ピーク構造の観測に至った一因となっているものと考えられる。

各試料の吸収ピーク位置における吸収係数を求めると，In組成比の増大とともに吸収係数の値はわずかに減少し，x=0.02の試料で$1.3×10^5cm^{-1}$，x=0.09の試料で$7.0×10^4cm^{-1}$と見積もられる。このような混晶組成比に依存した吸収係数の変化は，$Al_xGa_{1-x}As$混晶薄膜において有効質量と誘電率の混晶組成比に伴う変化を考慮することにより説明されている[11]。また，ガウス分布関数を用いたスペクトルフィッティングにより各試料の吸収ピークの半値全幅を求めると，In組成比の増大とともに半値全幅の値は増加し，x=0.02の試料で約30meV，x=0.09の試料で約57meVと見積もられる。

次に，In組成比がx=0.03の混晶薄膜の吸収スペクトルの温度依存性を図5に実線で示す。図中，比較のために，この試料のPLスペクトルの温度依存性を破線で示している。吸収スペクトルには温度上昇に伴うブロードニングが観測されているが，室温においても明瞭な吸収構造が観測されていることがわかる。ここで注目すべきことは，4Kから50K付近までの温度領域において，温度上昇に伴う吸収ピーク位置のわずかなブルーシフトが観測されていることである。4Kと50Kにおける吸収ピーク位置を比較すると，そのブルーシフト量は約3meVと見積もられる。この温度上昇に伴う吸収ピーク位置のブルーシフトは，上述したIn組成比の異なる5種類全ての

第3章 白色LED光源の発光メカニズム

混晶薄膜において観測されている。そのブルーシフト量は、In組成比が$x=0.02$の試料で約1 meV、$x=0.09$の試料で約5 meVと見積もられ、In組成比の増大とともにブルーシフト量も増大することがわかる。一方、50K以上の温度領域では、吸収ピーク位置は低エネルギー側に単調にシフトしている。この傾向も5種類全ての混晶薄膜において共通に観測されている。

一般に、半導体のバンドギャップエネルギーは温度上昇とともに減少するため、その吸収端は温度上昇とともに低エネルギー側へシフト（レッドシフト）する。しかしながら、上述したように、$In_xGa_{1-x}N$混晶半導体では50K以下の温度領域において、温度上昇に伴う吸収ピーク位置のブルーシフトが観測されている。吸収ピーク位置のブルーシフトは、温度上昇に伴うバンドギャップエネルギーの増加を意味しており、$In_xGa_{1-x}N$混晶半導体に固有の本質的な現象であると考えられる。現段階ではその起源は明確にされていないが、ブルーシフトの大きさにはIn組成比依存性、即ち、In組成比の増大に伴いブルーシフト量も増加していることから、おそらくIn添加に起因した格子変位の温度変化が関与している可能性が高いものと推察される。

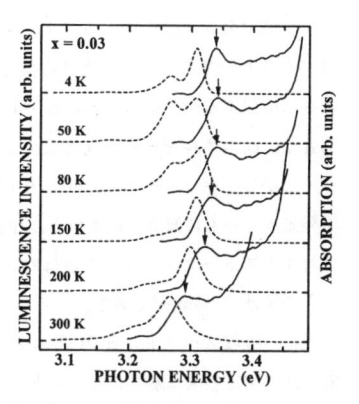

図5 $In_{0.03}Ga_{0.97}N$混晶薄膜の吸収スペクトル（実線）とPLスペクトル（破線）の温度依存性

2.4 ストークスシフトの温度依存性

図4に示した実験結果に基づいて、低温4Kにおける吸収ピーク位置と発光ピーク位置のエネルギー間隔で定義されるストークスシフトの値を図6に示す。PLスペクトルには上述したように2つの発光成分が存在することから、図6には高エネルギー側と低エネルギー側の両方の発光成分に対するストークスシフトの値が示してある。また、励起スペクトルの測定より、高エネルギー側と低エネルギー側の発光成分は同じエネルギー位置に吸収ピークを有することが明らかにされているので、両発光成分に対するストークスシフトの値は吸収ピーク位置と各発光成分のピーク位置とのエネルギー間隔により定義されている。In組成比が$x=0.02$の試料では、高エネ

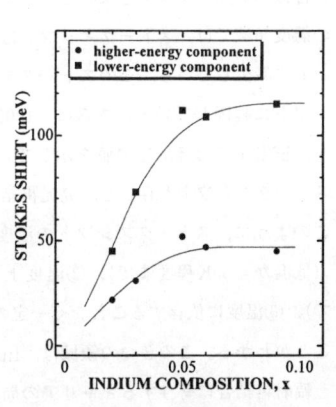

図6 $In_xGa_{1-x}N$混晶薄膜（$x=0.02$, 0.03, 0.05, 0.06, 0.09）の4Kにおけるストークスシフト

ルギー側の発光成分に対するストークスシフトの値は約22meV，低エネルギー側の発光成分に対するストークスシフトの値は約45meVである。これらの値は，混晶薄膜のIn組成比の増大とともに増加する傾向を示している。また，このIn組成比の増大に伴うストークスシフトの増加の割合は，高エネルギー側の発光成分よりも低エネルギー側の発光成分の方が大きいことがわかる。しかしながら，In組成比がx＝0.05を超えたあたりから，その増加の割合が飽和する傾向が両発光成分ともに観測されている。In組成比がx＝0.09の試料では，高エネルギー側の発光成分に対するストークスシフトの値は約45meV，低エネルギー側の発光成分に対するストークスシフトの値は約115meVである。

次に，吸収スペクトルとPLスペクトルの温度依存性の測定結果に基づいて，ストークスシフトの温度依存性を導出する。図5に示したIn組成比がx＝0.03の混晶薄膜試料に関して，吸収ピーク位置，高エネルギー側の発光成分の発光ピーク位置およびそれらのエネルギー間隔で定義されるストークスシフトの温度依存性を図7に示す。ストークスシフトの温度依存性に注目すると，4Kから50Kまでの温度領域ではストークスシフトは温度上昇とともにわずかに増加している。このストークスシフトの増加は，温度上昇に伴う吸収ピーク位置のブルーシフトを反映している。50K以上の温度領域では，ストークスシフトは温度上昇とともに減少している。このストークスシフトの減少は，温度上昇に伴う発光ピーク位置のブルーシフトに起因している。さらに，100K以上の温度領域では，ストークスシフトは温度に依存せず，室温までほぼ一定の値を示していることがわかる。その結果，室温においても約22meVのストークスシフトが存在し，発光再結合に寄与するキャリアが強く局在していることがわかる。このように，ストークスシフトの温度依存性には，①温度上昇に伴い，その値が増加する領域（低温から50K程度まで），②温度上昇に伴い，その値が減少する領域（50Kから100K程度まで），③温度に依存することなく一定の値を示す領域（100Kから室温まで）の3つの領域があることがわかる。この3つの領域は，In組成比の異なる試料においても同様に観測されている[12]。

輻射再結合に寄与するキャリアの局在機構が通常の混晶半導体で説明されているように混晶組成の揺らぎのみに起因している場合，ストークスシフトの値は温度上昇とともに単調に減少する。これは，低温で局在していたキャリアが温度上昇に伴う熱エネルギーにより非局在状態へ遷

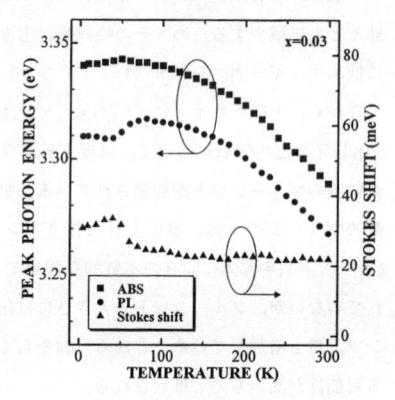

図7 In$_{0.03}$Ga$_{0.97}$N混晶薄膜の吸収（■）およびPL（●）ピーク位置とストークスシフト（▲）の温度依存性

第3章 白色LED光源の発光メカニズム

移するためである。しかしながら，上述したように，$In_xGa_{1-x}N$混晶半導体において観測されたストークスシフトの温度依存性には3つの領域があり，輻射再結合過程に影響を及ぼす複数の物理的機構の存在が示唆される。すなわち，輻射再結合に寄与するキャリアに対して複数の局在機構が存在しているものと考えられる。特に，100K以上の温度領域では，ストークスシフトの値は温度に依存せず，ほぼ一定の値を示しており，輻射再結合に寄与するキャリアが局在の影響を強く受けていることがわかる。この実験結果は，窒化物系化合物半導体の特徴の1つとして2.1項で述べた電子—格子相互作用に基づくポーラロン電子の輻射再結合モデルを支持しているものと考えることもできる。しかしながら，吸収スペクトルには明瞭な吸収ピーク構造も観測されていることから，今後，$In_xGa_{1-x}N$混晶半導体における高効率発光機構の詳細を解明するためには，輻射再結合過程への励起子の関与も含めて，その局在中心の解明に関する実験，理論双方からのアプローチが必要であると考えられる。

3 $In_xGa_{1-x}N$系量子井戸LEDの発光特性

蛍光体励起による白色LED照明光源を実現するにあたり，励起用の紫外LEDまたは青色LEDの発光特性は最終的な照明光源の特性に影響するものであり，その特性を理解することは照明設計の上で重要である。本節では，$In_xGa_{1-x}N$系量子井戸LEDの電流注入発光(EL)およびフォトルミネッセンス(PL)において，その特徴的な特性について示す。$In_xGa_{1-x}N$系LEDは量子井戸のIn組成比または量子井戸幅の変化に伴って発光特性が大きく変化するため，In組成比や量子井戸幅の異なる試料に関して系統的に測定した発光特性について示す。

3.1 キャリアの局在効果と分極電界効果

$In_xGa_{1-x}N$系量子井戸においては，特にIn組成比の大きい青色から緑色LEDでは，キャリアの局在の効果と量子井戸の分極電界効果が，電子とホールの再結合過程に大きく影響を及ぼすことが知られている。これらの2つの効果は，LEDの発光特性そのものにも大きく影響する。

キャリア局在の原因としては，2節で述べた電子—フォノン相互作用によるキャリアの束縛[5]や，$In_xGa_{1-x}N$混晶の組成比または量子井戸幅の不均一により生じる量子井戸内ポテンシャルの揺らぎ[3,4]などが提案されている。一般には，In組成比の大きい青色や緑色の$In_xGa_{1-x}N$量子井戸ほどIn組成比の不均一によるキャリア局在が大きいものと考えられている。混晶組成の揺らぎにより形成されるエネルギーバンドの裾準位は，注入キャリアにより低エネルギー側から占有されるため，注入電流の増加に伴って，バンドフィリング効果により発光波長は短波長化する。

また，c面サファイア基板に結晶成長されたウルツ鉱型の$In_xGa_{1-x}N/GaN$ヘテロ構造におい

ては，c軸方向に分極が生じる。分極は自発分極と圧電分極の和で表される。自発分極は結晶に内在するものであり，$In_xGa_{1-x}N$とGaNの分極の差が正味の自発分極となる。一方，GaNにコヒーレントに成長した$In_xGa_{1-x}N$は圧縮歪をうけており，圧電効果により誘起される圧電分極が生じる[13]。通常のデバイスとして実用されているIn組成比(20%程度以下)の$In_xGa_{1-x}N$/GaNヘテロ構造においては，自発分極は小さく，歪により誘起される圧電分極が支配的となる。分極電界が存在すると，量子井戸内のエネルギーバンド構造は傾き，発光波長の長波長化および注入キャリアの再結合確率の低下を引き起こす。また，注入キャリア密度の増加により，この分極電界は打ち消されるため，量子井戸内のエネルギーバンド構造は平坦に近づく[14]。これが，LEDの電流増加に伴う発光波長の短波長化の原因と考えられている。

3.2 発光波長シフト

$In_xGa_{1-x}N$系LEDは一般に注入電流を増加すると，発光波長は短波長側へシフト（ブルーシフト）する。図8に波長525nmの緑色LED(a)および波長440nmの青色LED(b)における，注入電流の増加に伴う発光スペクトルの変化を示す。両試料において量子井戸幅は約3nmと同一で，量子井戸のIn組成比のみが変化している。発光半値幅は，20mA電流注入時に緑色LEDで約30nm(140meV)，青色LEDで約20nm(120meV)である。電流増加に伴う発光エネルギーの変化は青色LEDで約30meV程度であるのに対し，緑色LEDでは約60meVと大きい。

発光波長のシフト量は量子井戸幅にも大きく依存する。図9にIn組成比(x)および量子井戸幅(w)を変化させた試料における，注入電流の変化に伴う発光エネルギーのシフトを示す。In組成

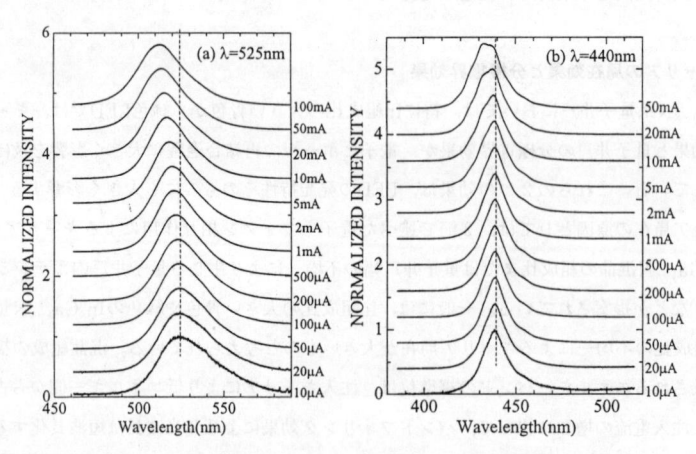

図8 量子井戸幅3nmの(a)緑色LEDと(b)青色LEDの発光スペクトルの注入電流に対する変化

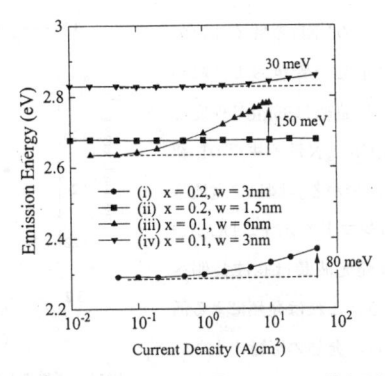

第3章 白色LED光源の発光メカニズム

図9 In組成比および量子井戸幅の異なるLEDに対する注入電流の変化に伴う発光エネルギーの変化

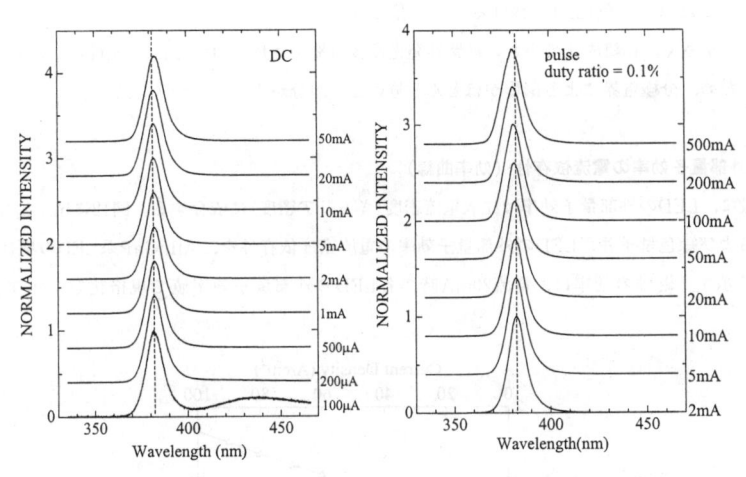

図10 近紫外LED(波長380nm)の発光スペクトルの注入電流に伴う変化

比が約20%と同程度で，量子井戸幅3nm(i)，1.5nm(ii)の試料を比べると，井戸幅の大きな試料においてブルーシフトが大きくなっている。また，発光波長が同程度の試料(ii, iii)の比較より，In組成比より量子井戸幅が発光エネルギーシフトに影響していることが分かる。量子井戸幅の増加に伴い，分極電界の遮蔽による発光エネルギーシフト量は大きくなる。従って，試料(ii, iii)の比較から，電流注入に伴う発光エネルギーシフトにおいては，量子井戸内の分極電界を遮蔽する効果の寄与が大きいことが分かる。

一方，In組成比の小さい発光波長380nmの近紫外LEDにおける，注入電流に伴う発光スペク

トルの変化を図10に示す。このLEDの量子井戸幅は約3nmであり[8]、図8に示した青色および緑色LEDと同程度である。発光半値幅は95meV程度と青色LEDに比べ小さく、$In_xGa_{1-x}N$量子井戸のIn組成比の揺らぎが小さいことが分かる。図11に電流増加に伴う発光エネルギーのシフトを示す。DC測定における$10A/cm^2$以上では発光波長は長波長側へシフト（レッドシフト）する。これは発熱による活性層温度の上昇が原因である。発熱の影響の小さいパルス測定においては、$500A/cm^2$程度までの注入電流で、発光エネルギーは14meV程度ブルーシフトする。これは、青色LEDにおけるシフト量と比較すると小さく、In組成比の小さい近紫外発光領域の量子井戸においては、$In_xGa_{1-x}N$の歪みが小さいため、分極電界による影響がほとんど無いことが分かる。

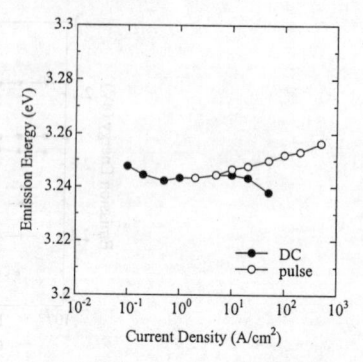

図11　近紫外LED（波長380nm）の注入電流に伴う発光エネルギーの変化

3.3　外部量子効率の電流依存性（効率曲線）

一般に、LEDの外部量子効率は注入電流密度（キャリア密度）に依存する。図12に$In_xGa_{1-x}N$系青色および緑色量子井戸LEDの外部量子効率の電流密度依存性を、AlInGaP系LEDの場合と比較して示す。縦軸の効率は、電流20mA時の各LEDの外部量子効率値で規格化して示す。In_x

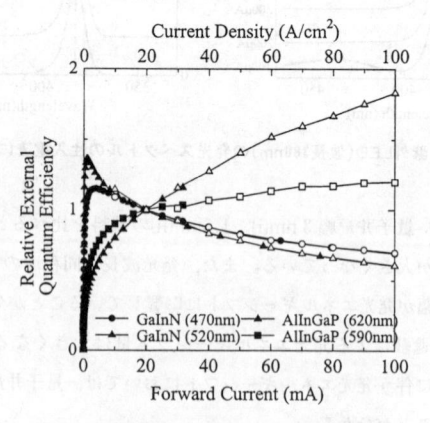

図12　GaInN系およびAlGaInP系可視光LED外部量子効率の電流密度依存性

第3章 白色LED光源の発光メカニズム

$Ga_{1-x}N$系LEDで特徴的なのは,効率が低電流領域に最大値をもち,高い電流領域では低下することである。LEDを照明などのような高出力用途に応用する場合は,単位チップ面積あたりの光出力を増加させるため,高い電流密度で動作させることが望まれる。従って,この$In_xGa_{1-x}N$系量子井戸に特徴的な効率曲線のメカニズムを解明し,高電流領域での効率を改善することは,将来的な照明用途において重要である。

図13に発光波長(量子井戸のIn組成比)が変化したLEDの効率曲線を示す[15]。縦軸は外部量子効率をそれぞれのLEDの最大値で規格化した値を示す。図より,青色から緑色LEDにおいては量子効率が最大となる電流密度は数A/cm^2から10A/cm^2程度であり,In組成比が増える(発光波長が長くなる)に従い,外部量子効率が最大となる電流密度は低電流領域に移動していることがわかる。一方,発光波長380nmの近紫外LEDの効率曲線は,DC測定では20A/cm^2程度で効率が最大になり,パルス測定では外部量子効率が最大となる電流密度は50A/cm^2程度である。これより,近紫外LEDでは高い電流領域で効率が最大値をとり,光出力の飽和が小さいことがわかる。また,1A/cm^2以下の低電流領域では,効率が上昇し始める電流密度はIn組成比の増加に伴って低電流側に移動する。

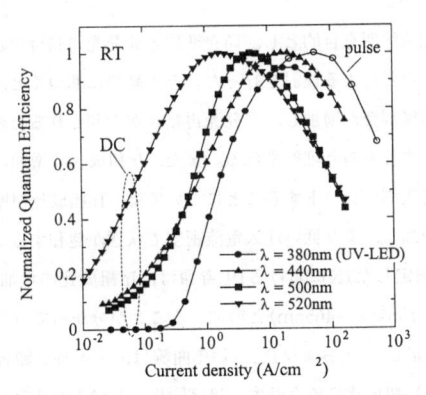

図13 In組成比を変化させたLED試料における外部量子効率の電流密度依存性(効率曲線)[15]

この効率曲線のメカニズムを検討するため,PL測定で効率曲線の評価を行った。図14は量子井戸幅が同一でIn組成比のみを変化させたLED試料に対して,EL(a)およびPL(b)で効率曲線を測定し,比較した結果を示す。ELにおいてみられた高電流領域での効率の低下が,PLの強励起時にも観測されている。PL評価においては活性層で直接キャリアを生成させており,これより,EL測定時の高電流領域での効率の低下は,電流注入時のキャリアオーバーフローを反映したも

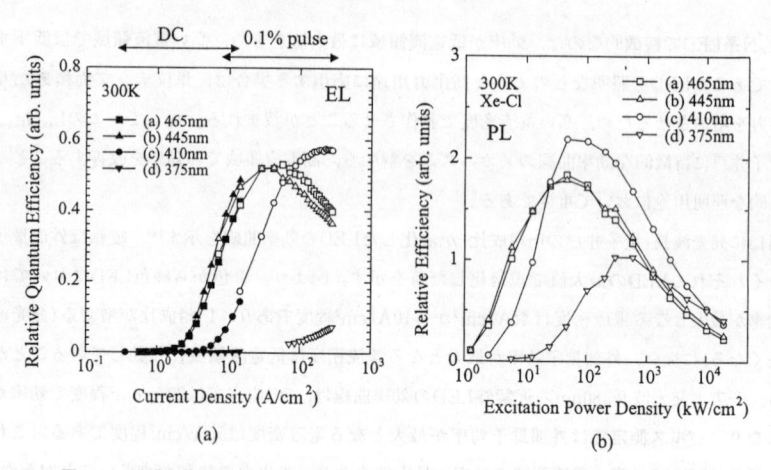

図14 In組成を変化させたLED試料における(a)ELおよび(b)PLにおける効率曲線

のではなく，$In_xGa_{1-x}N$量子井戸内のキャリア密度に依存した本質的な内部量子効率を反映しているものであることが分かる。

　これらの効率曲線の理論解明を目的とし，局在準位と非発光再結合中心を仮定した単純なモデルでのシミュレーションなどによる検討を行った。その結果に基づくと，In組成比の増加により局在状態へのキャリア捕獲割合が増加し，非発光再結合が抑制されるため，効率の上昇開始電流密度が低電流側へシフトするものと理解される。また，In組成比の増加に伴って，効率のピーク値を示す電流密度が低電流側へシフトすることについては，In組成比が増加することにより局在状態からの発光寿命が増加し，より低い注入電流密度で状態が飽和することが一つの要因であると考える。同一試料で測定した7KにおけるPL寿命は，In組成比の増加とともに，2ns($\lambda=410$ nm)，6ns($\lambda=445$nm)，15ns($\lambda=465$nm)と増加することが分かっている[16]。

　また，低温(14K)で測定したELおよびPLの効率曲線は，室温時と顕著な違いを見せ，効率の上昇し始める電流密度はIn組成比に依存せず，ほぼ同様($10^{-2}A/cm^2$)であった。非発光再結合割合の小さい低温では，In組成比の違いによる影響は少なく，効率はほぼ同等な電流密度で上昇し始めるものと考える。

　前述したように，白色光を得るのに青色LEDと蛍光体の組み合わせ，近紫外LEDと蛍光体の組み合わせがある。青色LEDでは高い電流領域で効率が低下し，一方で，近紫外LEDでは高い電流領域まで効率が低下しない特性を有する。高出力白色LED光源を開発するにあたっては，実用上，高い電流密度で効率が高いことが望ましく，この特性は青色LED励起と比べた紫外LED励起光源の大きな長所の一つである。

第3章 白色LED光源の発光メカニズム

3.4 面内発光分布

$In_xGa_{1-x}N$系LEDは面内に発光分布があることが知られており，カソードルミネッセンス（CL）などによる評価[17]から，その起源や，発光再結合過程または転位との関係が調べられている。近年，サブミクロン領域の空間分解能で面内の発光分布を測定する手段として，近接場光学顕微鏡が開発された[18]。これは，光の波長以下の微小開口を有する光ファイバープローブを用いて発光を検出するものである。プローブを通してレーザ光で励起すればPLの面内分布を，またLEDに電流を注入してELをプローブで検出すれば，デバイス動作状態での発光の面内分布を高空間分解能で測定できる。

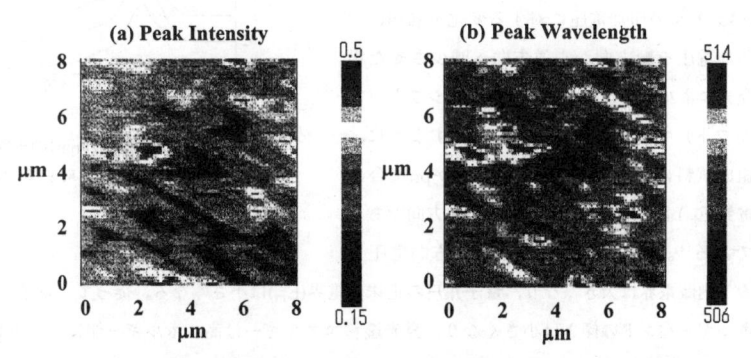

図15 近接場光学顕微鏡による緑色LEDの電流密度—30mA/cm²(低電流)
における面内発光分布特性
(a)発光強度分布，(b)発光ピーク波長分布

発光波長510nmの標準的な緑色LEDに対する，電流密度30mA/cm²（低電流）での面内発光分布を測定した結果を図15に示す。測定に用いたプローブ開口径は500nmで，測定領域は8μm×8μmである。(a)は発光スペクトルのピーク強度分布，(b)は発光中心波長の分布を示す。発光強度，波長の分布ともに数100nmから1μm程度のサイズの発光不均一性があることが分かる。また，発光波長と発光強度は強い相関関係にあり，発光強度が高い領域ほど，そのスペクトルの中心波長は長波長となっていることがわかる。この発光波長および強度分布の相関は，注入電流密度の増加に伴って大きく変化する。具体的には，低電流領域(1A/cm²程度まで)では，波長と強度の相関が強いが，電流の増加に伴って相関の度合いは弱まり，高電流領域では，波長と強度ともに分布が狭まることが分かっている。この面内の発光分布がキャリアの局在状態や効率曲線と深く関連しているものと考えられる。

3.5 フォトルミネッセンス特性

$In_xGa_{1-x}N$系量子井戸はPLにおいても特徴的な特性を示す。その中で，ここではpn接合へのバイアス電圧印加に伴うPL波長の変化について解説する。バイアス電圧印加時のPLピークエネルギーの変化から，量子井戸内の分極電界の方向や大きさを評価できる[14]。量子井戸幅3 nmの標準的な緑色LED(波長520nm)に対する，低温(15K)におけるPLスペクトルの印加電圧に対する変化を図16に示す。印加電圧を順方向から逆方向へ減少させた場合，発光エネルギーが高エネルギー側にシフト（ブルーシフト）する。これは図17(a)に示すように，高In組成試料においては分極電界(E_{pz})がpn接合の内蔵電界(E_{bl})より大きく，その方向が逆方向であるためである[14]。この場合，pn接合に逆方向電圧を

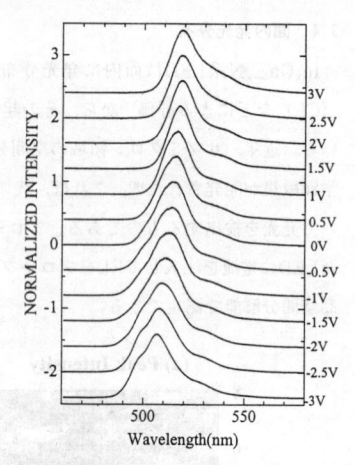

図16　緑色LED(波長520nm)の外部印加バイアスの変化に対するPL波長の変化

加えると内蔵電界は大きくなり，量子井戸の正味の電界(E_{In})は小さくなる。従って，量子井戸内のエネルギーバンドの傾きは小さくなり，発光遷移エネルギーは高エネルギー側にシフト（ブルーシフト）する。分極電界(E_{pz})の大きさは主に$In_xGa_{1-x}N$の歪で決まるため，バイアス電圧印加時のエネルギーシフト量はIn組成比に依存する。量子井戸幅3 nmでIn組成比が異なる青色から緑色LEDに対する，低温(14K)におけるPL発光エネルギーのバイアス電圧依存性を図18に示す。発光エネルギーのシフト量は，In組成比の低下と共に小さくなる。これは，In組成比の低下に伴って$In_xGa_{1-x}N$の歪が小さくなり，量子井戸の分極電界も小さくなることを意味する。

同様に，近紫外LED(380nm)に対してバイアス電圧印加状態でのPL測定を行った結果を図19に示す[15]。順方向から逆方向へ印加電圧を減少させた場合，発光エネルギーは低エネルギー側へシフト（レッドシフト）し，図18に示したIn組成比の高い試料とは逆の傾向を示す。これは，図17(b)で説明するように，近紫外LEDではIn組成比が低いため$In_xGa_{1-x}N$の歪みが小さく，分極による電界(E_{pz})がpn接合の内蔵電界(E_{bl})より小さくなるためであると考えられる。この場合，ゼロバイアス状態での量子井戸内の正味の電界(E_{In})はpn接合の内蔵電界と同じ方向であり，逆バイアス電圧印加に伴い正味の電界(E_{In})は大きくなる。従って，量子井戸内のエネルギーバンド構造は逆バイアスの増加に伴って急峻になるため，発光エネルギーは低エネルギー側にシフトする。図19で逆方向の印加電圧を－2V以上に増加させた場合では，発光エネルギーはブルーシフトする現象が観測された。この原因については明らかではない。

50

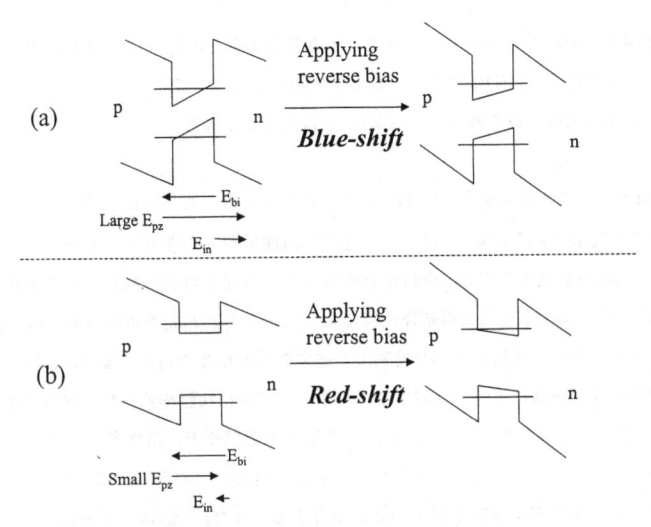

第3章 白色LED光源の発光メカニズム

図17 外部電界印加に伴う量子井戸バンド構造の変化の外略図
(a)青色～緑色LEDの場合，(b)紫外LEDの場合

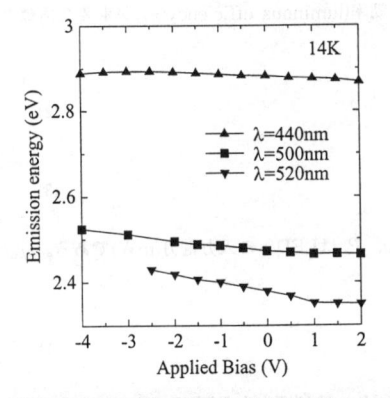

図18 In組成比の異なるLEDに対する外部バイアス印加に伴うPL波長のシフト

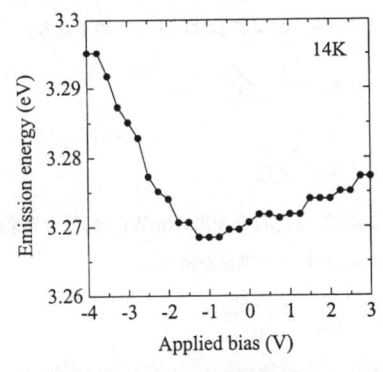

図19 近紫外LEDにおける外部バイアス印加に伴うPL波長のシフト

4　LED効率[19]

　LEDの効率は個々の要素効率の積み上げで決まる。従って，LED効率を向上させるためには，

要素効率を把握し，それぞれを向上させることが重要である。本節では，LED効率の概念について解説し，現状の近紫外LEDにおけるおおよその効率値について述べる。

通常，LED効率で参照される外部量子効率(η_{EQ})は以下で定義される。

$$\eta_{EQ} = \eta_{inj} \cdot \eta_{int} \cdot \eta_{extr} \tag{1}$$

ここで，η_{inj}はキャリア注入効率で，LEDに注入された電流のうち，活性層での再結合過程に寄与する割合として定義される。η_{inj}にはリーク電流や活性層からのキャリアオーバーフローなどが影響する。η_{int}は内部量子効率で，全再結合割合に対する発光再結合割合として定義される。η_{int}は一般に欠陥などによる非発光再結合過程により低下する。非発光再結合割合は活性層温度に大きく依存するため，活性層から熱を効率よく逃すことも重要である。また，$In_xGa_{1-x}N$系の場合はその特有な発光機構により，3節で述べたキャリア局在状態や量子井戸内の分極電界効果などがη_{int}に影響するものと考えられる。η_{extr}は光取り出し効率で，活性層で生成された光子がLED外部に取り出される割合として定義される。η_{extr}はLED内での光吸収により低下するため，エピ膜および基板の屈折率，電極やLED形状に依存する。また，$In_xGa_{1-x}N$系LEDにおいては，最近ではフリップチィップ(FC)構造により光取り出し効率が向上されている[20,21]。

照明光源のような高出力用途においては，電力入力に対する全光出力または全光束で定義されるエネルギー効率(wall plug efficiency：η_{WP})や視感効率(luminous efficiency：η_L)が重要な指標となる。η_{WP}およびη_Lは以下で定義される。

$$\eta_{WP} = \frac{P_{out}}{P_{el}} \tag{2}$$

$$\eta_L = \frac{\Phi_L}{P_{el}} \tag{3}$$

ここで，P_{out}は全光出力(mW)，Φ_Lは全光束(lumens)，P_{el}はLEDへの入力電力(mW)である。η_{WP}とη_{EQ}は以下の関係がある。

$$\eta_{WP} = \frac{\eta_{EQ} \cdot E_{ph}}{V_f} \tag{4}$$

ここで，E_{ph}は発光波長に対応する光子エネルギー(eV)，V_fは順方向電圧(V)である。これより，全エネルギー効率を向上させるためには，式(1)における各要素効率を向上させ，かつV_fを低下させることが重要である。一般にη_{inj}，η_{int}およびV_fは順方向電流密度に依存するため，3.3項で述べたようにη_{EQ}，η_{WP}，η_Lの各効率も電流密度に依存する。

AlInGaP系LEDの赤色領域(波長650nm)では，外部量子効率55％が実現されており[22]，その内部量子効率は90％以上と考えられている。その一方で，$In_xGa_{1-x}N$系LEDの内部量子効率は40％から60％程度と考えられる。実際，3節で示した近紫外LEDにおいては，20mA電流注入時に

第3章 白色LED光源の発光メカニズム

外部量子効率24%が報告されており[8]，FC構造による光取り出し効率を60%程度と仮定すると，内部量子効率は40%程度となる。従って，$In_xGa_{1-x}N$系LEDでは内部量子効率において更なる改善の余地があり，今後の研究開発による内部量子効率の向上が待たれる。

5 おわりに

本章では，白色LED光源を構成する青色LEDおよび紫外～近紫外LEDの活性層（発光層）として利用されている$In_xGa_{1-x}N$三元混晶半導体の光学特性を示し，その発光機構について考察した。また，$In_xGa_{1-x}N$/GaN量子井戸LED構造の発光特性を示し，現状のLEDの効率について考察した。$In_xGa_{1-x}N$混晶半導体に関しては，混晶組成の不均一性という外因的な要素に起因したキャリアの局在がその光学特性に顕著に現れることから，高効率発光に直接的に関与する$In_xGa_{1-x}N$混晶半導体に固有の本質的な輻射再結合モデルの同定が妨げられてきた経緯がある。今後，$In_xGa_{1-x}N$系LEDの更なる効率の向上を達成するためには，そのLEDの内部量子効率に更なる改善の余地が残されていることからも，高効率発光機構の詳細を解明し，LEDの構造最適化の構築を推し進めていくことが期待される。

文　献

1) Y. Kawakami et al., *Phys. Rev. B*, **50**, 14655 (1994)
2) R. Zimmermann, *J. Crys. Growth*, **101**, 346 (1990)
3) S. Chichibu et al., *Appl. Phys. Lett.*, **69**, 4188 (1996); ibid., **70**, 2822 (1997)
4) Y. Narukawa et al., *Appl. Phys. Lett.*, **70**, 981 (1997)
5) H. Kudo et al., *Phys. Stat. Sol. (b)*, **228**, 55 (2001)
6) R. S. Zheng et al., *J. Appl. Phys.*, **87**, 2526 (2000)
7) L. Bellaiche et al., *Appl. Phys. Lett.*, **74**, 1842 (1999)
8) K. Tadatomo et al., *Jpn. J. Appl. Phys.*, **40**, L583 (2001)
9) H. Kudo et al., *Phys. Stat. Sol. (b)*, **216**, 163 (1999)
10) 工藤広光，山口大学博士学位論文(2002)
11) P. J. Pearah et al., *Phys. Rev. B*, **32**, 3857 (1985)
12) C. Sasaki et al., *J. Appl. Phys.*, **93**, 1642 (2003)
13) T. Takeuchi et al., *Jpn. J. Appl. Phys.*, **36**, L382 (1997)
14) T. Takeuchi et al., *Appl. Phys. Lett.*, **73**, 1691 (1998)
15) M. Goto et al., Extended Abstract of the International Symp. on The Light for the 21

st Century, Tokyo, p.32 (2002)
16) M.S. Minsky *et al.*, *J. Appl. Phys.*, **91**, 5176 (2002)
17) S. Chichibu *et al.*, *Appl. Phys. Lett.*, **71**, 2346 (1997)
18) 斎木 他, 応用物理, **70**, 653 (2001)
19) 山田範秀, 応用物理, **68**, 139 (1999)
20) Y. Kondoh *et al.*, Proc. of Integrated Photonics Research, OSA IPR Meeting 1998, Victoria Canada, p.253 (1998)
21) J. J. Wierer *et al.*, *Appl. Phys. Lett.*, **78**, 3379 (2001)
22) M.R. Krames *et al.*, *Appl. Phys. Lett.*, **75**, 2365 (1999)

第4章 青色LED，近紫外LEDの作製

1 結晶成長

1.1 バルク

1.1.1 高圧溶液成長法によるバルクGaN単結晶の成長

甲斐荘敬司*

(1) はじめに

窒化物半導体をベースとしたデバイスの多くは，サファイアなど異種基板上へのGaN系材料のエピタキシャル成長により実現されている。これは，GaN結晶の融点が高く（>2500℃），また融点での平衡解離圧が非常に高い（約4500MPa）ので，融液からのバルク単結晶の成長が極めて難しいためである。しかし，サファイア基板を用いたGaN系エピタキシャル成長では，基板とエピタキシャル膜の格子定数のずれが大きいため（13.8%），エピタキシャル膜中に10^9 cm^{-2}程度の貫通転位が発生する。また，基板とGaN結晶との熱膨張率の差が大きいため，成長させたエピタキシャル膜が大きく反ったり，クラックが入りやすいという問題がある。そのため，ホモエピタキシャル成長用の高品質バルクGaN基板が望まれている。

バルクGaN単結晶はHVPE（Hydride Vapor Phase Epitaxy）法など気相成長法で異種基板上にGaN厚膜を成長した後，異種基板を除去することにより，既に1〜2インチ径の自立基板として得られている[1～4]。また，Naフラックス法[5]では成長温度600〜800℃，成長圧力5MPaの条件でGaN結晶の成長が可能であり，最近では10mm程度の結晶が得られている[6]。ammonothermal法[7]はアンモニアの超臨界状態下の結晶成長で，まだ数ミリ程度の結晶が得られている段階だが，水晶の成長に用いられる水熱合成法に類似した方法であり，大型結晶の可能性の点で注目されている成長法である。しかし，いずれの方法を用いた場合でも結晶の品質や反り，クラック，大型化などの問題を全て解決する方法にはなり得ていない。本稿では，超高圧窒素圧力下でのGa溶液からのバルクGaN単結晶成長法（高圧溶液成長法）について紹介する。

(2) 高圧溶液成長法

高圧溶液成長法では，窒素圧力1000〜2000MPa，温度1400〜1700℃の超高圧・高温状態でGa溶媒中に窒素を溶解させ，平衡状態から温度を下げる方法[8]や圧力を高める方法[9]により，窒素の過飽和状態としてGaN結晶を成長させる。GaNの平衡圧力を得るため，窒素圧力を450〜980

---

* Keiji Kainosho ㈱ジャパンエナジー 精製技術センター 主任研究員

MPa, 温度を1475～1525℃の範囲で, Gaメルト表面でのGaN結晶析出の有無を調べた。図1にその結果を示す。図1中の実線はKarpinskiら[10]が計算で求めた平衡解離圧である。実験は980 MPa一定圧力で温度を変化させた場合と1475℃一定温度で圧力を変化させた場合の二通りを試みた。窒素圧力980MPaでは, GaN結晶は1525℃で晶出しないが, 1500℃以下では晶出した。また, 1475℃では, GaN結晶は450MPaでは晶出しないが, 730MPa以上で晶出した。このことから1475℃でのGaN結晶の平衡解離圧はKarpinskiらのデータよりやや低い800MPa付近であることが類推できる。

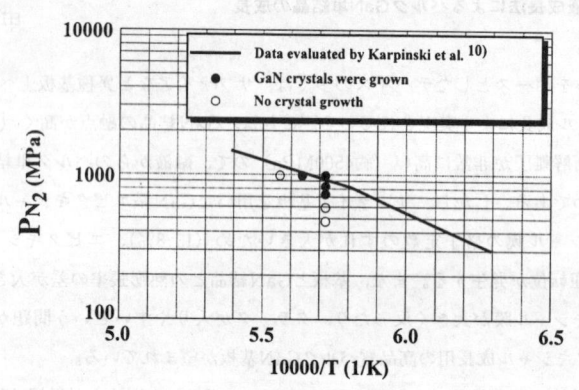

図1 GaNの平衡解離圧
図中の実線はKarpinskiら[11]による計算値。

過飽和溶液を得る成長方法として, 我々は温度を一定として窒素圧力を高める方法を採用した。これは1500℃でのGaメルト中への窒素の溶解度が0.5%以下[11]であるので, 温度を下げて過飽和状態とする成長方法では, 成長中にGaメルト表面の温度が下がるので, 窒素の溶解量が減少し成長速度の低下が懸念されると考えたためである。

(3) 結晶成長
① 成長方法

結晶成長には超高圧結晶育成装置（神戸製鋼所製）を用いた。本育成装置の基本構造はHIP (Hot Isostatic Pressing) 装置と同じ構造である。装置内に窒素ガスを200MPaまで導入したのち, 加熱によるガス膨張と装置の容積を圧縮することで超高圧を実現している。本育成装置では結晶成長を行うため, ヒーター構造や温度制御系を最適化している。また, 最高1600℃で1000MPaまでの窒素圧力が印加でき, 50mm径の結晶が成長可能である。

図2に装置内の模式図を示す。断熱層の内部にグラファイト製のヒーターが上下二段に設置さ

第4章 青色LED, 近紫外LEDの作製

れている。6Nの高純度Ga50gをpBN製のるつぼに充填した。装置内を窒素ガスで置換したのち、1475℃まで昇温し、圧力の増加速度を8〜293MPa/hとして980MPaまで昇圧した。その後、0.5〜16時間保持し、2時間で室温まで冷却した。成長方向の温度勾配を1℃/cm以下とし、種結晶を用いず、自然核発生によりGaメルト表面にGaN単結晶を成長させた。

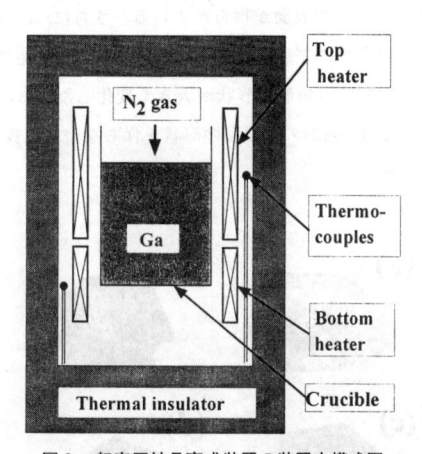

図2 超高圧結晶育成装置の装置内模式図

② 成長結果

図3に圧力増加速度($\Delta P/\Delta t$)と自然核発生によりGaメルト表面付近に生成したGaN単結晶の最大面積(片面)の関係を示す。$\Delta P/\Delta t$と単結晶の面積の間には強い相関があり、49MPa/h未満で、大型のGaN単結晶が得られることが分かる。圧力増加速度12MPa/hでは、Porowskiら

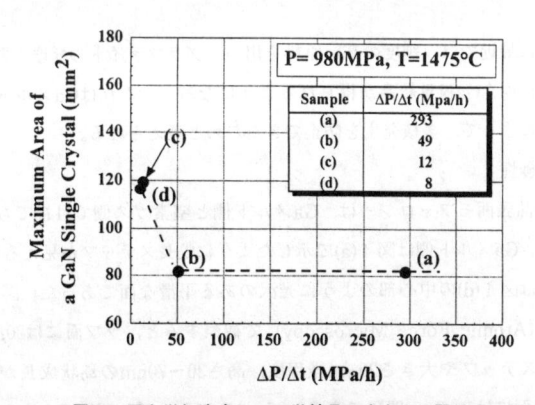

図3 圧力増加速度とGaN単結晶の大きさの関係

が報告している104mm²の単結晶[11]を超える120mm²の面積のGaN単結晶が得られた。

図3で示した各単結晶(a)～(d)の写真を図4に示す。圧力増加速度$\Delta P/\Delta t$は，GaN単結晶の大きさだけでなく，その表面状態にも影響を与えることが分かる。すなわち，六角形を形成するファセットのコントラストが，$\Delta P/\Delta t$の減少とともに単結晶(a)，(b)，(c)の順に弱くなり，単結晶(d)ではコントラストが消え，平坦な表面が得られている。さらに，GaN単結晶の中心から伸びる線（これは，ファセットの会合により形成されたものである）に注目すると，単結晶(a)では大きく歪んでいる（成長の過程で六角形の形状が大きく変化した）のに対し，単結晶(b)，(c)ではほとんど直線になっている（六角形の相似形の形状を保ちながら成長した）。単結晶(d)では，結晶外周部に現れるだけである。

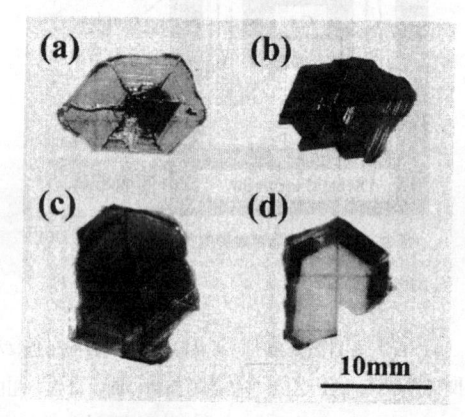

図4　圧力増加速度の異なる条件で育成したGaN単結晶

図5に示すように最近では，純度の高い原料を用い，グラファイトの発塵を防ぐことによって20mm径を越えるバルクGaN単結晶が得られるようになった。これはGaメルト表面に浮かぶ異物が減少することによって，多核発生を防止できたためと考えられる。

③　結晶表面と極性

GaN単結晶の結晶表面モフォロジーは，Gaメルト側と窒素ガス側で目視でも明らかにわかるほどの違いがある。Gaメルト側は図4(a)で示したように成長ステップが見えるラフな面であり，一方，窒素ガス側は図4(d)の中心部のように光沢のある平滑な面であった。図4(a)のGaN単結晶についてAFM (Atomic Force Microscopy)で観察すると，ラフ面には20μm以上の間隔で高さ100nm程度のステップや大きさ20μm径程度，高さ30～70nmの島状成長が観察できた。一方，図4(a)の平滑面には1～2μm間隔で高さ2～5nmのステップが観察できた。エッチングによ

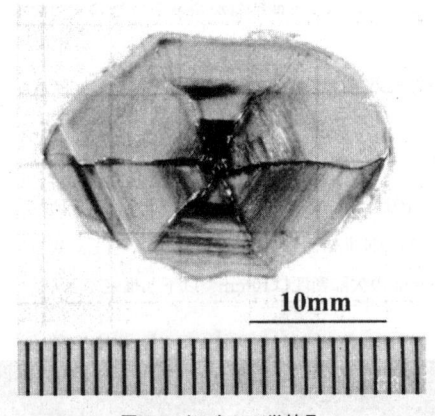

第4章 青色LED, 近紫外LEDの作製

図5 バルクGaN単結晶

る極性評価[12]の結果, ラフ面がGa極性で, 平滑面がN極性であることがわかった。

(4) 結晶の評価

高圧溶液成長法で得られたバルクGaN結晶をX線回折, 断面TEM観察ならびにCL測定で結晶品質を調べた。

① X線回折

一般に, 気相成長法で得られるGaN結晶はモザイク性をもち, カラム状結晶粒界が集合している。その粒界のそれぞれは少しずつ結晶方位がずれている。その結晶成長方向のずれをチルトと呼び, チルトは(0002)面のX線ロッキングカーブの半値幅から測定することができる。また, 成長面内での結晶の回転をツイストと呼び, ツイストは($10\bar{1}0$)面のX線ロッキングカーブの半値幅から測定することができる[13]。

本成長法で得られたバルクGaN単結晶では, (0002)面のX線ロッキングカーブの半値幅は60～120arcsecで, 気相成長法でサファイア基板上に成長させたGaN単結晶のトップデータとほぼ同等かそれ以上であった。ツイストについては($10\bar{1}0$)面の測定が困難であるため, ($10\bar{1}1$)面のX線ロッキングカーブの半値幅の測定で代用した。その結果, ($10\bar{1}1$)面のX線ロッキングカーブの半値幅は30～60arcsecで, チルトより小さかった。気相成長法では, チルトに比べツイストの方が大きいことが問題となることが多いが, 本成長法で得られるバルクGaN単結晶はツイストが小さい良質な結晶であることがわかった。

② 格子定数の測定

粉末高温X線回折法を用いて, バルクGaN単結晶の格子定数ならびにその線膨張係数を調べた。室温での格子定数はa軸が0.31895nm, c軸が0.51852nmであり, 一般的なGaN単結晶の報

告値[14]と一致した。これは，バルクGaN単結晶が歪みなどを含んでいない良質な結晶であることを意味する。

格子定数の温度変化から求めた線膨張係数はa軸が$6.53 \times 10^{-6} K^{-1}$であり，c軸が$5.77 \times 10^{-6} K^{-1}$であった。

③ 断面TEM観察

図6からわかるように，c軸方向に走る結晶欠陥は確認することができなかった。高圧溶液成長法により育成したバルクGaN単結晶の欠陥密度は低く，TEM観察による検出は困難であった。観察視野からGaN単結晶の欠陥密度は$10^5 cm^{-2}$以下と推定できる。

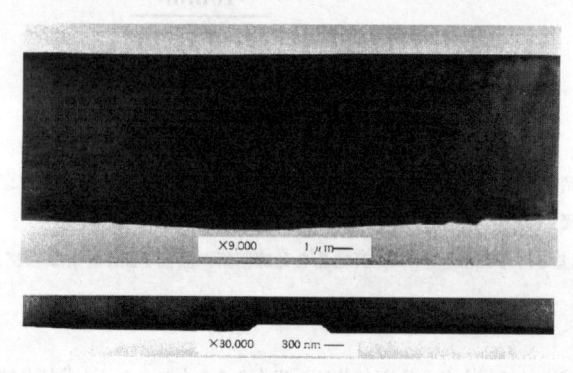

図6 GaN単結晶の断面TEM写真

④ CL測定

カソードルミネッセンス（CL）像はTEMに比べ，広範囲に結晶を観察できる利点があり，結晶欠陥の多いGaN単結晶をCL像で観察すると，ダークスポットと呼ばれる黒点が観察できる。これは結晶欠陥に起因した非発光センターが存在するためで，ダークスポットから結晶欠陥密度を見積もることができる。図7にバルクGaN単結晶のCL像を示す。図7はバンド端発光のみ分光したCL像であるが，ダークスポットは観察されなかった。また，分光せずにCL像を観察してもダークスポットは確認できなかった。観察視野から欠陥密度（非発光センタ

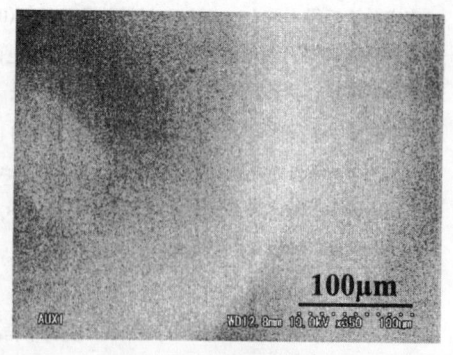

図7 GaN単結晶のCL像

第4章 青色LED，近紫外LEDの作製

一）を計算すると10^3cm^{-2}以下と推定できる。

(5) おわりに

高圧溶液成長法によるバルクGaN単結晶の成長について解説した。温度を一定とし，窒素圧力を高めて過飽和溶液を得る成長方法では，圧力増加速度の小さい方が，より大きな単結晶を得ることができた。また，多核発生を抑えることにより，20mm径以上のバルクGaN単結晶が得られた。

結晶品質においては圧力増加速度の小さい方が，良好な結晶品質を示した。断面TEM観察，CL像観察の結果から，本成長法で成長したバルクGaN単結晶の結晶欠陥は，10^5cm^{-2}以下であると見積もることができた。

謝辞

本研究は，METI/NEDO/JRCM高効率電光変換化合物半導体開発（通称"21世紀のあかり"）プロジェクトの一環として，JRCMから委託を受けて行われたものである。

文　　献

1) M. K. Kelly, R. P. Vaudo, V. M. Phanse, L. Grögens, O. Ambacher and M. Stutzmann, *Jpn. J. Appl. Phys.* **38**(1999) L217
2) A. Wakahara, T. Yamamoto, K. Ishio, A. Yoshida, Y. Seki, K. Kainosho and O. Oda, *Jpn. J. Appl. Phys.* **39**(2000)2399
3) K. Motoki, T. Okahisa, N. Matsumoto, M. Matsushima, H. Kimura, H. Sakai, K. Takemoto, K. Uematsu, T. Hirano, M. Nakayama, S. Nakahata, M. Ueno, D. Hara, Y. Kumagai, A. Koukitu and H. Seki, *Jpn. J. Appl. Phys.* **40**(2001)L140
4) Y. Oshima, T. Eri, M. Shibata, H. Sunakawa and A. Usui, *phys. Stat. Sol. (a)* **194**(2002)554
5) 山根久典，島田昌彦，日本結晶成長学会誌，**25**(1998)152
6) 山根久典，青本真登，皿山正二，応用物理，**71**(2002)548
7) D. R. Ketchum and J. W. Kolis, *J. Cryst. Growth*, **222**(2001)431
8) S. Porowski and I. Grzegory, *J. Cryst. Growth*, **178**(1997)174
9) T. Inoue, Y. Seki, O. Oda, S. Kurai, Y. Yamada and T. Taguchi, *Jpn. J. Appl. Phys.* **39**(2000)2394
10) J. Karpinski, J. Jun and S. Porowski, *J. Cryst. Growth*, **66**(1984)1
11) S. Porowski, *MRS Internet J. Nitride Semicond. Res.* **4S1**(1999)G1.3

12) A. R. Smith, R. M. Feenstra, D. W. Greve, M.S. Shin, M. Skowronski, J. Neugebauer and J. E. Northrup, *Appl. Phys. Lett.* **72** (1998) 2114
13) 赤崎勇編, III族窒化物半導体 (培風館, 1999) 159
14) 赤崎勇編, III族窒化物半導体 (培風防, 1999) 第2章, 第5章

1.1.2 低圧気相法によるGaNエピタキシャル基板の開発

草尾　幹*

(1) はじめに

現在，GaNLEDデバイス用基板として最も用いられている材料はサファイアである。しかしながら，GaNエピ層とサファイア基板との間には大きな格子不整合と熱膨張係数の差があるため，現状のGaNLEDデバイスの発光層には10^8-10^{10}/cm^{2}台の高い密度の欠陥が存在している。蛍光灯を代替できる照明用紫外LEDのさらなる高効率化および信頼性向上のためには発光層の欠陥密度低減が必須であり，結晶欠陥低減化技術の開発と，ホモエピタキシャル成長用に適した高品質GaN基板の開発が重要課題となっている。

表1に光デバイス用基板として備えるべき特性を示す。これらの特性はエピ層の結晶性，デバイス特性あるいはデバイスコストに影響を与える重要な事項である。エピタキシャル用基板として最も理想的なものはGaNバルク単結晶であるが，いまのところ表1に示す特性を満足した実用レベルの結晶は得られていない。GaNバルク結晶の成長法としては高温・高圧溶液法およびHVPE法をはじめとする気相法等いくつか報告されている。前者ではバルク基板としては数mm程度の結晶しか得られていないが，後者は2インチのサイズの基板が供給されるようになっている。しかしながら，照明用LED基板として低コストでの供給について課題は多い。そこで，ここでは将来の結晶高品質化と大口径化の可能性が高い低圧気相成長法を用いたGaN単結晶の開発について述べる。

表1　基板に要求される特性

①	格子整合	転位密度，欠陥，残留応力
②	熱膨張率（βsub$\geq\beta$epi）	応力，反り，剥離
③	導電性	消費電力，デバイス構造
④	劈開性	チップ化プロセス
⑤	化学的安定性	プロセス，耐環境性
⑥	成長容易性	大口径化，量産性，製造コスト

(2) 概要

低圧気相法は通常低圧下で石英等の反応管の中に多結晶原料を入れ，昇華により原料を輸送し単結晶化を行う。原料の輸送方法は，単純に原料の昇華を利用するPVT(Physical Vapor Transport)と輸送用のためにCl$_2$，I$_2$，NH$_3$のような物質を入れ原料との化学反応を利用して輸

---

* Takashi Kusao　住友電気工業㈱　伊丹研究所　コアテク第一研究部

送効率を高めるCVT(Chemical Vapor Transport)、及びこれらの閉管、擬開管が各々ある。また原料の利用効率は低下し高コスト化するが、低圧気相法という意味では強制流で輸送を行う開管系でのCVD法もある。低圧気相法の特長として以下のことが挙げられる。

・融点より低い温度域の成長なので、原理的に転位などの結晶欠陥が少なく抑えられる
・炉や使用器具の構造が比較的簡単であり、1ランあたりのコストが安く抑えられる
・成長速度の管径への依存が小さく、大口径化への展開が可能である
・輸送剤を用いた場合、成長と同時にドーピングが可能である

このように高品質と低コストを共に満足できる可能性があるが開発課題として成長プロセス安定化、成長速度向上が挙げられる。図1に最も原料収率が高く基本的な低圧気相成長法であるPVTの原理を示す。

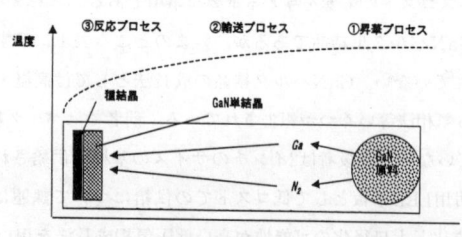

図1 低圧気相成長法（PVT）の原理

低圧気相法による結晶成長プロセスは図1に示すように原料の昇華、輸送、反応に分けられる。このうち昇華及び気相中の物質輸送は成長速度及び結晶形状に大きな影響を与える。気相法によるバルク結晶が得られていないGaNの成長方式を決定するには、以上のプロセスを詳細に解明することが必要である。

(3) GaN合成プロセスの熱力学的検討

① 昇華プロセスの検討

1000℃付近のGaNの昇華速度に関して実験的に検討を行った。閉管内にGaN粉末を配し昇華後の圧力の時間変化を測定した結果、1000℃では3日間放置しても単調増加し、4atmで安全弁が作動したため平衡状態を実現できなかった。1000℃で4atmに到達後940℃にして維持した場合は$3.6×10^5$Paで平衡状態を実現しており、J.Karpinskiの求めた自由エネルギー[1]を用いて計算した950℃での平衡解離圧$(3～4)×10^5$Paとよく一致している。

従って、GaNからのNの解離速度が非常に遅く、図1のGaN原料を用いた構成では実用的な昇華速度を得ることが困難であると考えられる。GaN多結晶以外の原料供給方法には様々な形態が考えられるが、本プロジェクトの目標である照明用白色LEDエピ基板として必要な低コス

第4章 青色LED，近紫外LEDの作製

ト化の観点からはPVTに最も近い方法として，反応管内にGaメルトを置き反応管外からN₂ガスを供給する擬開管法が考えられる。

② 輸送プロセスの検討

次に，輸送プロセスの検討に際しては①の結果を踏まえて，高温部のGaメルト及び反応管外からのN₂ガスを原料とする擬開管法をモデルとしてシミュレーションを行った。ここでは，PVTの原理に基づいて反応管内の全圧は一定に保持され，低温部の種結晶上に瞬時にGaN結晶が成長することを前提としている。その他，以下に示す仮定を設けて計算を行った。

・各成分の蒸気圧の分布はリニアである
・物質の輸送は定常状態である
・物質の輸送は拡散及びStefan Flow移流によるものとし，ガス対流の影響は考えない

結果を図2に示す。図から，実現が比較的容易な全圧100Pa，成長温度1000℃，Ga温度1200℃においては140μm/hの輸送速度が可能であることが示唆された。

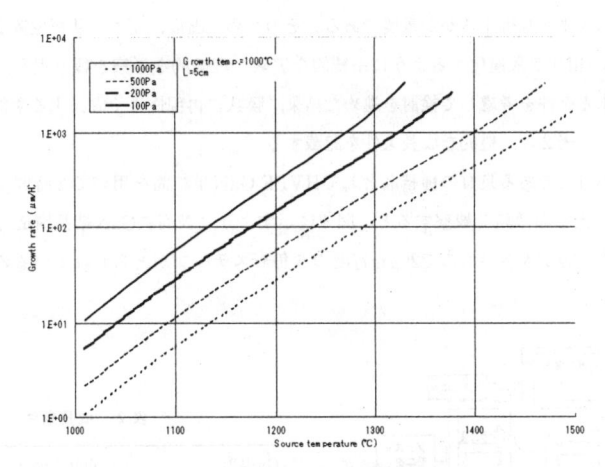

図2　GaとN₂の系の成長速度計算

③ 反応プロセスの検討

最後に，蒸気圧の温度依存性から，平衡状態においてGaNの成長可能な熱力学的条件を解析的に求めた。その結果，原料の平衡蒸気圧より高い蒸気圧が種結晶側で生じると成長が進行しなくなることが示された。例えば成長温度900℃で成長圧力1bar以下の場合，Ga融液からの平衡蒸気圧より成長側のGa平衡蒸気圧が大きくなるので，GaNが生成しないか或いはGaドロップレ

ットを含んだGaNが生成することが予測される。すなわち、②で求めた実用的な輸送速度が得られる温度・圧力で反応を進行させるには、非平衡状態での反応を考えなければならないことになる。

以上のことから、低圧気相法においてGaNを将来の照明用白色LEDエピ基板として実用可能な低コストの条件下で合成するには、N_2ガスを反応管外から供給し、非平衡状態でGaN合成を促進する全く新しい擬開管法を検討する必要があることがわかった。

(4) GaN単結晶成長

前項の合成プロセスの検討結果を基に反応促進の手段として、図3に示すようなマイクロ波によるN_2プラズマを導入してのGaN単結晶成長を考えた。使用したマイクロ波は周波数2.45GHz、最大出力2kWである。はじめに、プラズマ分光測定から原子状窒素プラズマの存在が確認され、その濃度がマイクロ波導波管からの位置に大きく依存していることがわかった。

擬開管法でGaNバルク単結晶を成長する上で活性化窒素を用いることは非平衡状態の強い環境下での成長であるため、再現性よく高品質のGaN単結晶を得るには、GaとN_2のストイキオメトリーを如何にうまく制御するかが重要である。そのため、温度、圧力、基板位置などの単結晶成長条件を、V/III比が最適化するように系統的な実験と理論的な考察を繰り返し、プラズマダメージを抑制する条件を考慮して検討を進めた結果、膜状に再現性よく成長する条件の絞り込みが可能になった。表2に一般的な成長条件を記載する。

低転位化に不可欠である良質の種結晶としてHVPE-GaN単結晶を用いて2時間成長した結晶表面の中心部を光学顕微鏡で観察すると、図4に示すように表面にGaN結晶構造特有の6回対称性を反映した一辺が大きいもので20μm程度の6角形ステップがあらわれているのがはっきり

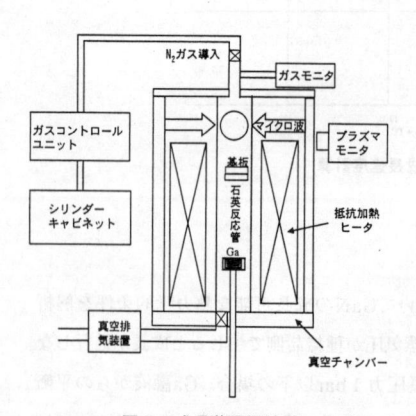

図3 成長装置概略図

表2 成長条件

Ca温度	1000-1200℃
基板温度	900-1100℃
基板	サファイア、GaN
ベース真空度	10^{-5}Pa
圧力制御方式	流量制御器によるPID制御
N_2圧力	100Pa
マイクロ波出力	0.3kW
成長速度	~100μ/h

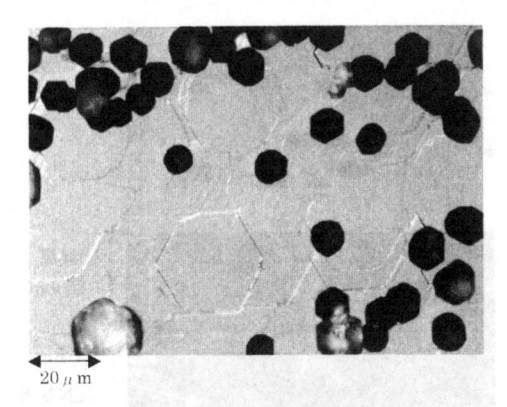

第4章　青色LED，近紫外LEDの作製

図4　結晶表面の光学顕微鏡像

と見て取れる。黒く見える物体は焦点が合っていないことから表面に対してかなり凹凸のあるピットだと考えられる。この表面を，共焦点レーザ走査顕微鏡を使って測定した3次元観察像を図5に示す。6角状のステップが段々畑状に多数重なり合ったモルフォロジーであることがはっきりと見て取れる。ステップのエッジはサブミクロン程度の高低差があり，その拡大像からファセット面ではなく，ステップがバンチングを起こした結果生じたマクロステップになっていることがわかった。

この試料を割って，断面をSEMで観察した結果を図6に示す。基板と成長膜とが同じ材料で

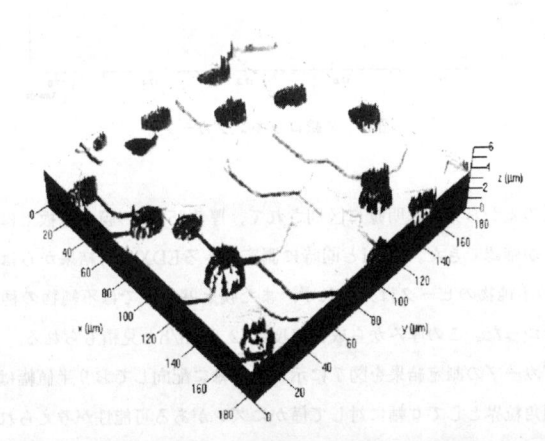

図5　共焦点レーザ走査顕微鏡で観察した表面

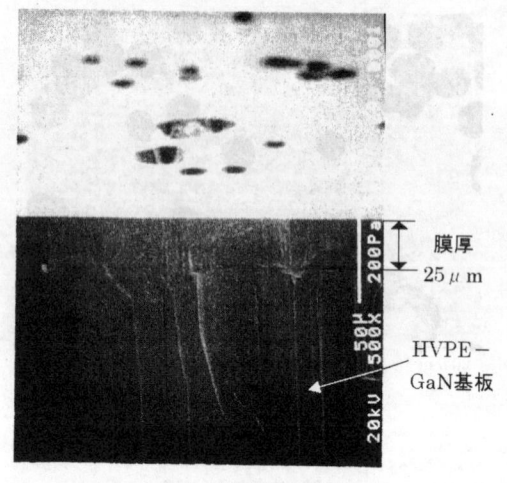

図6　断面SEM観察像

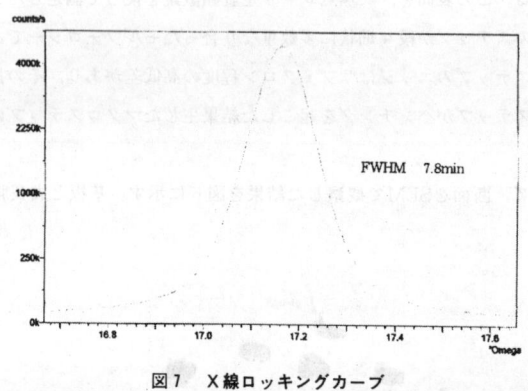

図7　X線ロッキングカーブ

あるが，結晶品質の差から界面は明瞭に区別されて，厚み25μmの膜が基板上にエピタキシャル成長していることが確認できた。SEMと同時に測定できるEDX分析結果からは全ての結晶においてGa，N以外の不純物のピークは見られず，また膜と基板とでは不純物の種類，濃度に特に優位差が見られなかった。この厚みから成長速度は12.5μm/hと見積もられる。

X線ロッキングカーブの測定結果を図7に示す。ｃ軸に配向しており半値幅は7.8分であった。各ステップが小傾角粒界としてｃ軸に対して僅かにズレがある可能性が考えられる。

次に，得られたGaN単結晶の光学特性を評価した。成長結晶は室温で紫外レーザで励起する

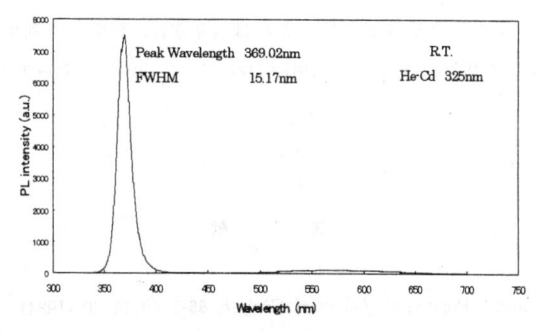

第4章 青色LED，近紫外LEDの作製

図8 室温におけるPL測定

と肉眼でも蛍光が明瞭に観察できる。図8は室温におけるPL測定結果を示した。低エネルギー側にブロードな弱い発光が見られるが，369nmの吸収端の発光が強い。ピークの半値幅138meVと広く，X線回折の結果と併せると，成長した結晶にはまだかなりの転位や欠陥を含んでいると考えられる。

以上述べたように，擬開管系の低圧気相法によるGaN系反応の熱力学的検討および基礎実験の結果から，マイクロ波等で活性化したN_2ガスとGaメルトとからGaNを低コストで直接合成可能とする，独自のGaN結晶成長方法を見いだした。また，低圧気相法の課題である合成速度についても結晶品質は劣るがN_2ガスの活性化法を改良することにより最大1mm/hまで向上可能であることを実験的に確認している。

(5) おわりに

照明用LED向けの低欠陥GaN基板を得るために開発を進めている成長方法とこれまでの成果について述べた。この方法においてN_2ガスをマイクロ波で活性化させることによりGaN単結晶の成長が可能なことを示した。温度，圧力などの単結晶成長条件の理論的な考察と系統的な実験を行うと同時に良質の種結晶としてHVPE-GaN単結晶を用いた結果，プラズマダメージを抑えて膜状に成長する条件の絞り込みが可能になり，6角状のステップ構造を持つ表面モフォロジーの単結晶を成長することに成功した。その場合の成長速度は$10〜20\mu m/h$程度であり，今後，実用化に向けてこれまで得た知見をもとにさらに広範囲な条件検討を行い高品質な大型GaNバルク単結晶の開発を進めてゆく。

輸送材としてハロゲン等を加えた低圧気相法によるGaNの合成速度は，理論検討から1〜6mm/hが可能であることが予測されており，擬開管系でGaNを1mm/h以上の成長速度での直接合成を達成して大型化・高速化の生産技術が確立すれば，エピタキシャル用基板のコストを飛躍的に下げることができる。GaN単結晶基板においても現在実用化されているGaAs基板と同等の

白色LED照明システム技術の応用と将来展望

高品質で低価格の2インチ基板が作製できれば,導電性,劈開性を利用した低コストのGaNLED素子構成を実現でき,高効率照明用LEDの実用化へ第一歩を踏み出すことができる。

文　　献

1) J.Karpinski and S.Porowski, *J.Crystal Growth*, **66** 1-10,11-20 (1984)

1.1.3 Hydride Vapor Phase Epitaxy (HVPE)によるバルク結晶

元木健作*

(1) はじめに

窒化物系化合物半導体の研究開発は，ここ最近めざましく進展し，高輝度青色LED，白色LED，レーザと用途が広がっている[1~3]。これらデバイスは，通常サファイア基板上へ窒化ガリウム（GaN）系のヘテロエピタキシャル成長を行い，作成される。しかし，さらなる特性向上，および紫外発光デバイス用途として，高品位のホモエピタキシャル成長を実現するために，低転位のバルクGaN基板の出現に対する期待が非常に大きくなっている。このGaN基板の実現に対し，大口径の基板を得る方法として，異種基板上にHydride Vapor Phase Epitaxy (HVPE)により，GaNを厚く成長した後，異種基板から分離するという方法が，検討されている。本項では，この手法について紹介した後，筆者らのアプローチと新しい低転位化の手法について述べる。

(2) HVPE法とそのバルクへの応用について

GaNのHVPEは，その起源は古く，Maruska等が1969年に発表した気相成長法[4]であり，

$$Ga + HCl \rightarrow GaCl + 1/2H_2$$
$$GaCl + NH_3 \rightarrow GaN + H_2 + HCl$$

の2段階の反応によってGaNの成長が行われる。通常，反応炉の上流で，GaメタルとHClガスによりGaClを生成する第1段の反応を行った後，下流の成長部で，GaClとNH₃によりGaNの析出，結晶成長が行われる。この方法は，他の気相による成長方法に比べ，結晶成長速度が速いという特長がある。また，結晶成長温度は通常1000℃以上と高く，そのため，従来から基板としては，安定なサファイア基板が使用されてきた。

このHVPE法で厚くGaNのヘテロエピタキシャル成長を行い，その後，異種基板を除去して窒化ガリウムの自立基板を作成するというのは，GaNのような結晶成長の困難な物質においては，大口径の基板を得るに極めて有効な発想である。しかし，サファイア基板は硬く，GaNと強固に密着していることと，また，熱膨張係数の差から，クラックが発生するという問題があった。また，ヘテロエピでは，転位密度を大幅に低減することは困難であった。

最近，このような中，サファイア基板上へGaNの厚膜成長後，高出力密度のレーザ光を界面に照射し，サファイア基板を除去し，数cmから2インチ径のGaNの自立基板を得たという報告がなされた[5,6]。しかし，量産性の問題や，さらには，転位密度がどこまで低減できるかという転位密度低減の限界についての問題をも含んでいる。

筆者らは，異種基板としてGaAs基板を用い，厚膜GaN層を剥離するという方向で，独自のプ

---

* Kensaku Motoki 住友電気工業㈱ エピソリューション事業部 主席

ロセスによってバルクGaN基板の試作開発を行っており,既に2インチ径大口径GaN基板を得た。以下にその技術について紹介する。

(3) 2インチ径窒化ガリウム基板の作成

GaN成長の下地異種基板としてGaAs(111)基板を使用して,その上にHVPEにより,厚膜GaN層を成長することを試みた[7]。GaNとGaAsは,熱膨張率がかなり近い値を示しており,下地基板としてGaAsを使用することは,熱応力の発生抑制のためには,好ましい組み合わせであると言える。これにより,クラックの発生等は,回避可能である。また,サファイアに比べて硬度も低く,基板除去も容易である。

GaAs基板表面には,あらかじめ,SiO_2膜を直接形成しておき,フォトリソグラフィーにより,ドット型の窓を形成し,下地のGaAsを露出させた。窓のサイズは,2μm程度の径として,6回対称に配置した。結晶成長においては,先述の基板上にまず,500℃程度の低温でGaNバッファ層を形成した後,1030℃にてGaNのエピタキシャル成長を行った。この結晶成長の初期の状況を,図1に示した。この図1(a)に見られるように,マスク窓部においてのみGaNが成長しており,さらに図1(b)にはマスク窓から,{1-101}面で囲まれた六角錐型をした結晶粒が成長した様子が観察される。これらは,時間の経過と共に合体し,図1(c)のように連続膜へと変化していく。この成長は,一種のエピタキシャル・ラテラル・オーバーグロース(ELO)であると言えるが,通常ELOの実施においては,異種基板上にエピタキシャル層を1層積んだ上に,マス

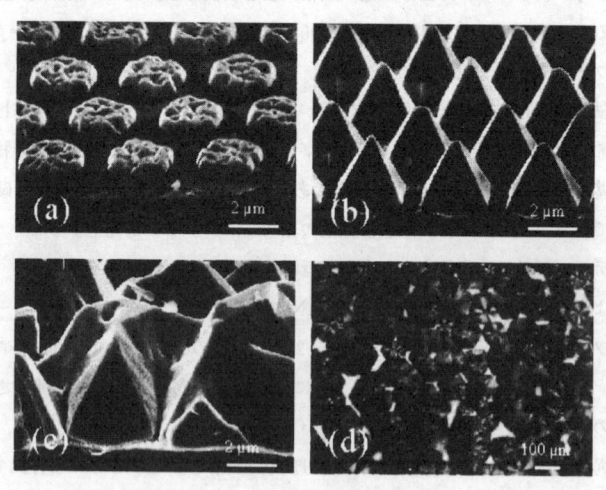

図1 成長初期の表面形態
a:成長後0.5分後, b:4分後, c:10分後, d:終了時

第4章　青色LED，近紫外LEDの作製

ク形成して，横方向成長を行いマスク窓部においてはホモエピタキシャルに成長するのに対して，ここでは，直接マスク形成するため，マスク窓部においては，ヘテロエピタキシャルに成長するため，ヘテロ・エピタキシャル・ラテラル・オーバーグロース（HELO）と呼ぶ。HELOの採用により，GaNの結晶成長初期段階の転位低減をはかることができると考えられる。

さらに厚膜成長を行い，結晶成長終了時の成長表面の様子を図1(d)に示した[10]。ここに見られるように，表面は鏡面状態ではなく，逆六角錐形状の大きなピットが無数に形成されている。位置はランダムであり，これらピットの径は平均100μm強程度であった。また，ピット内の斜面は，{11-22}ファセット面からなり，6面の{11-22}面から形成されている。このように，ファセット面からなる大きなピット群を有して結晶成長させることが，筆者らの結晶成長の特徴である。

厚膜成長した後，下地GaAs基板を除去し，さらに，得られた単独のGaN厚膜結晶を表裏両面において研削加工，および研磨加工を実施した。その結果，表面は鏡面で平坦であり，透明でやや灰色を帯びた2インチ径の自立GaN基板が得られた。そのGaN基板を図2に示した。この基板の厚さは，約500μmで，八角形の外形形状は，外周部の加工によるものである。

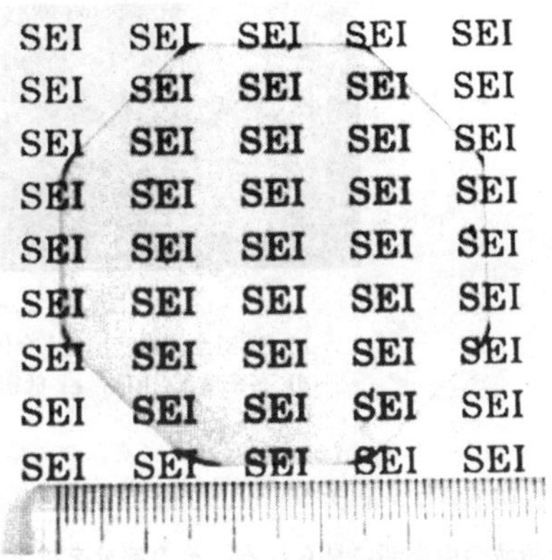

得られた結晶基板のHall測定の結果，キャリア濃度5×10^{18}cm^{-3}，移動度170cm^2 V^{-1} s^{-1}，比抵抗8.5×10^{-3}Ωcmであり，導電性基板として，十分な電気伝導性を有している。

図2　GaN基板

(4) 転位分布

こうして得られたGaN基板は，非常に特徴的な転位分布を示すことがわかった。転位の評価は，カソードルミネッセンス（CL），透過電子顕微鏡（TEM），あるいは，硫酸，燐酸の混酸で250℃1時間程，エッチング処理によるエッチピット密度（EPD）測定により行った。

得られた基板表面のEPDの面内分布を観察した。エッチング後の表面状態を，図3(a)に示した。エッチピットは，均一に分布するのではなく，限られた領域に集中して存在することが判明した。図3(b)は，同じ領域のCL像である。CL像のコントラストは，これらGaN結晶の成長の履歴を反映している。明るいコントラストは，{11-22}面で成長した領域を示し，暗いコントラストの領域は，(0001)面で成長した領域を示している。よって，逆六角錐形状で成長した領域

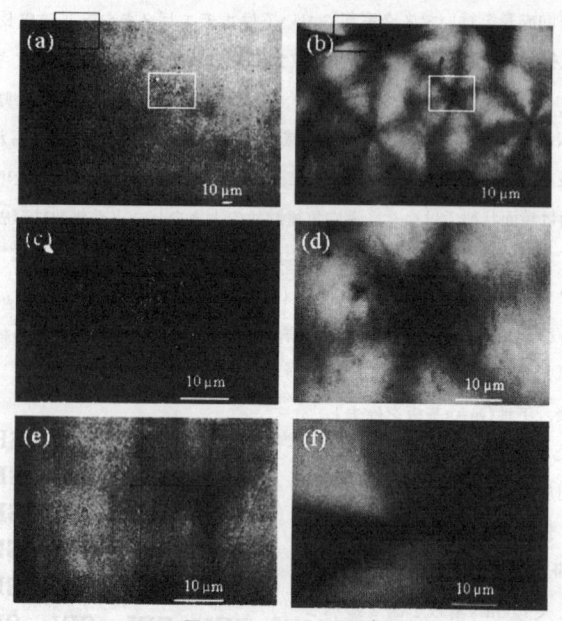

図3 エッチピット観察
a) SEM全体像, b) CL全体像, c) 高密度部SEM像,
d) 高密度部CL像, e) 低密度部SEM像, f) 低密度部CL像

が，明るいコントラストとして見られる。エッチピットの集合領域は，この逆六角錐状で成長した領域の中央部に見られる。その部分を拡大したものが，図3(c), (d)である。これらは，同一場所のSEMによるエッチピット観察と，CL像であるが，エッチピット群とCL像の暗いコントラストとが，一致しているのがわかる。この位置は，ファセット面に囲まれた逆六角錐状ピットの中央の底に当たる。それに反して，エッチピットの少ない領域を拡大したのが，図3(e), (f)である。これらも同一場所の写真で，(e)は，エッチピット部のSEM写真，(f)は，CL像であるが，CL像でのコントラストの明るいところ，暗いところに関わらず，エッチピットは極めてまれである。エッチピット密度（EPD）は，$5 \times 10^5 cm^2$であった。これらのエッチピットは，貫通転位を反映していると考えられる。

よって，次にこれらのサンプルをTEMにより，直接に転位分布の観察を実施した。その結果，逆六角錐の底にあたるエッチピットの集合領域においては，同様にやはり，多くの転位が集まっていることが確認された。特に中心部には，数μm程度の領域に$10^9 cm^2$程度の高い密度の転位群が観察された。中心部から離れると転位密度は小さくなるが，転位は，C面に平行な転位が多く

第4章 青色LED,近紫外LEDの作製

見られるようになる。転位の方向は,主に〈11-20〉方向を向いていることが確認された。

それに対し,低エッチピット密度の領域においては,やはり転位も少ないことが確認された。ほぼ30μm径程度の観察した視野では,貫通転位は見られず,C面に平行な転位が1本見られただけであった。観察領域から,この領域では,転位密度は$2 \times 10^5 \text{cm}^2$と見積もられる。

このように,結晶成長時の逆六角錐のピット底に対応する場所においては,転位密度が局所的に高く,それ以外の場所においては,転位密度は低いという転位密度分布差が見られた。その結果,低転位密度の領域が,従来になく広いGaN基板を実現できた。

(5) 新しい転位低減手法DEEPの提案

これらの転位の集合状態は,結晶成長表面のファセット面からなる大きな逆六角錐状ピットを有して成長したことによるものと考えられる。これまでに述べた観察結果から,これら転位の挙動についての新しいモデルを構築する。

図4(a)は,結晶成長表面形態の模式図である。表面に{11-22}面からなる逆六角錐のピットを有する。この形態をほぼ維持したまま,上方向に成長する。もし,この{11-22}ファセット面の表面に転位が顔を出していた場合,図4(b)に示したように,成長と共に,{11-22}面の移動と共に,転位はC面に平行に,逆六角錐の中心に向かって,〈11-20〉方向に伝播していく。結晶成長方向は全体としては上方向であるが,局所的に見ると,{11-22}面での転位の伝播は,基本的にはELOと同じ原理に基づいていると考えられる[8,9]。詳細な説明は,ここでは省略するが,多少の経路の差はあるにせよ,{11-22}面からなる逆六角錐のピットを表面に有して成長することにより,転位は,そのピットの中心へ集まってくる[10]。

このように,逆六角錐型のピットの中心に,転位が集合するというメカニズムが働くため,少なくとも,このピット内の中心以外の領域においては,転位は,低減されることになる。さらに

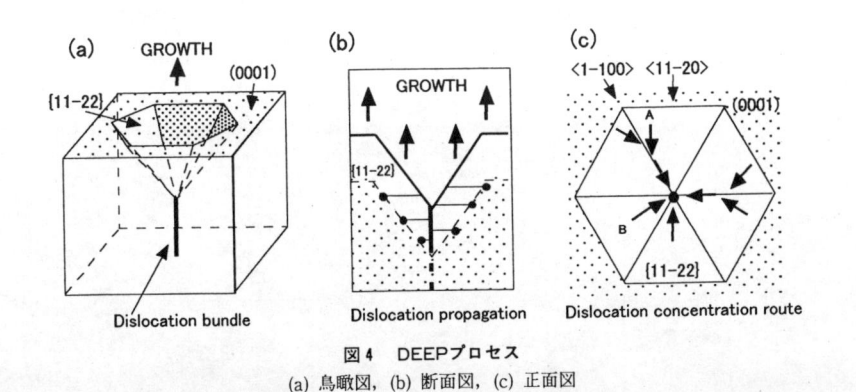

図4 DEEPプロセス
(a) 鳥瞰図, (b) 断面図, (c) 正面図

は，成長初期から，厚膜成長に至る過程において，このピット位置，サイズが変化することによって，逆六角錐型のピット以外の周辺部領域においても転位低減が為されると考えられる。こうして，これまでになく広い低転位領域の形成が可能となった。この新しい転位低減手法を，dislocation elimination by the epitaxial-growth with inverse-pyramidal pits (DEEP)と呼ぶ[10]。

(6) おわりに

HVPEにより，GaAs(111)基板を下地基板として使用し，HELO，DEEPの2手法を用いてGaNの厚膜成長を行い，下地基板を除去後，研磨加工を施し，2インチサイズのGaN基板を作成した。これまでになく広い低転位領域の形成が可能となった。この手法をさらに発展させることで，より低転位のバルクGaN結晶作成への一つの方向が与えられるのではないだろうか。

文献

1) S. Nakamura *et al.*, *Jpn. J. Appl. Phys.* **34**, L1332 (1995)
2) S. Nakamura *et al.*, *Jpn. J. Appl. Phys.* **34**, L1332 (1995)
3) S. Nakamura *et al.*, *Appl. Phys. Lett.* **72**, 211 (1998)
4) H.P. Maruska *et al.*, *Appl Phys. Lett.*, **15**, 327 (1969)
5) M. K. Kelly *et al.*, *Jpn. J. Appl. Phys.* **38**, L217 (1999)
6) S.S. Park *et al.*, *Jpn. J. Appl. Phys.* **39**, L1141 (2000)
7) K. Motoki *et al.*, *Jpn. J. Appl. Phys.* **40**, L140 (2001)
8) A. Sakai *et al.*, *Appl. Phys. Lett.* **71**, 2259 (1997)
9) K. Hiramatsu *et al.*, *J. Cryst. Growth* **221**, 316 (2000)
10) K. Motoki *et. al.*, *J. Cryst. Growth* **237-239**, 912 (2002)

1.2 ホモエピ用GaN on sapphire基板（テンプレート）

前田尚良*

1.2.1 はじめに

　蛍光灯を代替できる高効率紫外発光LEDの実現には、高性能なLED発光層構造を創製する必要があり、そのためには欠陥が少なく、平面が平滑な高品質の基板が必要となる。GaNエピ成長用の基板としては、現状では市販のバルクGaN基板が利用できないことから、サファイア（Al_2O_3）、シリコンカーバイト（SiC）、シリコン（Si）が用いられ、あるいは検討されている。最近ではその他の候補材料として、窒化アルミニウム（AlN）[1]、ホウ化ジルコニウム（ZrB_2）[2]や酸化亜鉛（ZnO）[3]も注目されている。表1にはGaNエピタキシー用の各種基板の物性を比較した。

　ホモエピタキシーに供するバルクのGaN基板は、理想ではあるが、作製に超高圧・高温を要することから、高品質で大型の結晶を得るのが困難であり開発が遅れている。一方、現行の青色LEDで採用されているサファイア基板上に、GaNをMOVPEあるいはHVPE成長法により堆積したGaN on sapphireエピ基板を、GaN系LED用のホモエピ基板、すなわちテンプレート用の基板として開発することは現実的な方法と考えられる。

　テンプレート用GaN on sapphire基板には、比較的大面積の基板を容易に得やすい等の長所が

表1　GaNと基板材料の物性表

材料名	格子定数 (Å)	GaNとの差 (%)	熱膨張係数 ($10^{-6} K^{-1}$)	GaNとの差 (%)	熱伝導率 ($Wcm^{-1}K^{-1}$)
GaN	a=3.189 c=5.185	—	Δa/a=5.59 Δc/c=3.17	—	1.3
AlN	a=3.111 c=4.980	+2.50	Δa/a=4.15 Δc/c=5.27	+34.6 for Δa/a	2
(0001)Al_2O_3	a=4.758 c=12.99	+16.1 (30°回転)	Δa/a=7.5 Δc/c=8.5	−25.5 for Δa/a	0.5
Si	a=5.4310 (3.845 for (111))	−17.0	Δa/a=3.59	+55.7	1.5
GaAs	a=5.6533 (3.997 for (111))	−20.2	Δa/a=6	−6.83	0.5
GaP	a=5.4055 (3.822 for (111))	−16.6	Δa/a=4.65	+20.2	0.8
3C-SiC	a=4.3596 (3.082 for (111))	+3.47	Δa/a=2.77	+102	4.9
6H-SiC	a=3.08 c=15.12	+3.54	Δa/a=4.2 Δc/c=4.68	+33.1 for Δa/a	4.9
ZnO	a=3.252 c=5.213	−1.9	Δa/a=2.9 Δc/c=4.75	+92.8	—

* Takayoshi Maeda　住友化学工業㈱　筑波研究所　主席研究員

あるが，品質上解決すべき問題がある。表1に示したように，サファイアとGaNとの結晶格子定数の差（格子不整合），および熱膨張係数の大きな差が原因となり欠陥が多く，現状のGaN on sapphireには10^9cm^{-2}程度の転位が存在している。また，基板が反るなどのいわゆるヘテロエピに伴う問題がある。青色LEDにおけるInGaN発光層の場合は，Inの偏析による局在化が原因となるキャリアーの拡散長と転位密度との関係で，転位が10^9〜10^8cm^{-2}程度の密度までは非発光再結合センターとして作用しないという説がある[4]。しかし紫外LEDのGaN発光層の場合には，転位の悪影響を軽減する上記発光メカニズムを期待できないことから，その転位密度をGaAs系やGaP系の発光素子並に低減することが，特に必要になるものと思われる。

　GaN on sapphire基板の転位密度低減のために，多くの検討がなされている。1970年代から精力的に進められてきた，GaAs on SiあるいはGaAs on sapphireの技術開発がGaN on sapphire基板の検討においても参考になると思われる。GaAs on Siの場合は，熱膨張係数の差に起因する転位の低減は，低温度成長や小分画面積化等の技術だけでは未だ不十分であるが，格子不整合に起因すると考えられる転位の発生・伝播は，超格子バッファー，2段階温度成長，低温度バッファー，熱サイクルアニール，選択・横方向成長（Epitaxially Lateral Overgrowth: ELO）等の技術開発により，ほぼ制御できているようになった。転位密度は10^4cm^{-2}程度までの低減化に成功している。ただ残念なことに，その後大面積で安価なGaAsバルク基板が開発され，本技術は実用に至っていない。

　GaNバルク基板の場合は，GaN結晶がGaAs結晶に比べ，融点，解離圧力が格段に高いため作製が困難であることより，GaN on sapphire技術への期待は相対的に高いものと推察できる。その転位密度の低減には，ELO以外にも，低温バッファー，不純物添加，超格子バッファー，等の報告が既にある。以下には多くの検討例のあるELO技術について紹介する。

1.2.2　Epitaxially Lateral Overgrowth (ELO)について

　ELOの技術構成は，GaN基板上にSiO$_2$などの材料のマスクを形成し，その窓部分に選択的にGaNを成長させる選択成長（Selective Area Growth）と，マスク上の横方向への成長（LateralOvergrowth）とからなる。図1にはELOプロセスの概念を示した。

　この技術は，マスクでブロックすることにより貫通転位を低減させる手段として提案され，Si基板上のGaAs，InP薄膜ですでにその効果が確かめられている[5]。GaNの選択成長における研究は1994年にスタートし[6]，1997年UsuiらのHVPE法によるELOを用いた低転位GaN厚膜の作製によって，世界各所で活発に行われるようになった[7]。UsuiやSakaiらは，窓部GaN上に選択成長で形成されるGaN結晶の{1$\bar{1}$01}ファセット面が関係した「転位の伝搬の曲がり」Facet-Initiated-ELO（FIELO）を報告した[8,9]。貫通転位密度が10^7cm^{-2}台へと大幅に減少している。ただし，転位の分布が均一で良質なGaN膜厚を得るためには，数十ミクロンものGaN膜厚が必

第4章 青色LED，近紫外LEDの作製

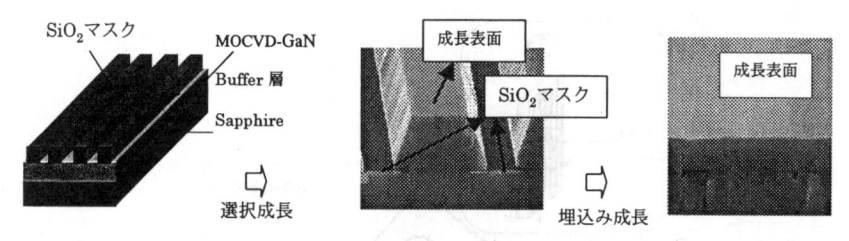

図1　GaNのELOプロセス
GaN上に形成したSiO₂マスク付き基板上へのエピタキシャル成長により，まず窓部GaN上のみへ選択成長が起こり（断面SEM像），次いでマスク上への横方向成長によりマスクが埋め込まれ平滑な表面が得られる。

要であり，基板の反りが問題となる。たとえば，GaN（60μm）を430μm厚のサファイア基板上に成長すると，曲率半径で0.8mもの反りが認められる。反りの低減のためには，GaN膜厚の低減などが課題として残る。

MOVPE法によるELOでは，これまで，Namら[10]やNakamuraら[11]が，マスク上部の転位の低減を報告している。この場合図2に示したように，マスク上では転位の大幅な低減が可能であるが，窓部では貫通転位は直進するため表面に分布して残留する。そのため，平均の転位密度は1/2から数分の一程度しか低減されない。その後，Facet-Controlled-ELO（FACELO）法が提案された[12]。本方法はファセット形状を成長条件により制御して，転位の伝播を，MOVPEでもHVPEの場合と同様に曲げることや，従来のように直進/ブロックすることにより制御する方法である。次項で述べるように薄膜で大面積の低転位密度のGaN基板が得られることが特徴である。

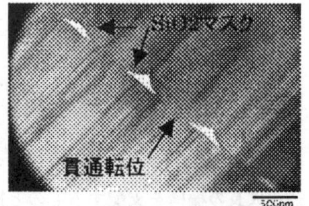

図2　ELO成長GaNの断面TEM像
SiO₂マスクが下方向からの貫通転位の伝播をブロックしている。

以上のようにELOでは，HVPE法かMOVPE法か，どのVPE成長方法を選択するかにより，その成長機構が影響を受け，転位伝播機構が異なる。成長方法以外の他の影響因子としては，基板，マスク材料，マスク方向・形状，成長温度，成長圧力，成長雰囲気，窒化物の成長種（GaN，AlN）等が知られている。

マスク材料としては，SiO₂以外に，SiN，W，WN，TiNなどの材料が検討されている。ELO初期段階である選択成長の可否は，GaNとマスク材料の表面特性の差に基づくものと推察される。他の成長因子は，GaやNの表面マイグレーション能の度合いに影響を及ぼすことにより，この特性差を強調あるいは縮小するのであろう。さらには横方向成長速度を変化させ，埋め

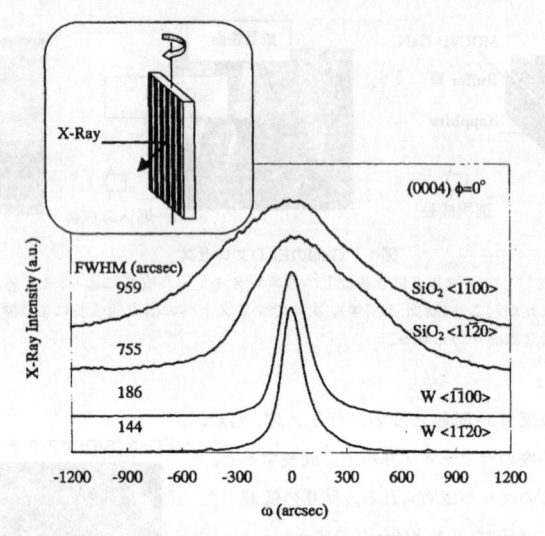

図3 WおよびSiO₂マスクを用いたELO-GaNのX線ロッキングカーブ
マスクストライプと直角に入射。

込み成長の機構を支配するものと推察される。表面特性として表面極性が重要との議論もあるが，現状では充分には解明されていないといえる。分子レベルのELO機構の理解が待たれる。

図3にはマスク材料としてWマスクを用いた場合のELO-GaN結晶の(0004)X線ロッキングカーブを示し，通常用いられるSiO₂マスクを用いた場合と比較している[13]。(0004)回折の揺らぎはGaNのc軸の揺らぎに起因することから，SiO₂マスクの場合はストライプ方向と垂直の方向に揺らぎが大きく，Wマスクの場合は，この揺らぎが殆どないことがわかる。また，図4に示すSiO₂マスク中央上部の高分解能電子顕微鏡により観察した像には，明瞭に小傾角粒界が観察される[14]。X線と電子顕微鏡の結果から推察されるSiO₂とWマスク上でのc軸傾斜の形態を，図5に模式的に示している。Wマスクを用いたELO成長により小傾角粒界のない高品質のGaN膜が得られる。その機構に関して，マスク材料

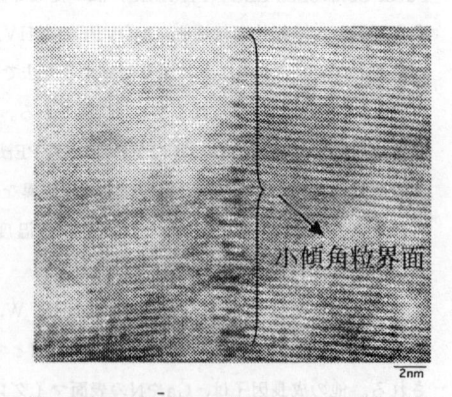

図4 SiO₂〈11̄20〉マスクELOG-GaNの小傾角粒界の高分解能電子顕微鏡像

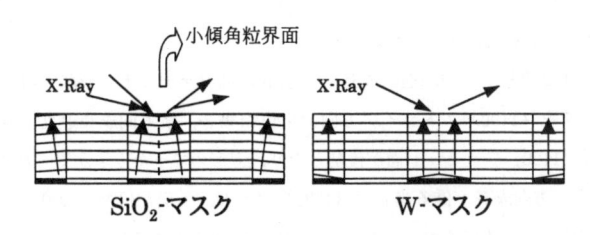

第4章　青色LED，近紫外LEDの作製

図5　ELO-GaNのマスク上でのc軸傾斜
Wマスクでは，マスク上に空隙が存在しc軸の傾斜はない。

（W）と横方向成長（over-growth）GaNとの相互作用のないことが重要と推察されている[15]。実際に，W／GaN界面に空隙が形成されやすいことが観察され，空隙の形成はWと原料ガスのNH$_3$との触媒反応で発生する水素によるGaNのエッチングによるものと推察されている。このようにELO-GaNの品質には，マスク上を埋め込みながら成長するGaNとマスク材料との相互作

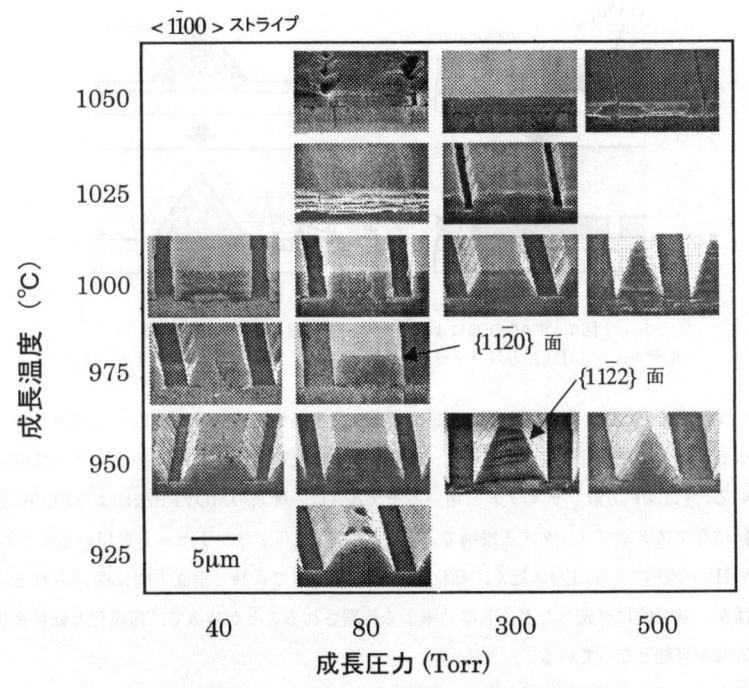

図6　選択成長GaNファセット形状の成長温度と成長圧力の関係
SiO$_2$ストライプは〈1$\bar{1}$00〉方向。

用の程度が大きな影響を及ぼすことがわかる。

図6は成長温度と成長圧力が，選択成長するGaN結晶ファセットの形状へ影響を及ぼす例である。SiO$_2$マスクを〈1$\bar{1}$00〉ストライプ方向で用いた場合，横方向成長速度が優る低圧力，高温度の成長では {11$\bar{2}$0} ファセット面が優勢となり，方形のファセットが得られる。逆に高圧力低温度のc軸（縦）方向成長が優る場合は {11$\bar{2}$2} ファセット面が優勢となり，HVPE法によるELOの場合と同様に，三角形状のファセットが現れることがわかる[16]。

1.2.3 Facet Controlled ELO（FACELO）による転位密度低減

FACELO法は，ファセットの形状が成長温度，圧力により変化することを利用するELOである。図6に示したように，MOVPEにおいてSiO$_2$マスクを〈1$\bar{1}$00〉ストライプ方向で用いた場合，{11$\bar{2}$0} 方形ファセットと {11$\bar{2}$2} 三角形状ファセット面を制御して得ることが可能である。図7にはこの2種類のファセット形状によって，転位伝播が各々制御されるFACELOモデル図を示している[17]。

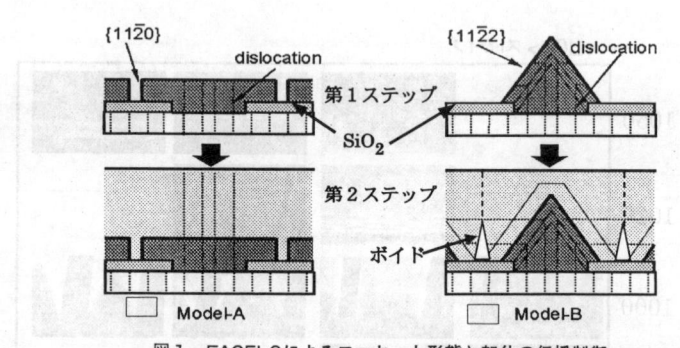

図7　FACELOによるファセット形態と転位の伝播制御
モデルA：{11$\bar{2}$0} 方形ファセット，モデルB：{11$\bar{2}$2} 三角形ファセット．

モデルA，モデルBともに2段階の成長よりなり，成長の後半は横方向成長速度を加速する条件で成長することが特徴となっていて，GaN膜の薄膜化が可能となり，基板反りの低減に寄与している。{11$\bar{2}$0} 方形ファセットを用いるモデルAは，従来のMOVPE法によるELOに近く，貫通転位をマスクでブロックする機構である。{11$\bar{2}$2} 三角形状ファセットを用いるモデルBは，従来のHVPE法によるELOに近く，転位がファセット面でc軸と垂直方向に曲げられる。転位の伝播が，意図的に形成したボイドに効率よく終端されることが特徴で，薄膜化と転位密度の大幅な低減が可能となっている。

図8にはモデルBにより成長したFACELO-GaNの表面および断面SEM像を，図9にはそのTEM像を示している。転位の伝播がモデルBの様式により制御され，マスク中央上部のGaN合

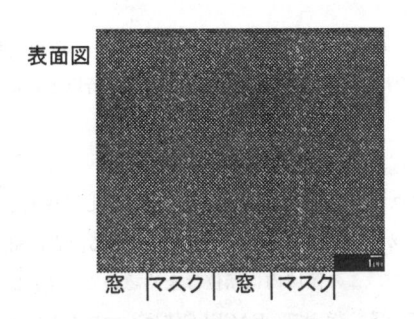

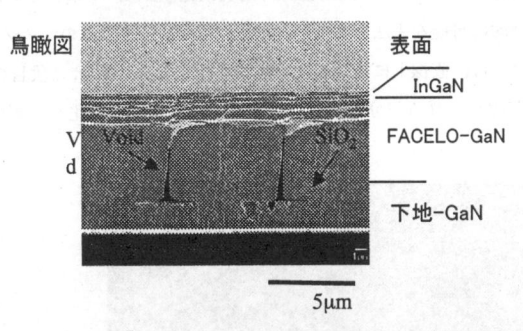

第4章 青色LED,近紫外LEDの作製

図8 三角ファセット{11$\bar{2}$2}から埋め込んだFACELO-GaNの表面および断面SEM像
転位がSiO$_2$マスク中央上部に線状に観測される。マスク幅/窓幅＝5μm/5μm。

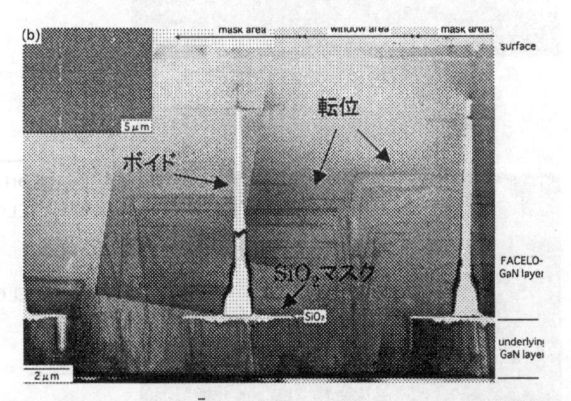

図9 三角ファセット{11$\bar{2}$2}から埋め込んだFACELO-GaNの断面TEM像

体部に線状に観測されるのみとなる。試料の転位密度は $6～10\times10^6 cm^{-2}$ まで低減され，FACELO成長に用いた下地GaNの転位密度 $2～4\times10^8 cm^{-2}$ より1桁以上の低減を実現している。

図10にはFACELO成長を重畳した表面および断面SEM像を示している。モデルBにより合体部に線状に残った転位の伝播をブロックするために，モデルAを重畳して成長した試料である。1段目マスクの真上に2段目マスクが形成できていることが確認できる。表面SEM像には，マスク部と窓部が3周期含まれているが，この領域内に転位は全く認められず，$2\times10^5 cm^{-2}$ 以下の大幅な転位密度の低減を実現している。従って，FACELO法は，マスクと窓部が何周期にもわたる大面積化が原理的に可能な手法であるといえる。ただし，2段目のマスクが1段目のマスクと合っていない部分では，直線上に並ぶ転位が観測されている。また，2段目のFACELOの合体部で発生する転位が認められる部分もあり，更なる成長条件の最適化が必要であると考えられ

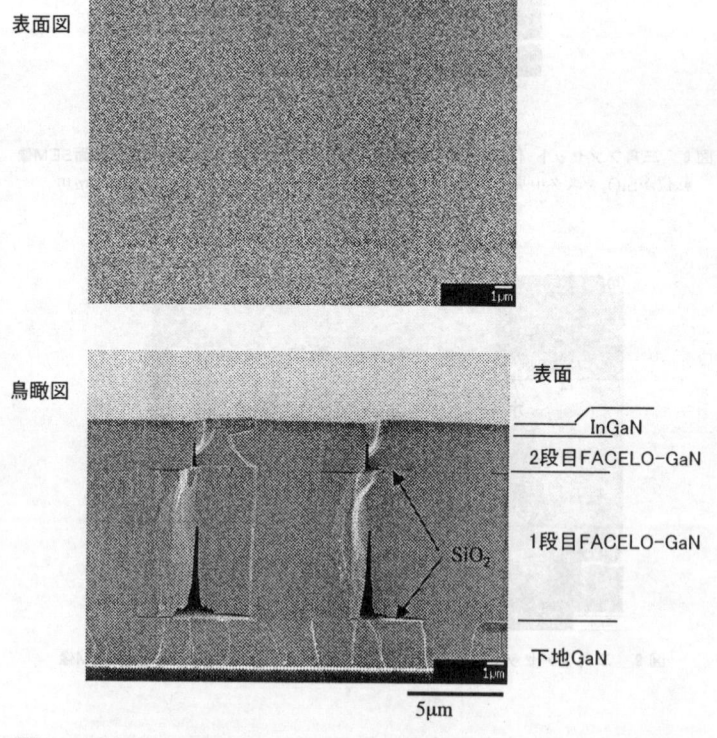

図10 モデルBの後モデルAを成長する2段FACELO-GaNの表面および断面SEM像

第4章　青色LED，近紫外LEDの作製

る。

MOVPE法による通常のGaN on sapphireには，刃状転位と螺旋転位およびその混合転位が存在することが知られている。その上にFACELO法を実施した場合に，TEM像によるバーガーズベクトルの分析から，転位の伝播方向と転位の種類・性質との関係が調べられ，次の傾向が確かめられている[18]。混合転位はマスク領域に向かって曲がり，ボイドにより終端し，刃状転位はマスクのストライプと平行な方向に曲がる。ボイド上端で生ずる転位には，混合転位と刃状転位の両方がある。また，X線回折による（004）対称反射，（103），（302）非対称反射のロッキングカーブ半値幅の分析より，螺旋転位（チルト成分），および刃状転位（ツイスト成分）が通常のGaN on sapphire基板に比べて，それぞれ1/2，および1/10に低減されたと推察されている[19]。

1.2.4　FACELO基板のLED性能におよぼす効果

FACELO法により低転位化したGaN on sapphire基板を，紫外LEDを目的としたホモエピタキシー用の基板として用いた場合，その効果として発光効率が向上することや，ダイオード特性が改善し，リーク電流が低減し耐圧が向上することが確認されている。

図11にFACELO基板上に作製した紫外LEDのPL強度とEL発光効率を，通常のGaN on sapphire基板上の結果とともに比較している[20]。基板の転位密度を$10^8 cm^{-2}$から$4～6×10^7 cm^{-2}$に低減することにより，概略3倍の発光強度の増加が観測された。フリップチップ型LEDランプ化により，出力8.8mW，外部量子効率13%を示した。対照の通常GaN on spphire基板では3.0mWである。FACELO-GaN上の発光波長が400から410nmへ長波長シフトしていることを考慮しても，転位密度を約1/2に低減することにより，2.5倍以上の紫外LED発光効率が向上した

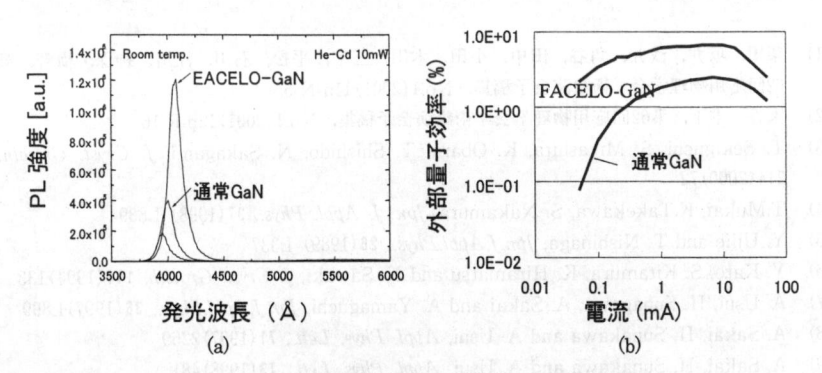

図11　FACELO基板上に成長した近紫外LEDの発光特性
(a)：PL強度，(b)：EL発光効率

と考えられる。この結果は，InGaNをベースとした青色LEDの発光効率が転位密度に影響を受けないとされる従来の結果と異なる。すなわち，Inの組成揺らぎによる局在化効果を期待できないGaNをベースとした紫外LEDでは，従来のGaAsやGaP等の半導体と同様に，転位密度の影響を受けるとの興味ある特徴を示したものである。

1.2.5 おわりに

GaN系紫外LEDの発光特性向上に，低転位基板が好影響をもたらすことが明らかとなった。GaN on sapphire基板（テンプレート）がホモエピ用基板として現実的であり，その$10^9 \sim 10^{10}$ cm^{-2}の転位密度を減らす手法としてELOが有力である。種々のELO法が研究され，FACELO法においては$10^6 \sim 10^4$cm^{-2}程度まで低減可能となっている。本法による大面積化も検討が開始され，現状2インチ基板ではほぼ全面にわたり転位密度$10^6 \sim 10^7$cm^{-2}の量産基板の技術が確立されつつあるという[20]。

ELOの他の技術展開として，マスクの不要な，PENDIO（商標）[21]，加工サファイア基板上へのELO (LEPS)[22]，など興味ある手法が開発されている。また，マスク作製工程が簡略化可能なSiNをマスク材とした自己形成ナノマスクによるELO[23]，あるいはTiN自己形成マスクによるELOのあとHVPEで厚膜化して自立基板を得る方法（VAS法）[24]などへの特色ある展開が見られるが，紙面の都合で割愛させて頂いた。

文　献

1) 柴田，坂井，浅井，角谷，田中，小田，木田，三宅，平松，石川，江川，神保，梅野，第62回応用物理学会学術講演会予稿集，No.1(2001)11a-N-5
2) 大谷，木下，第62回応用物理学会学術講演会予稿集，No.1(2001)12p-R-16
3) T. Sekiguchi, S. Miyashita, K. Obara, T. Shishido, N. Sakagami, *J. Cryst. Growth*, **214**(2000)72
4) T.Mukai, K.Takekawa, S. Nakamura, *Jpn. J. Appl. Phys.*, **37**(1998) L839
5) Y. Ujiie and T. Nishinaga, *Jpn.J.Appl.Phys.*, **28**(1989) L337
6) Y. Kato, S. Kitamura, K. Hiramatsu and N. Sawaki, *J. Cryst. Growth*, **144**(1994)133
7) A. Usui, H. Sunagawa, A. Sakai and A. Yamaguchi, *Jpn.J.Appl.Phys.*, **36**(1997)L899
8) A. Sakai, H. Sunakawa and A. Usui, *Appl. Phys. Lett.*, **71**(1997)2259
9) A. Sakai, H. Sunakawa and A. Usui, *Appl. Phys. Lett.*, **73**(1998)481
10) O. H. Nam, M. D. Bremser, T. S. Zheleva and R. F. Davis, *Appl. Phys. Lett.*, **71**(1997)

第4章 青色LED, 近紫外LEDの作製

2638
11) S. Nakamura, M. Senoh, S. Nagahama, N. Iwase, T. Yamada, T. Matsushita, H. Kiyoku, Y. Sugimoto, T. Kozaki, H. Umemoto, M. Sano and K. Chocho, *Jpn.J.Appl. Phys.*, **36**(1997)L1568
12) K. Hiramatsu, K. Nishiyama, M. Onishi, H. Mizutani, M. Narukawa, A. Motogaito, H. Miyake, Y. Iyechika, T. Maeda, *J. Cryst.Growth*, **221**(2000)316
13) H. Sone, S. Nambu, K. Kawaguchi, M. Yamaguchi, H. Miyake, K. Hiramatsu, Y. Iyechika, T. Maeda, N. Sawaki, *Jpn. J. Appl. Phys.*, **38**(1999)L356
14) Y. Honda, Y. Iyechika, T. Maeda, H. Miyake, K. Hiramatsu, H. Sone, N. Sawaki, *Jpn. J. Appl. Phys.*, **38**(1999)L1299
15) K. Hiramatsu, A. Motogaito, H. Miyake, Y. Honda, Y. Iyechika, T. Maeda, F. Bertram, J. Christen, A. Hoffmann, *IEICE Trans. Electron.*, **E38-C**(2000)620
16) H.Miyake, A.Motogaito and K.Hiramatsu, *Jpn. J. Appl. Phys.*, **38**(1999)L1000
17) K.Hiramatsu, K.Nishiyama, M.Onishi, H.Mizutani, M.Narukawa, A.Motogaito, H. Miyake, Y.Iyechika and T.Maeda, *J.Cryst. Grwoth*, **221**(2000)316
18) Y. Honda, Y. Iyechika, T. Maeda, H. Miyake, K. Hiramatsu, *Jpn. J. Appl. Phys.*, **40**(2001)L309
19) Y. Iyechika, T. Maeda, H. Miyake, K. Hiramatsu, private communication. (JJAP投稿準備中)
20) Extennded Abst. of the Inter. Symposium on The Light for The 21st Century, Tokyo, March(2002)P-5, Private communication
21) K.Linthicum, T.Gehrke, D.Thomson, E.Cartson. P.Rajagopal, T.Smith, D.Batchelor and R.Davis, *Appl. Phys. Lett.*, **75**(1999)196
22) K.Tadatomo, H.Okagawa, Y.Ohuchi, T.Tsunekawa, Y.Imada, M.Kato and T.Taguchi, *Jpn. J. Appl. Phys.*, **40**(2001)L583
23) S.Tanaka, M.Takeuchi and Y.Aoyagi, *Jpn. J. Appl. Phys.*, **39**(2000)L831
24) 大島, 江利, 柴田, 砂川, 碓井, 第63回応用物理学関係連合講演会予稿集, No.1(2002)24 a-YH-6

1.3 サファイヤ

砂川和彦*

1.3.1 はじめに

青色LED, 近紫外LEDの作成にあたって, ベースとなる基板として要求される物性は,

① GaN系のエピタキシャル成長温度, 約1,000℃の温度で安定であること
② GaN系の良好なエピタキシャル成長が可能なこと
③ 光透過性であること
④ 切断, スクライブ等加工性が良いこと
⑤ 安価であること

等であり, 現在のところ実用されている基板としてはサファイヤ以外にSiC基板[1], Si基板[2]が主なものである。それら以外にGaN系のエピタキシャル成長用としてGaNをはじめとしてZnB$_2$[3]やLiAlO$_2$[4]等も新聞に報道されているが, LED用の基板としてではなくLDや電子デバイス用のGaNをホモエピタキシャル成長させるGaN基板用を目標としている。

本項では, 比較的安価であり性能も良好で安定していることによって青色LED用として最も多く使用されているサファイヤ基板について述べる。なお, 本研究は山口大学・田口教授との共

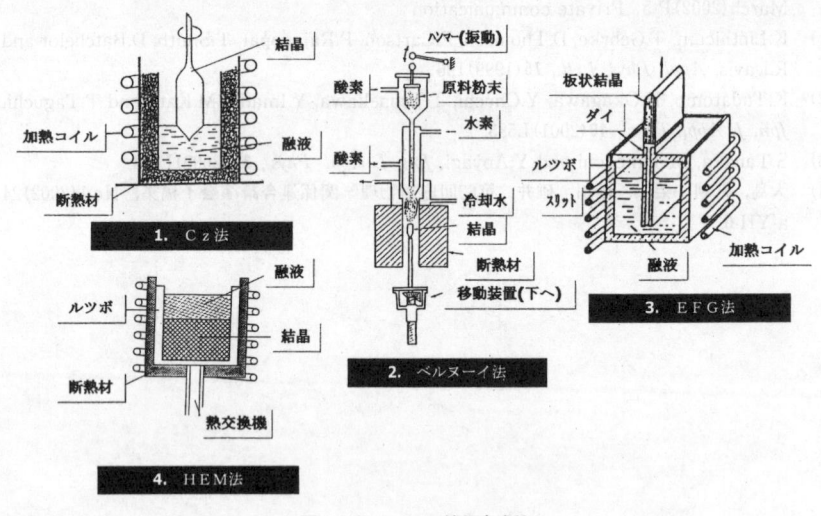

図1 サファイヤ結晶育成法

* Kazuhiko Sunagawa 並木精密宝石㈱ Y.B.O.商品部 開発グループ マネージャー

第4章 青色LED,近紫外LEDの作製

同研究で進めたものである。

1.3.2 サファイヤ基板の品質

サファイヤ基板の原材料はアルミナ（Al_2O_3）であり，融点は2,050℃と高温でGaNエピタキシャル成長温度約1,000℃で安定である。良質な単結晶サファイヤが図1に示した製造法によってつくられている。各製造法による結晶品質を図2に示したEPD（Etch Pit Density）で比較するとHEMでは$10^2/cm^2$程度チョクラルスキー法（CZ法）では$10^{4～5}/cm^2$，EFG法では$10^5/cm^2$程度と差があるが，青色LED用基板としては実用上ほとんど差なく使用されている。このことからサファイヤのEPDがGaNのエピタキシャル成長に対して大きな影響を及ぼさないものと考えられる。しかしベルヌーイ法は2インチサイズが製造困難なことと，EPDが10^6以上と多いだけでなく脈理等の結晶欠陥が存在するため基板用としては使用されていない。

LED用サファイヤ基板に要求される品質には今のところ統一した規格が決まっていない。SEMI規格[5]はSoS基板（Silicon on Sapphire）用サファイヤr-面基板についての規格であり参考とされるに留まっている。実際には良好なGaNのエピタキシャル成長ができ，LEDの収率がより向上するようユーザーごとに基板に対する品質取

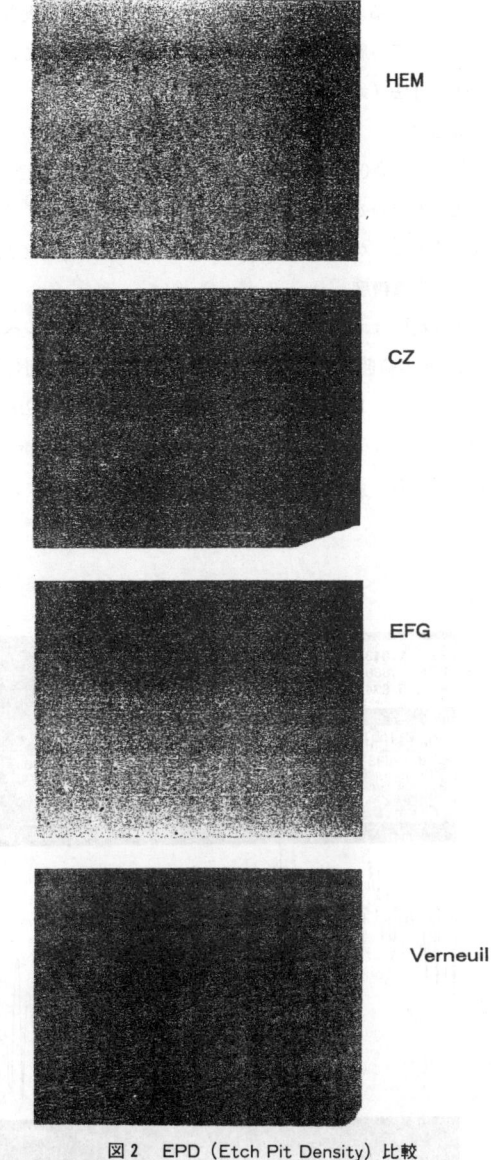

図2　EPD（Etch Pit Density）比較

り決めがある。基板の主な品質[6〜8]として,寸法(大きさ,厚さ),表面精度,面方位とその精度,そり等の形状および表面清浄度等の項目について述べる。

(1) 寸法(大きさ,厚さ)

寸法についてはユーザーの設備,特にサセプターの形状によって規定される。多くは,直径2インチ,厚さ0.43mmtであるが,サセプターに収まる公差が要求される。さらにエピタキシャル成長が面内で均一になるよう,厚さのばらつき(T.T.V.:Total Thickness Variation)を少なくすることが必要である。現状ではT.T.V.≦5μmで製品化している。

(2) 表面精度

表面精度はエピタキシャル成長に適するよう原子レベルでの研磨仕上げになっている。図3に10μm角の範囲を測定したAFM像を示した。断面図は横軸(1万nm)を縮尺しており,原子(約0.3nm)1個分の凹凸が観察される。さらに1万nmの横軸に対して高低差0.5nmと平坦性が良好であることも示している。平均粗さはRa=0.1nmとなっており,軸方位をオフさせていることを考慮するとほぼ究極の面粗さを到達していると言える。

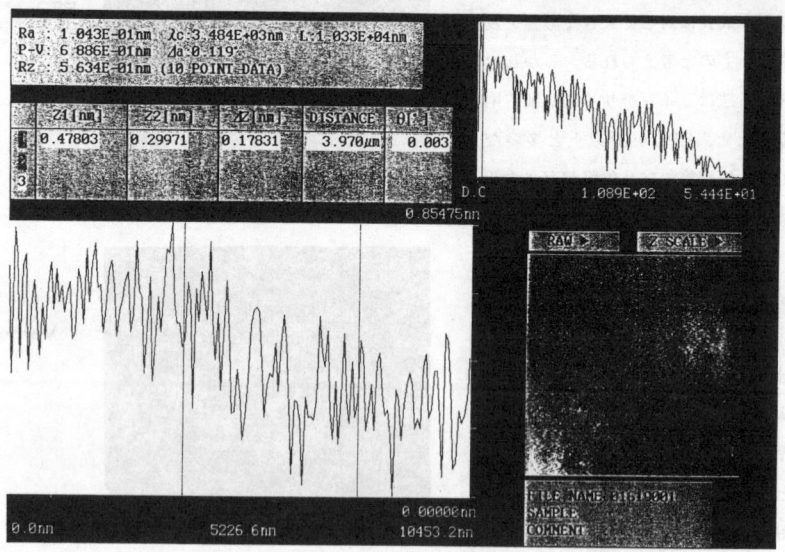

図3 表面粗さ

第4章 青色LED，近紫外LEDの作製

(3) 面方位とその精度

GaNエピタキシャル成長用サファイヤ基板は，主としてc-面とa-面が使われている。また面方位がジャストでなく，0.1度から1.0度程度オフしているほうが良好なエピタキシャル成長が可能となっている。これについては試験結果(1)で述べる。X-線にて全数軸方位測定を実施することによって，軸方位の公差を±0.05度に管理することができるようになったため，安定したエピタキシャル成長が可能になっている。

(4) そり等の形状

そりの形状についてレーザー干渉写真を図4に示した。干渉で黒くなっている線が0.3μmの高低差を示しており，10本で3μmのそりを示している。同心円状にそりがあり，ポテトチップのようにゆがんでいないことが好ましいとされている。

(5) 表面清浄度

表面の不純物レベルを図5に示した。超純水での洗浄を実施しておりエピタキシャル成長に悪影響がないレベルとなっている。Siウエハーの表面不純物レベルと比較しても，例えばFeレベルは10^{10}atoms/cm²オーダーになっており，ほぼ同程度の清浄度と考えられる。洗浄の方法について試験結果(2)で述べる。

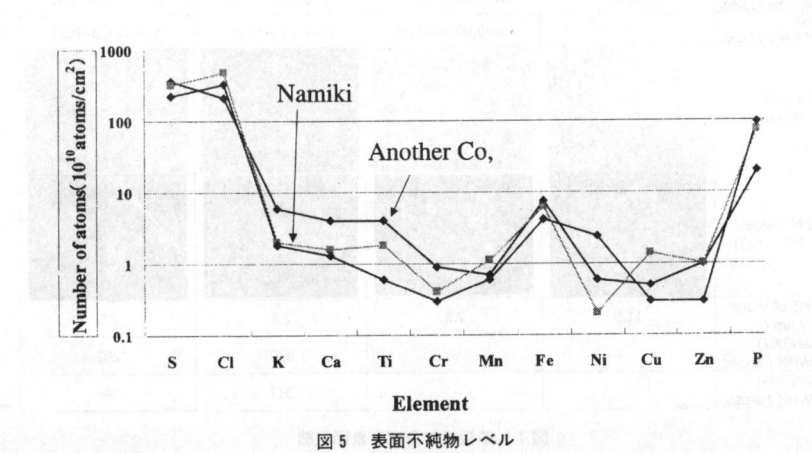

Sample A

Sample B

図4　そり（レーザー干渉写真）

図5　表面不純物レベル

1.3.3 サファイヤ基板の研磨

サファイヤ基板の研磨法は各社独自のノウハウを持っており公表されていないが、一般的に図6に示した工程で実施されている。要点は光学顕微鏡で検出不可能な潜傷をMCP（Mechanical Chemical Polish）でなくしているところである。潜傷はGaNをエピタキシャル成長した段階でGaN膜にスクラッチ状の傷として発生する欠陥であり、サファイヤ表面の研磨歪や研磨影響層がその原因と考えられる。検査工程では傷のないことを光学顕微鏡でチェックし、最終的にはエピタキシャル成長させて潜傷をチェックしている。洗浄については前処理によって有機物系の不純物を完全に除去し、最終的に超純水によって1枚ずつ洗浄している。洗浄後は直ぐにパッケージし、Epi-readyとしている。

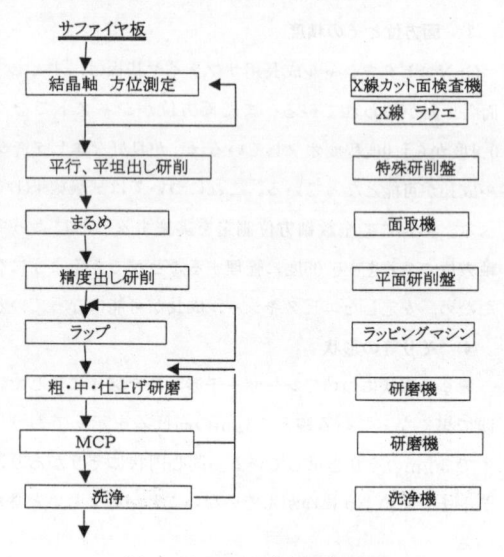

```
サファイヤ板
   ↓
結晶軸 方位測定 ←──┐    X線カット面検査機
   ↓              │    X線 ラウエ
平行、平坦出し研削  │    特殊研削盤
   ↓              │
まるめ             │    面取機
   ↓              │
精度出し研削 ──────┘    平面研削盤
   ↓
ラップ                   ラッピングマシン
   ↓
粗・中・仕上げ研磨        研磨機
   ↓
MCP                      研磨機
   ↓
洗浄                     洗浄機
```

図6　サファイヤ基板研磨工程

GaN surface morphology v.s. wafer off angle #1

	Just	m=0.05, a=0.04	m=0.13, a=0.00	m=0.15, a=0.01
Al$_2$O$_3$ OFF Angle / deg.	Just	m=0.05, a=0.04	m=0.13, a=0.00	m=0.15, a=0.01
GaN OFF Angle / deg.	-	m=0.06, a=0.04	m=0.15, a=0.00	m=0.18, a=0.01
Nomarski Micrograph				
AFM Image (400μm□)				
RMS of image / nm	11.5	7.8	2.8	2.5
GaN(002) FWHM / arcsec	-	-	230	202
GaN(204) FWHM / arcsec	-	-	342	346

図7　基板オフ角度と表面状態

第4章 青色LED，近紫外LEDの作製

GaN surface morphology v.s. wafer off angle #2

Al$_2$O$_3$ OFF Angle / deg.	m=0.19, a=0.04	m=0.29, a=0.00	m=0.64, a=0.01	m=1.00, a=0.00
GaN OFF Angle / deg.	m=0.22, a=0.04	m=0.34, a=0.00	m=0.79, a=0.01	m=1.20, a=0.00
Nomarski Micrograph				
AFM Image (400μm□)				
RMS of image / nm	3.0	3.5	6.5	7.4
GaN(002) FWHM / arcsec	218	203	209	166
GaN(204) FWHM / arcsec	335	342	346	335

図8 基板オフ角度と表面状態

1.3.4 試験結果

(1) 基板オフ角度のエピタキシャル成長への影響

サファイア基板のオフ角度を0度から1.0度まで変化させて，MOCVDにてGaNをエピタキシャル成長させその表面状態(morphology)を観察し，結果を図7および図8に示した。Morphologyはある試験条件下であるが，ジャスト基板では丸い凸部が発生し，オフ角度が0.15度付近でスムーズになり，0.5度以上になると再び凸部が発生するようになる。この結果は他社の報告[9]でも同じ結論が出されている。これだけで判断すると0.15度オフが最適と考えられる。しかしGaNの物性を表していると考えられるロッキングカーブの半値幅を図9に示したが，これによ

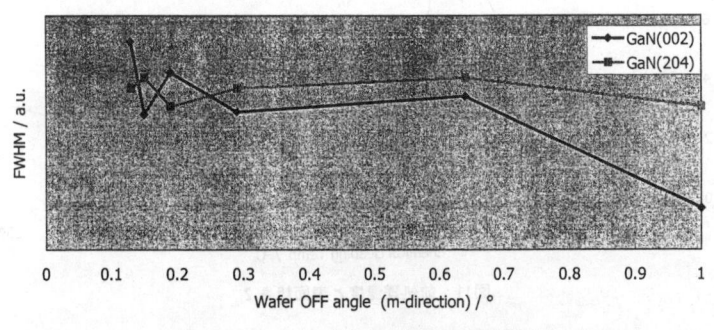

図9 サファイヤ基板オフ角度とGaN半値幅

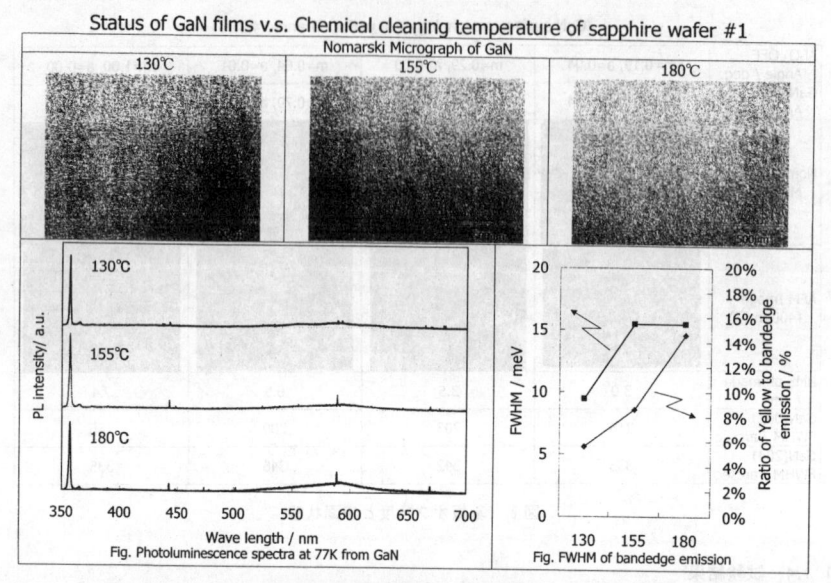

図10　前処理温度と表面粗さ1

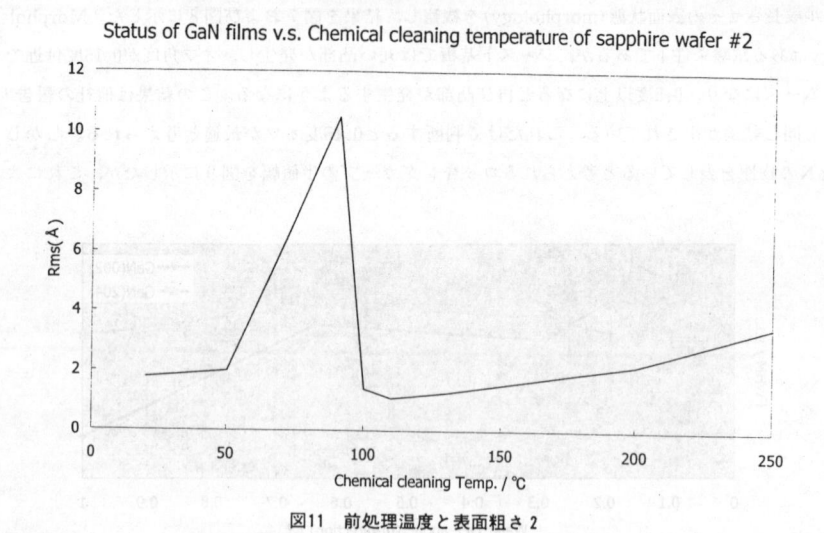

図11　前処理温度と表面粗さ2

第4章 青色LED，近紫外LEDの作製

ると0.15度付近で半値幅が小さくなり良好な結晶になっていることを示すが，さらに1度オフまで半値幅が小さくなりつづけている。オフ角度を1度まで大きくすることで，表面Morphologyの悪化にかかわらずGaNの結晶性が向上することを示しており，今後の課題となっていくと思われる興味深い結果である。現状では0.1～0.2度オフ程度のサファイヤc-面基板が一般的に使用されているが今後オフ角度，オフ方向ともに更なる最適化が図られることがあるかもしれない。

(2) 洗浄前処理の温度依存性

サファイヤ基板を超純水で洗浄する前処理として硫酸系の洗浄液で処理するが，処理温度とサファイヤ表面粗さが山口大の研究[10]で述べられている。われわれの試験でも図10，図11に示したとおり表面の粗さが最少になり，Yellow発光も低下するという点で100～130℃の処理が良好という同様な結果が得られた。試験法は前処理温度を室温から190℃までふって，山口大ではサファイヤ基板の表面状態を観察し，われわれの試験ではGaNをエピタキシャル成長させGaN膜の表面状態を観察したものである。

1.3.5 GaN基板の研磨

GaN単結晶の硬度はビッカース硬度でHv=10.2GPaとサファイヤHv=28GPaと比べてかなり柔らかい。(GaN，サファイヤともに(0001)面) ちなみにGaAs(111) 6.8GPa，Si(111) 12.0GPa 6H-SiC(0001) 22.9GPaである。研磨について，ポロスキー等の文献[11]があるが，そのままでは良好な研磨ができなかった。そこでMCPをさらに改良して，粒度を細かくすることと研磨

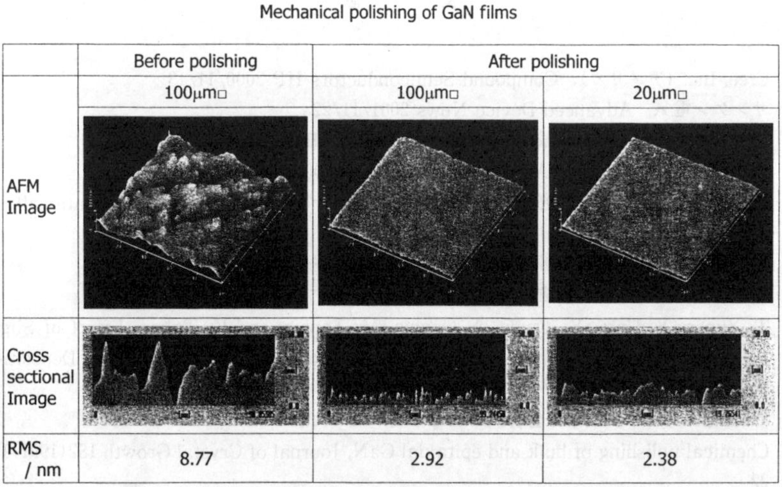

Mechanical polishing of GaN films

	Before polishing	After polishing	
	100μm□	100μm□	20μm□
AFM Image			
Cross sectional Image			
RMS / nm	8.77	2.92	2.38

図12 GaN基板の研磨結果

板を最適化することで傷のない研磨ができるようになった。HVPEで13μm成長したGaN基板を研磨した結果を図12に示した。表面の凹凸模様が消えた，この上に再度GaNをエピタキシャル成長させるGaNテンプレートとして評価を受け始めている。さらにバルクGaNの研磨も手がけておりサファイヤ基板と同程度の表面精度が確保できているが，試験回数が少なく評価結果が出せていない。

1.3.6 おわりに

青色LED, 近紫外LED用基板としてサファイヤ基板が安価で安定性のある基板として最も多く使用されている。2インチφサファイヤ基板の表面精度は，表面粗さ：Ra=0.1nm, 軸方位：指定軸方位±0.05度, そり≦5μm, T.T.V.≦5μm, Epi-readyで製造されており，ユーザーの要求を満たしている。今後各種基板材との競合が激しくなることが予想されるが，現状ではサファイヤの低価格化が急務と考えられる。

また高品質化ということでGaN基板の開発が望まれており，表面精度を改善するための研磨を実施し，バルクGaN基板とGaN on Sapphire基板を評価している段階である。

なお，本研究は「21世紀のあかり」計画のもと，山口大学・田口教授との共同研究で進められたものである。

文　献

1) Cree. Inc. (アメリカ), Compound Semiconductors HP 2000/11/13
2) サンケン電気, Advanced Device News 2001/11/22
3) 物質・材料研究機構，名城代，京都大学，京セラ，日刊工業新聞2002/01/25
4) Crystal Photonics, Inc., Advanced Device News2002/05/22
5) SEMI 1978, 1996 M3-1296 (Semiconductor Equipment and Materials International)
6) 表面科学の基礎と応用，日本表面科学会編
7) 表面界面の超精密創成・評価技術，サイエンスフォーラム
8) ウエハー表面完全性の創成・評価技術，サイエンスフォーラム
9) T. Yuasa, Y. Ueta, Y. Tsuda, A. Ogawa, M. Taneya and K. Takao, Effect of Slight Misorientation of Sapphire substrate on metalorganic chemical Vapor Deposition Growth of GaN, *J.Appl.Phys.* **38**(1999)
10) 「21世紀のあかり」成果報告書，平成10年度，山口大学
11) Chemical polishing of bulk and epitaxial GaN, Journal of Crystal Growth 182(1997)17·22

1.4 MOCVD

岡川広明*

1.4.1 GaN系材料のMOCVD装置

　青色,近紫外LEDはⅢ族窒化物半導体(InGaAlN)を多層に積層し作製されており,その製法として最も一般的なものに有機金属気相成長法(Metal organic chemical vapor deposition : MOCVD)が挙げられる。MOCVD法によるⅢ族窒化物半導体の成長は,1971年,Manasevitsらによって始められた[1]。

　一般的なMOCVD法の特徴を下記に挙げ,MOCVD装置について述べる。
① 原料が気体であり,成長速度を原料供給量で制御できるため,精密な厚み制御が可能。
② 薄膜成長や多層膜成長が容易であり,急峻なヘテロ接合や,pn接合が容易に作製可能。
③ 混晶組成を,原料供給量で制御可能。
④ 大面積,均一成長が可能であり,量産に向いている。

　図1にⅢ族窒化物半導体の成長に用いられるMOCVD装置の概略図を示す。
　MOCVD装置は大きく分けて原料供給系,リアクター,排気系から構成される。
　MOCVD装置ではⅢ族原料に名前の由来となる有機金属が使用されている。Ⅲ族原料としては

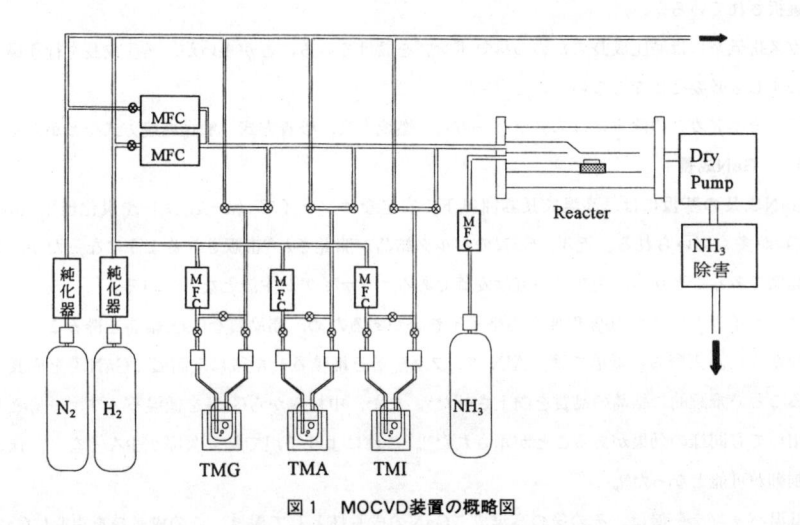

図1　MOCVD装置の概略図

* Hiroaki Okagawa　三菱電線工業㈱　情報通信事業本部　フォトニクス研究所
　　　　　　　　　　光半導体グループ　主任研究員

金属にメチル基が結合したTMG(trimethylgallium), TMA(trimethylaluminum), TMI(trimethylindium)が最も多く使われているが、そのほかにもエチル基が結合したTEG(triethylgallium)などが用いられることもある。V族原料にはアンモニアが最も多く用いられる。原料に用いる有機金属は主に液体原料であり、金属製シリンダーに充填されている。このシリンダーにキャリアガスであるH2やN2を流すことで、原料ガスがリアクターに供給される。

GaN系LEDの発光層の厚みは3nm程度と非常に薄く、これを精密に制御するために、有機金属は温度・圧力・流量を制御した状態でリアクターに供給される。このため、恒温槽、圧力制御系、マスフローコントローラーが用いられる。また、多層膜界面での急峻性を良くするために、リアクターへ流す原料ガスと同じ流量のダミーラインを設け、リアクターへ流す流量に変動が生じないような構成となっている。

図1ではガスを水平方向から流す横型リアクターを示しているが、これ以外に基板上部から垂直に流す縦型リアクターもある。GaNの成長は温度が高いため、熱対流が発生しやすく、結晶からの窒素脱離が生じやすい。これを抑制するため、中村らは押圧ガスで熱対流を抑えるツーフロー型リアクターのMOCVD装置を考案している[2]。

基板の加熱方式は抵抗加熱、高周波加熱、ランプ加熱方式などがあり、リアクター形状に合わせ選択されている。

ガス排気系には減圧成長のための排気ポンプを設けていることが多いが、常圧成長を行う場合は必ずしも必要とはならない。

アンモニアガスの除害にはスクラバー方式、燃焼方式、吸着方式、触媒燃焼方式などがある。

1.4.2 GaN成長

GaN成長の基板には、高温成長雰囲気下で安定なサファイア（α-Al_2O_3）や炭化珪素（6H-SiC）が多く用いられる。近年、GaNのバルク結晶が開発され[3]市販されるようになったが、まだ高価であることから、現在の主流は安価であるサファイアが主流となっている。

サファイアとGaNは16%程度もの格子不整合があるため、高品質なGaN結晶を得ることができなかった。天野らは低温で薄いAlNバッファー層を堆積させた後に、高温でGaN膜を成長させることで飛躍的に結晶の品質を向上させた[4]。また、中村らからGaNを低温バッファー層として用いても同様の効果があることが示された[5]。これにより平坦で結晶欠陥が少なくなり、伝導度制御が可能となった[6]。

低温バッファー層は、その後の高温成長GaNの成長核として働き、この成長核を中心にGaNの成長が始まる。GaNの成長が進むとそれぞれ独立したGaN同士が合体し、やがて平坦な膜となる。成長核からGaNが横方向成長的に進む過程で、サファイア基板との格子不整合が大幅に解消される。成長核が少ない場合は、GaNの合体が生じ難く、平坦な膜を得にくくなる。反対

第4章 青色LED，近紫外LEDの作製

に，成長核の密度が多い場合は結晶性が低下する。よって，高品質なGaN膜を得るには低温バッファー層の制御が重要である。このようにバッファー層を用いることにより，転位密度が10^9 cm^{-2}台のGaNが容易に得られるようになった。

1.4.3 InGaN

InGaN 3元混晶はその混晶比を変化させることでバンドギャップを1.9〜3.4eVまで変化させることができ，赤色から近紫外までのLEDが作製可能である。最近ではInNのバンドギャップが0.8eV付近との報告例もある。

GaNの最適成長温度は1000℃以上，InNの最適成長温度は600℃以下であり，格子定数が11%程度異なるため，結晶成長が困難であった。しかし，成長条件の工夫[7]，下地となるGaN層の高品質化により高品質なInGaNが得られるようになった[8]。

MOCVD成長においてInGaNのIn混晶比は成長温度，ガス中H_2分圧，NH_3と有機金属の供給量比（V/III比）により大きく変動する。InGaNを近紫外LEDの発光層に用いる場合はIn混晶比は4%以下程度でよく，高温での成長やH_2存在下でも成長可能であるが，InGaNを青色LEDの発光層に用いる場合はIn混晶比を10%以上にする必要があり，低温成長とし，かつN_2雰囲気下での成長条件に変更する必要がある。このように，InGaNを成長する場合，得たいIn混晶比に応じた条件の選択が必要である。

GaN系のLEDでは発光層のInGaNを多重量子井戸構造とすることが多い。青色LEDでは井戸層，障壁層をIn混晶比の異なるInGaNで構成する場合が多いが，近紫外LEDでは井戸層となるInGaNのIn混晶比が小さいため，障壁層はGaNもしくはAlGaNで構成する必要がある。最適成長温度がGaNよりも高いAlGaNを障壁層に用いると，InGaNとの最適成長温度差が広がり，結晶成長が困難となる。このため，障壁層にGaNを用いる方が結晶性の良い量子井戸構造は作製しやすいと考えられる。

1.4.4 AlGaN

AlGaNをMOCVD法で成長させる場合，原料であるTMAとアンモニアが気相中で反応し，成長に寄与しなくなる気相反応の問題がある。このため，基板上に到達するまでの時間を短くすることで気相反応を抑制する目的から，ガス流速を上げることが可能な減圧成長が用いられている。常圧成長を行う場合は，流速を速くするためにガス量を増やすことが行われる。また，原料の絶対量を少なくすることも気相反応を抑える有効な方法である。気相反応の調査法としては，直接ガスの成分を調べる方法もあるが，気相中のTMAの割合と成長したAlGaNのAl混晶比が比例関係にあるかで，簡便に調べることができる。

AlGaNをサファイア基板にバッファー層を介し，成長するとAl組成の増加と共に結晶性が低下する[9]。このためバッファー層を介し成長したGaN層の上にヘテロ成長させる方法が主に取ら

れる。しかし，GaNとAlGaNは格子定数が異なるため，AlGaN層には大きな引っ張り応力が加わり，臨界膜厚を越えるとクラックが発生する。よって，AlGaN層の厚みは臨界膜厚以内に抑える必要がある。クラックを抑えるには中間層の導入が有効であることが報告されている[10]。また，この中間層導入により混合転位が低減できることも報告されている。

バンドギャップの広いAlN（6.2eV）との混晶であるAlGaNは，発光層へキャリアを閉じ込めるクラッド層として用いられる。また，360nm以下の紫外LEDを作製するにはAlGaNを発光層に用いる場合がある。GaN系LEDの波長を短くし，近紫外域（特に380nm以下）になると，GaNのバンドギャップに近くなり，GaNによる光吸収の問題が顕著になってくる。光吸収の問題を回避するには発光層以外の層を全てAlGaNとすることが挙げられる。しかし，AlGaNの結晶品質がGaNに比べ劣ることや，アクセプターレベルが深く活性化率が低くなる結果，クラッド層へのキャリアのオーバーフローやオーミックコンタクトが得られにくくなることなど，改善が必要な問題が残されている。

1.4.5 AlGaInN

AlGaNを発光層に用いたLEDはInGaNを用いたLEDに比べ大幅に出力が低下する。これは先述した光吸収の問題もあるが，発光再結合確率が低いことが大きな割合を占めている。この問題に対しAlGaNにInを加えたAlGaInN4元混晶を発光層に用いた場合，PL発光効率が大幅に改善することが報告されている[11]。これはInGaNでみられるIn組成揺らぎの効果と同様のことが，4元混晶でも生じているものと考えられる。

AlGaInNを成長する場合，AlGaNとInGaNの最適成長温度の違いが大きいため，成長温度の選択，成長条件の選択が重要である。AlGaInN4元混晶は発光層としても有望と考えられるが，研究・開発はまだ多くは成されておらず，結晶性の向上，物性の解明など検討課題も多く残されている。今後の開発により高品質化，デバイス応用等広がっていくものと思われる。

1.4.6 GaNの高品質化

初期の青色LEDの転位密度は，10^9-10^{10}cm^{-2}に及ぶと報告されている[12]。このように高密度の転位が存在しているにも関わらず，青－緑色高輝度LEDが実現された。これは，発光層を構成するInGaNのIn組成不均一によって生じるポテンシャル揺らぎにキャリヤが局在する等のモデルで説明されている。即ち，キャリヤの拡散長が小さく，非発光再結合中心（転位等の欠陥）の影響を受け難い。しかし，発光波長が400nm以下の近紫外LEDでは，発光層のIn濃度が小さいためにIn組成揺らぎが小さくなり，キャリヤの拡散長が長くなり，転位が非発光中心として強く働き始める。従って，このような高密度の転位の存在下では高出力近紫外LEDは実現されていなかった。このような背景から近紫外LEDを高効率化する一番の課題は，非発光中心となる半導体膜中に含まれる転位を低減することであった。

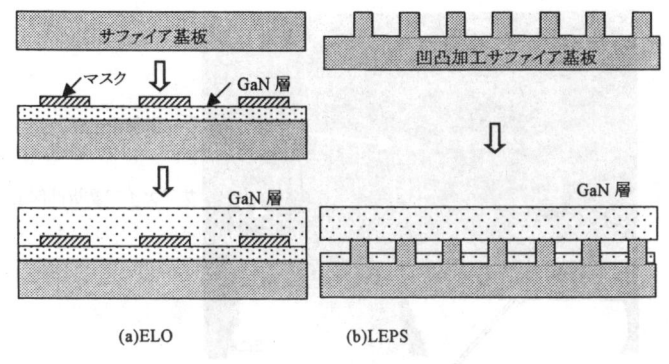

第4章 青色LED，近紫外LEDの作製

(a)ELO (b)LEPS

図2 ELO法とLEPS法の模式図

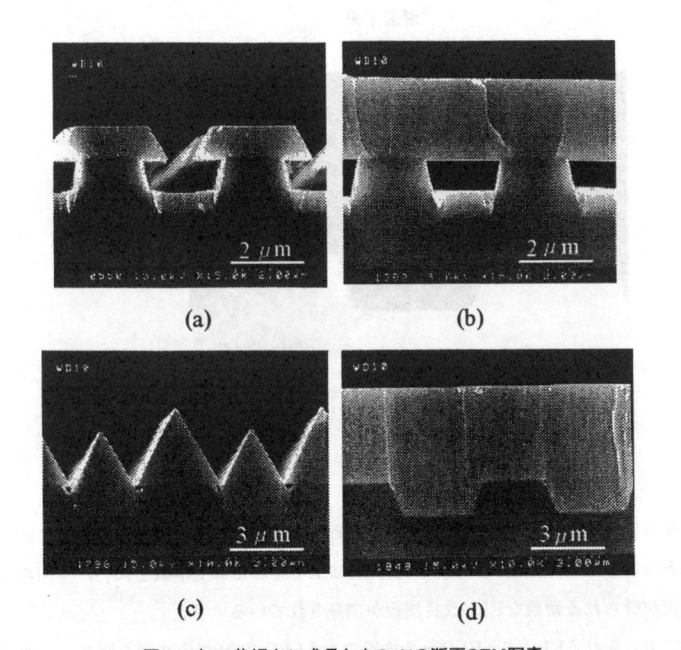

図3 加工基板上に成長したGaNの断面SEM写真
(a) GaNの〈1-100〉方向30min成長 (b) 60min成長
(c) GaNの〈11-20〉方向40min成長 (d) 97min成長

　GaN系半導体中の転位密度の低減技術としてELO(Epitaxial Lateral Overgrowth)法[13~15]やPENDEO法[16]などが開発されている。これらの方法は，下地層としてGaNを成長し，マスク形

溝部上

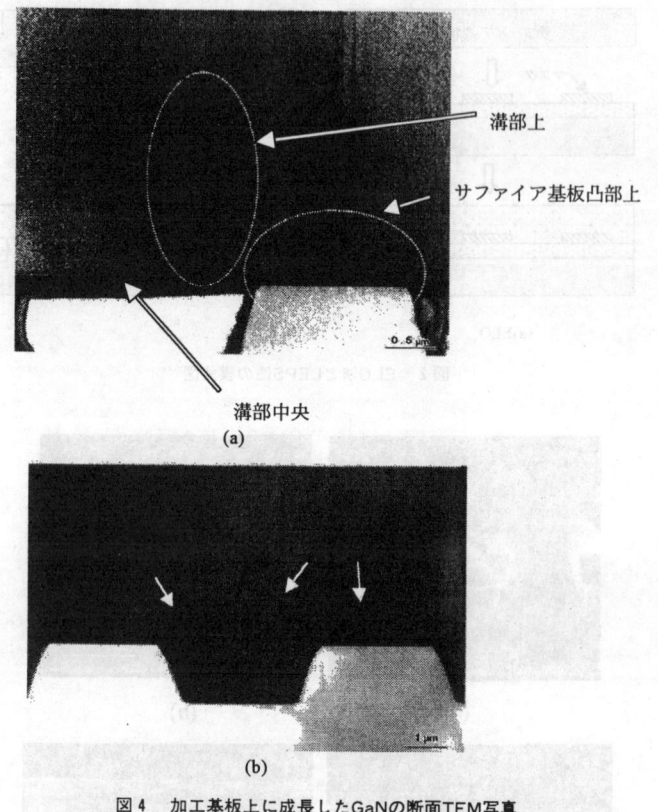

サファイア基板凸部上

溝部中央

(a)

(b)

図4　加工基板上に成長したGaNの断面TEM写真
(a) GaNの 〈1-100〉 方向　(b) GaNの 〈11-20〉 方向

成，選択横方向成長といった手順を行う必要があり，低転位密度の膜を得るには2回以上の成長が必要であった。最近では基板表面に縞状の溝加工を施した加工基板を使い，一回の成長で低転位密度の膜が得られる新規なELO改良技術が開発されている[17~20]。

一般的に用いられるELO法とELO改良技術であるLEPS法[17]の模式図を図2に，加工基板上に成長したGaNの断面SEM像を図3に示す。

図3に示すように，基板加工をGaNの〈1-100〉とした場合，GaN層の成長は凸部，溝部両方で生じているが，凸部を起点とした膜は横方向に成長し（図3(a))，その後空洞部を残し，平坦な膜が得られている（図3(b))。基板加工をGaNの〈11-20〉とした場合，側壁が{1-101}ファセットからなる三角形状のGaN層が形成され図3(c)，その後図3(d)に示す平坦な膜が得られて

第4章 青色LED,近紫外LEDの作製

いる。

　図4の断面TEM像をみると,基板加工をGaNの〈1-100〉とした場合,凸部上部は基板-GaN界面で発生した転位が上方に伸びているのに対し,横方向成長した溝上部では転位が観測されていない。このことから,凸部上部では転位密度が低減していないが,横方向成長した溝上部では転位密度の低減が図られていることがうかがえる。一方,基板加工をGaNの〈11-20〉とした場合,基板-GaN界面で発生した転位が上方に伸びていく途中で屈曲していることが観測される。これは酒井らの報告[21]同様,成長過程において,{1-101}ファセット面(図3(c)で観測される三角形の斜面)で転位が曲げられた結果と考えられる。転位が屈曲した結果,上方への転位の伝播が抑えられ表面近傍での転位密度が低減されていることがわかる。このように基板の凹凸加工をGaNの〈11-20〉,〈1-100〉どちらに行っても転位密度を低減する効果があることが確認され,このLEPS法をLEDへ応用した結果,高効率近紫外LEDが実現されている[22]。

文　　献

1) H. M. Manasevit, F. Erdmann, W. I. Simpson, *J. Electrochem. Soc.* **118** (1971) 1864
2) S. Nakamura, Y. Harada and M. Senoh, *Appl. Phys. Lett.* **58** (1991) 2021
3) K. Motoki, T. Okahisa, N. Matsumoto, M. Matsushima, T. Hirano, M. Nakayama, S. Nakahata, M. Ueno, D. Hara, Y. Kumagai, A. Koukitu and H. Seki, *Jpn. J. Appl. Phys.* **40** (2001) L140
4) H. Amano, N. Sawaki, I. Akasaki and Y. Toyoda, *Appl. Phys. Lett.* **48**, 353 (1986)
5) S. Nakamura, M. Senoh and T. Mukai, *Jpn. J. Appl. Phys.* **30**, L1708 (1991)
6) H. Amano and I. Akasaki, Ext. Abstr. Material Research Society, p.165 (1991)
7) N. Yoshimoto, T. Matsuoka, T. Sakai and A. Katsui, *Appl. Phys. Lett.* **59**, 2551 (1991)
8) S. Nakamura, T. Mukai and M. Senoh, *Appl. Phys. Lett.* **64**, 1687 (1994)
9) Y. Koide, N. Itoh, K. Itoh, N. Sawaki and I. Akasaki, *Jpn. J. Appl. Phys.*, **27** (1988) 1156
10) M. Iwaya, S. Terao, N. Hayashi, T. Kashima, H. Amano and I. Alasaki, *Appl. Surf. Sci.* **159** (2000) 405
11) H. Hirayama, Y. Enomoto, A. Kinoshita, A. Hirata and Y. Aoyagi, *Appl. Phys. Lett.* **80** (2002) 589
12) S. D. Lester, F. A. Ponce, M. G. Craford and D. A. Steigerwald, *Appl. Phys. Lett.* **66** (1995) 1249
13) Y. Kato, S. Kitamura, K. Hiramatsu and N. Sawaki, *J. Crystal Growth*, **144** (1994) 133
14) A. Usui, H. Sunakawa, A. Sakai and A. Yamaguchi, *Japan J. Appl. Phys.* **36** (1997) L899
15) O-H. Nam, M. D. Bremser, T. S. Zheleva and R. F. Davis, *Appl. Phys. Lett.* **71** (1997)

16) K. Linthicum, T. Gehrke, D. Thomson, E. Carlson, P. Rajagopal, T. Smith, D. Batchelor and R. F. Davis, *Appl. Phys. Lett.* **75** (1999) 196
17) H. Okagawa, T. Jyouichi, Y. Ohuchi, T. Tsunekawa and K. Tadatomo: Ext. Abstr. (61 th Fall Meet.2000) Japan Society of Applied Physics and Related Societies, 5p-Y-6
18) C. I. H. Ashby, C. C. Mitchell, J. Han, N. A. Missert, P. P. Provencio, D. M.Follstaedt, G. M. Peake and L. Griego, *Appl. Phys. Lett.* **77** (2000) 3233
19) T. Detchprohm, M. Yano, S. Sano, R. Nakamura, S. Mochiduki, T. Nakamura, H. Amano and I. Akasaki, *Jpn. J. Appl. Phys.* **40** (2001) L16
20) A. Strittmatter, S. Rodt, L. Reigmann, D. Bimberg, H. Schroder, E. Obermeier, T. Riemann, J. Christen and A. Krost, *Appl. Phys. Lett.* **78** (2001) 727
21) A. Sakai, H. Sunakawa and A. Usui, *Appl. Phys. Lett.* **71** (1997) p.2259
22) K. Tadatomo, H. Okagawa, Y. Ohuchi, T. Tsunekawa, Y. Imada, M. Kato and T. Taguchi, *Jpn. J. Appl. Phys.* **40** (2001) L583

1.5 MBE

1.5.1 はじめに

倉井 聡*

現在,実用化されているGaN系発光デバイスは,有機金属化学気相(metalorganic chemical vapor deposition : MOCVD)法で作製されている[1]。これに対する薄膜成長技術として,分子線エピタキシー(molecular beam epitaxy : MBE)法がある。MBE法は,結晶成長速度が遅く,原料の切り替えもシャッターを用いて簡単に行えるため,膜厚や界面急峻性などの制御性に優れており,極薄膜積層構造により高機能デバイスを実現する場合に有利である。しかしながら,MBE法によるGaNの高品質化のための標準的な手法は確立されておらず,実用的な発光デバイスの作製には至っていない。MBE法においてヘテロエピタキシー成長を行う場合,成長初期過程における基板/成長膜界面に起因する欠陥[2~5]が主な問題となり結晶の高品質化を阻み,発光効率低下の要因となっている。MBE法によりサファイア基板上にGaN成長を行う際には,一般的に表面窒化[6],二段階成長[7]などの技術を導入することにより,高品質化が行われているが,十分ではない。なお,ヘテロエピタキシャル成長に関しては,他に詳しく解説されているので参考にされたい[8,9]。

高品質結晶を得る上で,最も有望な方法としてホモエピタキシャル成長があるが,基板となるGaNバルク単結晶[10~13]の入手が困難であるため,研究が立ち遅れている。このような中で,GaNバルク単結晶上へのホモエピタキシャル成長に関する研究[14,15]およびホモエピタキシャル薄膜の発光分光計測結果[16~18]などがいくつか報告されており,ホモエピタキシャル成長によるGaNの結晶性・光学的特性の改善が顕著であることが示されている。ここでは,圧力制御溶液成長(Pressure-controlled solution growth : PC-SG)法により育成したバルク単結晶[13]を基板として用い,MBE法を用いてGaN薄膜の成長を行った結果について,特に基板極性が結晶に与える影響の観点から述べる。

1.5.2 RF-MBE法によるホモエピタキシャル成長

PC-SG法により育成したGaNバルク単結晶c面基板(以下PC-SG基板)は[0001]方向のGa極性と[000-1]方向のN極性をもつ。極性の違いにより化学的安定性や結晶成長の様子も異なるため,GaNバルクの極性を基板表面のアルカリエッチングに対する活性度[19]から判定した。PC-SG基板は平滑面とマクロなステップ状の構造を有する面により構成されているが,極性判定から平滑面がN極性面,ステップ面がGa極性面に対応することがわかった。

ラジオ波励起窒素プラズマを窒素減としたMBE(以後,RF-MBE)法を用いてPC-SG基板上に

---

* Satoshi Kurai 山口大学 工学部 電気電子工学科 助手

ホモエピタキシャル成長を行った。それぞれの極性面に結晶成長を行った結果を評価した。PC-SG基板の成長前処理として，PC-SG成長時の残留不純物を除去するために，王水による10分間のエッチングを行った。基板温度870℃で30分間の熱処理を行った後，続けてホモエピタキシャル成長を4時間行った。図1にN極性面およびGa極性面に成長したホモエピタキシャルGaN薄膜の成長前(搬送直後)，成長終了後，降温後の反射高エネルギー電子線回折(Reflection high-energy electron diffraction : RHEED)パターンを示す。N極性面の成長前のRHEEDパターンはスポット状となっていることから，平滑面のN極性面には原子レベルでの荒れがあることが示唆された(図1(a))。ホモエピタキシャル成長を行うことで，RHEEDパターンがスポット状からス

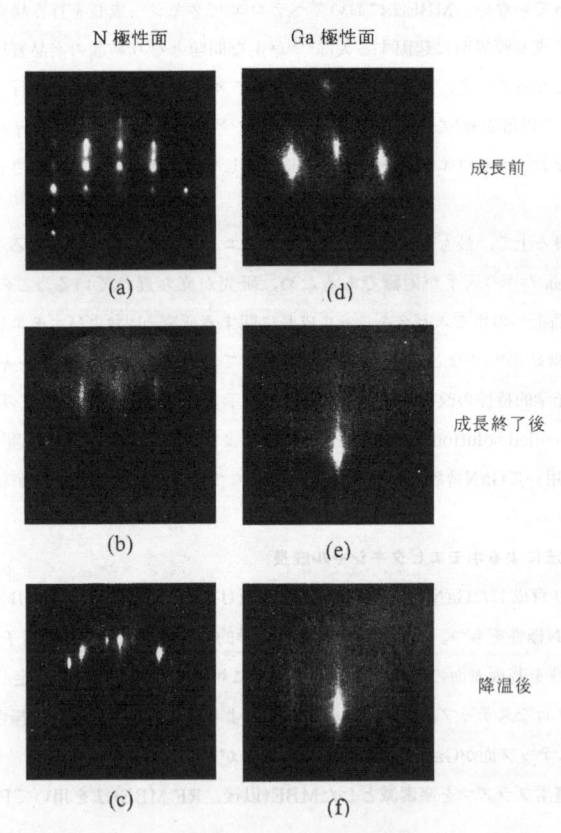

図1 GaNバルク，ホモエピタキシャル薄膜成長終了後，降温後の〈11-20〉方向のRHEEDパターン

第4章 青色LED,近紫外LEDの作製

トリーク状に変化したことから,表面の平坦性が回復していることがわかった(図1(b))。成長終了後に(1×1)を示していたRHEEDパターンが,降温後には(3×3)に変化したことから,N極性面を有するホモエピタキシャルGaN薄膜が成長したことが確認された(図1(c))[19]。これに対して,Ga極性面の成長前のRHEEDパターンがストリークであるのは,マクロステップテラス上の平坦性を反映した結果であると考えられた(図1(d))。成長終了後に(1×1)を示していたRHEEDパターン(図1(e))は,降温後においても変化せず(1×1)であった(図1(f))。これより,Ga極性面を有するホモエピタキシャルGaN薄膜が成長したことが確認された。ホモエピタキシャルGaN薄膜の結晶極性を,NaOH水溶液に対する反応差によって判定[19]した結果からも,N極性面に成長したホモエピタキシャルGaN薄膜はN極性を,Ga極性面に成長したホモエピタキシャルGaN薄膜はGa極性を有することがわかった。ホモエピタキシャルGaN薄膜は基板として用いたPC-SG基板の極性を引き継いで成長していることが確認された。

ホモエピタキシャルGaN薄膜の表面を走査電子顕微鏡(scanning electron microscope : SEM)および原子間力顕微鏡(atomic force microscope : AFM)によって観察した。図2に示した表面SEM像および表面AFM像から,①平滑なモフォロジーを有するPC-SG基板N極性面に成長したホモエピタキシャルGaN薄膜では,三次元的な表面となっていることが,また,②ステップ状

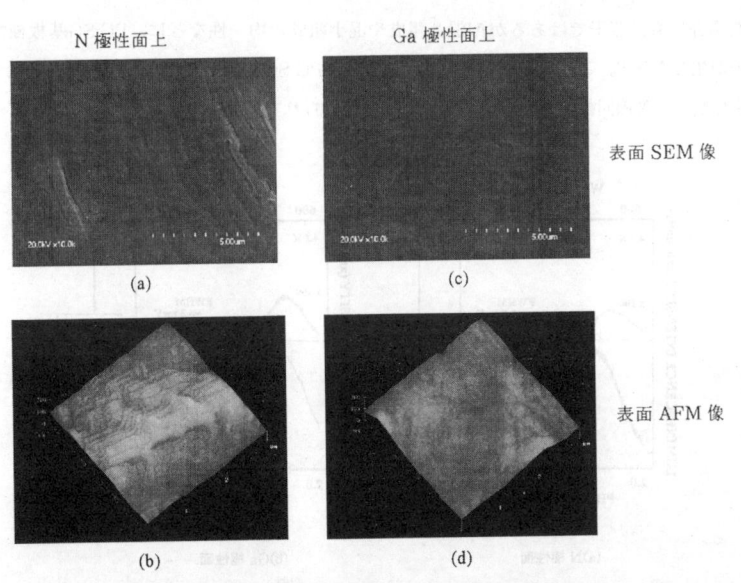

図2 バルクGaN基板のN極性(平滑)面上(左側),Ga極性(ステップ)面上(右側)に成長したホモエピタキシャルGaN薄膜の表面SEM像および表面AFM像

のモフォロジーを有するPC-SG基板Ga極性面に成長したホモエピタキシャルGaN薄膜では，ほぼ平坦な表面となっていることが確認できる。N極性面に成長したホモエピタキシャルGaN薄膜の構造の高さは約1.5～10.9nmであり，これは3～21モノレイヤー(mono layer: ML)に相当することから，MOCVD成長GaN薄膜にみられるような原子層ステップではない。これらの結果は，サファイア基板上へのエピタキシャル成長と同様に，極性の違いにより表面モフォロジーの影響があることを意味する。PC-SG基板N極性面，Ga極性面およびその上に成長したホモエピタキシャルGaN薄膜の4.2KにおけるPL測定を行ったところ，図3に示すような発光スペクトルが得られた。PC-SG基板N極性面側とGa極性面側を励起して測定したPLスペクトルには，バンド端近傍の発光と深い準位からの発光の強度比に違いが見られた。この強度比はPC-SG基板成長条件により変化するが，主にGa極性面のステップ構造が大きい場合にその差が顕著になる。一方，このPC-SG基板に成長したホモエピタキシャルGaN薄膜からのPLスペクトルにおいては，両極性面共に発光半値幅が狭く，発光強度が強い中性ドナー束縛励起子端発光が支配的であり，深い準位からの発光は抑えられた。PC-SG基板の発光特性を大幅に改善できた。また，サファイア基板上にヘテロエピタキシャル成長した場合と比較しても，発光半値幅が1/2以下に狭まる，発光強度が2桁以上強くなる，バンド端発光／深い準位からの発光強度比も1～2桁以上大きくなるなど，大幅に改善されたことがわかった[20]。同様にPC-SG基板上に，AlGaN薄膜を成長した場合にも，若干ではあるがAl混晶組成や混小組成の均一性などに，PC-SG基板極性面による差が生じた[20,21]。これらを積層することにより，PC-SG基板上にGaN/AlGaN多重量子井戸構造を作製し，X線回折において急峻な積層構造が得られていることを示すサテライトピークを

(a)N 極性面 (b)Ga 極性面

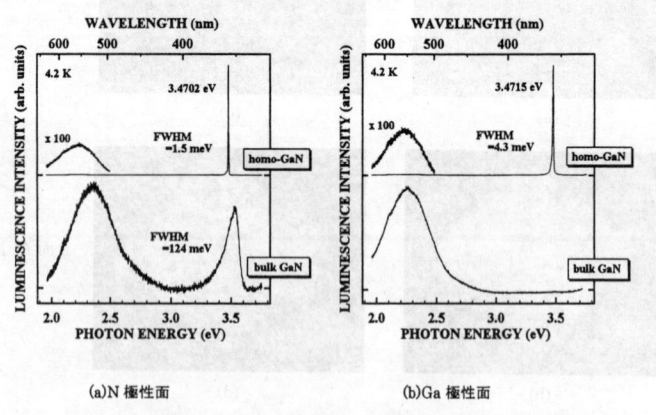

図3　GaNバルク単結晶の(a)N極性面，(b)Ga極性面およびその上に成長したホモエピタキシャルGaN薄膜の4.2KにおけるPLスペクトル

第4章 青色LED，近紫外LEDの作製

観測した．また，量子井戸構造からの発光を確認した[20,22]．さらに，PC-SG基板の極性がp型化に与える影響について検討を行った．RF-MBE法では，水素を成長に使用しないため，成長後の熱処理[23]を行わずにMg添加によるp型を達成できるとの報告もあるため[24]，この検証も併せて行った．GaN成長時のMgのクヌーセンセル温度を250℃，270℃および300℃と変えて，Mg添加量を変えた3種類の試料を作製した．それぞれの条件で，PC-SG基板のGa極性面およびN極性面に同時に成長した．C-V測定によるpn判定を行った結果，Ga極性面上に成長したMg添加GaNは全てp型であることが分かった．また，実効キャリア濃度は$10^{17}cm^{-3}$台前半から高いもので$10^{18}cm^{-3}$台前半の値が得られた．

これに対して，N極性面上ではいずれの試料もn型を示した．これは，Ga極性面上とN極性面上に成長した場合ではMgの取り込みメカニズムが異なることを示唆していた．Mgクヌーセンセル温度300℃で成長したMg添加GaNに対して二次イオン質量分析(Secondary ion mass spectroscopy : SIMS)を行い，Mg原子密度を求めたところ，Ga極性面上で$1\sim2\times10^{19}cm^{-3}$，N極性面上で$\sim10^{20}cm^{-3}$が得られた．N極性面上に成長した試料において補償効果が大きく，Mgが活性化しにくいと思われた[21]．図4に無添加ホモエピタキシャルGaN薄膜とMg添加ホモエピタキシャルGaN薄膜の低温におけるPLスペクトルを示す．無添加ホモエピタキシャルGaN薄膜では，深い準位からの発光が極めて

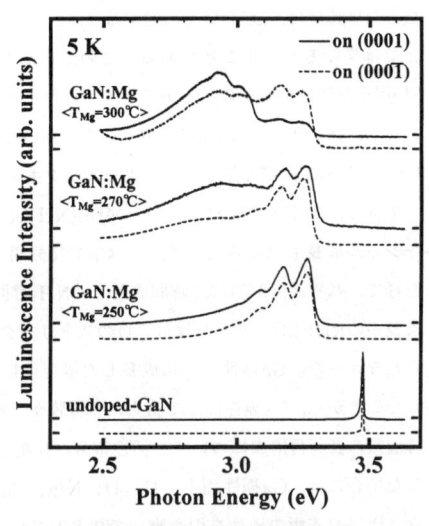

図4 無添加およびMg添加GaN薄膜におけるPLスペクトル

て抑えられ，中性ドナー束縛励起子発光のみが観測された．Mgクヌーセンセル温度250℃でMgを添加したGaN薄膜からのPLスペクトルを見ると，3.26eV付近のブロードな発光と3.46eV付近の弱いバンド端付近の発光から構成されていることが分かった．3.26eV付近の発光は低エネルギー側に約90meVの等間隔で複数の発光線を伴っており，ドナーアクセプター対（Donor-acceptor pair : DAP）発光およびDAP発光の縦波光学（Longitudinal optical : LO）フォノンレプリカであると考えられた．また，バンド端付近の発光は中性アクセプタ束縛励起子発光(I_1)であると考えられた．このドーピング量ではGa極性面上およびN極性面上のPLスペクトルに大きな違いは見られなかった．Mgクヌーセンセル温度270℃，300℃でMgを添加したGaN薄膜から

のPLスペクトルを見ると，DAP発光が多少ブロードになり低エネルギー側にシフトしていることが分かった。このようなドーピング量の増加に伴うDAP発光のレッドシフトは，GaAs:MgやZnSe:Nにおいても観測されており[25,26]，ドナー／アクセプタ準位のオーバーラップから生じるミニバンドの形成によるものとして説明できる。DAP発光のさらに低エネルギー側(2.8～3.0eV付近)にブロードな新たな発光(以後ブルーバンドと呼ぶ)が現われた。このブルーバンドはMgドーピング量の増加とともに顕著になり，伝導帯—深い準位間の遷移であるという報告がある[27]。さらにMgドーピング量を増加させてMgクヌーセンセル温度300℃でMgを添加したGaN薄膜からのPLスペクトルを見ると，ブルーバンドの発光強度の割合が大きくなった。ここで注目したい特徴は，DAP発光に対するブルーバンドの発光強度の割合がGa極性面上とN極性面上とでは異なるということである。このことからも，両極性面への成長間でMg混入量あるいはMg混入位置に何らかの差があると考えられる[21]。SIMS測定の結果から，N極性面上への成長において，格子間へのMg原子の取り込みが多いため，キャリアが補償されるものと考えられる。

1.5.3 NH₃GS-MBE法を用いたホモエピタキシャル成長

アンモニアガスを原料に用いたMBE(NH₃GS-MBE)法により，PC-SG基板上へのホモエピタキシャル成長も試みられた[28]。王水中で10分間の処理を行った後，NH₃雰囲気で30分間熱処理を経て，基板温度975℃で2時間成長し，NH₃雰囲気で室温まで降温した。RHEED観察の結果，成長中のRHEEDパターンは(1×1)のストリークであり，アンモニア中で降温した後も変化は見られなかった。Ga極性面上に成長した場合には(1×1)ストリークに加えて，キクチ線が観測されたことから，Ga極性面上で得られる薄膜が，比較的良好な表面状態を有することが分かった。降温後の表面再構成について，活性窒素が存在しない真空中で降温(アンモニアを流さずに降温)した場合には，Ga極性面上で(1×1)，N極性面上において(3×3)の表面再構成を示したことから，PC-SG基板の極性を引き継いで成長していることがわかった。ホモエピタキシャルGaN薄膜の(002)面のX線ロッキングカーブ半値幅は，Ga極性面上のもので144秒，N極性面上のもので276秒であった。測定箇所により半値幅にバラつきがあるので，一概に比較できないが，用いたPC-SG基板の(002)面のX線ロッキングカーブ半値幅が，200～300秒程度と若干広かったことから考えると，ほぼ同等の結晶性を有して成長したと考えられた。

図5に，PC-SG基板のGa極性面およびN極性面に成長したホモエピタキシャルGaN薄膜の表面SEM像およびCL像を示す。N極性面上に成長した場合には，成長表面全域に六角形状のヒロックが観測された。一方，Ga極性面上のものはほぼ平坦な表面が得られた。これらの試料の室温カソードルミネッセンス(Cathodeluminescence：CL)スペクトルはバンド端の発光と深い準位からの発光から構成されており，バンド端発光／深い準位の発光比はGa極性面上に成長した試料において大きかった。SEM像と同一位置におけるバンド端発光位置で分光したCL像を見る

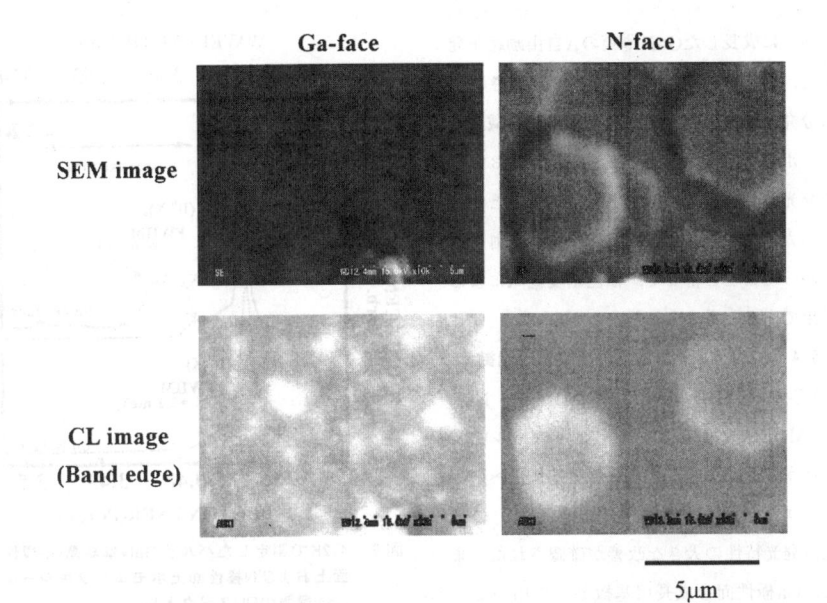

第4章　青色LED，近紫外LEDの作製

図5　NH₃GS-MBE法によりPC-SG基板Ga極性面，N極性面上に成長したホモエピタキ
シャルGaN薄膜のSEM像（上段）および室温CL像（下段）

と，N極性面上のものでは主に六角柱状ヒロックの領域が，Ga極性面上のものではほぼ全域が発光していることが分かった。CL像中には，ダークスポットが全く観測されず，低貫通転位密度のエピタキシャル薄膜であると考えられた。ホモエピタキシャルGaN薄膜の4.2KにおけるPLスペクトルにおいては，図6に示すようにどちらの試料からも鋭く強い中性ドナー束縛励起子発光が観測され，深い準位からの発光は極めて抑制されていた。また，高エネルギー側に自由励起子発光線が観測された。Ga極性面上に成長したホモエピタキシャルGaNからの中性ドナー束縛励起子発光は明瞭な2本の発光線により構成されていることが確認できた。中性ドナー束縛励起子線の発光半値幅はN面上のもので2.1meV，Ga面上のものではオーバーラップしている2本の発光をフィッティングにより分離すると，それぞれ1.0meV，0.6meVであった。このような，中性ドナー束縛励起子の分離はホモエピタキシャル成長による高品質GaN薄膜などでも観測されているが[16~18]，今回Ga極性面上への成長においてのみ現れることがわかった。このPLスペクトルのA自由励起子線の積分発光強度について，温度依存性測定を行った結果を図7に示す。通常サファイア基板上にMOCVD法などで成長された高品質なヘテロエピタキシャルGaN薄膜では，自由励起子線の積分発光強度は4~5桁程度減衰する。これに対して，Ga極性面およびN極

111

性面上に成長したGaN薄膜のA自由励起子発光は、いずれも4Kから室温まで観測され、積分発光強度はわずか1桁半程度しか減衰せず、ホモエピタキシャルGaN薄膜において非発光再結合過程が抑制されていることがわかった。これは、CL像中に暗点が観測されなかったことと併せて、転位密度低減による効果であると考えられた。

1.5.4 GaNバルク単結晶の表面極性制御

PC-SG基板を用いてRF-MBE法、NH_3 GS-MBE法によるホモエピタキシャル成長を行うことにより、サファイア基板上へのヘテロエピタキシャル成長と比較して、結晶性、発光特性の大きな改善が確認された。また、Ga極性面を成長用基板として用いることが、結晶性、光学的特性、p型ドーピング

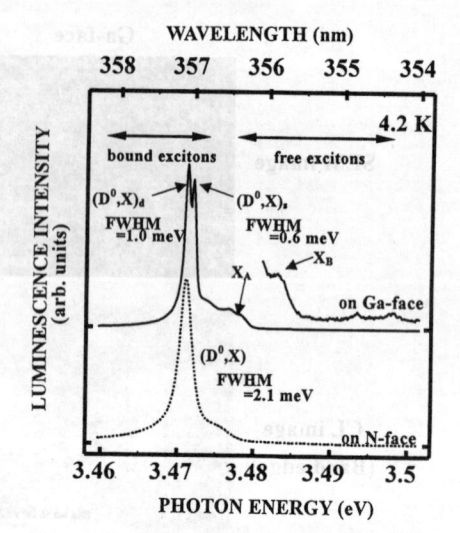

図6 4.2Kで測定したバルクGaN単結晶Ga極性面上およびN極性面上ホモエピタキシャルGaN薄膜のPLスペクトル

などを考えると、適していることがわかった。しかしながら、PC-SG基板のGa極性面はステップ構造を有しているため利用し難い。そこで、結晶極性を人為的に制御し、平坦な単一N極性面をGa極性面に変換することにより、平坦なGa極性面を得ることを試みた[29,30]。RF-MBE法により、バルクGaN単結晶のN面上にInドープGaNバッファ層を堆積後、GaN薄膜の成長を行った。成長終了基板降温後のRHEEDパターンがGa極性特有の(2×2)の表面再構成を示したこと、薄膜表面はNaOH溶液によるエッチングに対して耐性を示したことから、単一N極性面上に成長し

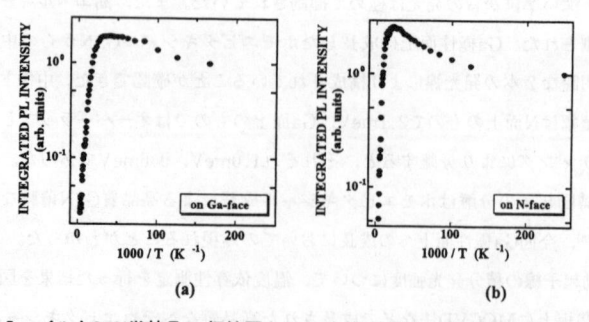

図7 バルクGaN単結晶Ga極性面上およびN極性面上に成長したホモエピタキシャルGaN薄膜におけるA自由励起子積分発光強度の温度依存性

第4章 青色LED，近紫外LEDの作製

たにもかかわらず，得られたGaN薄膜はGa極性が支配的であることが分かった[29,30]。蒸気圧が高いInを添加することで，積層欠陥の導入が促進され，N極性自体をGa極性に反転させる効果が現れたと考えられる。

1.5.5 おわりに

この節では，MBE法を用いてPC-SG基板上にホモエピタキシャル成長を行った結果について述べた。ホモエピタキシャル成長した薄膜は，サファイアなどを基板として成長する場合と比較して，格段に光学特性が優れていた。これは，貫通転位密度の低減によるところが大きいと考えられる。また，バルク基板を用いる場合，結晶成長の観点から考えるとGa極性面を用いた方が有利であることが明らかにされた。また，極性制御の可能性についても示した。MBE法はIII族窒化物結晶成長法として立ち遅れているが，最大の課題であるヘテロ界面の問題（極性反転領域，貫通転位）は，本節のホモエピタキシャル成長により大幅に改善された。

文　献

1) S.Nakamura and G.Fasol, The Blue Laser Diode, Springer, Heidelberg (1997)
2) S.J.Rosner *et al.*, *Appl. Phys. Lett.*, **70**, 420 (1997)
3) T.Sugahara *et al.*, *Jpn. J. Appl. Phys.*, **37**, L398 (1998)
4) B.N.Sverdlov *et al.*, *Appl. Phys. Lett.*, **67**, 2063 (1995)
5) L.T.Romano *et al.*, *Appl. Phys. Lett.*, **71**, 2394 (1997)
6) T.D.Moustacus *et al.*, *Physica B*, **185**, 36 (1993)
7) S.Yoshida *et al.*, *Appl. Phys. Lett.*, **42**, 427 (1983)
8) 赤崎勇編著，III族窒化物半導体，培風館，p.127 (1999)
9) H.Morkoc, Nitride Semiconductors and Devices, Springer, p.112 (1999)
10) R.B.Zetterstrom, *J. Mater. Sci.*, **5**, 1102 (1970)
11) S.Porowski *et al.*, *Mat. Res. Soc. Symp. Proc.*, **449**, 35 (1997)
12) S.Sakai *et al.*, *Mater. Sci. Forum*, **264/268**, 1107 (1998)
13) T.Inoue *et al.*, *phys. stat. sol. (b)*, **223**, 15 (2001)
14) S.Kurai *et al.*, *Jpn. J. Appl. Phys.*, **35**, L77 (1996)
15) F.A.Ponce *et al.*, *Appl. Phys. Lett.*, **68**, 917 (1996)
16) M.Mayer *et al.*, *Jpn. J. Appl. Phys.*, **36**, L1634 (1997)
17) S.Kurai *et al.*, *J. Cryst. Growth*, **210**, 216 (2000)
18) K.Kornitzer *et al.*, *Phys. Rev. B*, **60**, 1471 (1999)
19) A.R.Smith *et al.*, *Appl. Phys. Lett.*, **72**, 2114 (1998)
20) 田邉智之ほか，山口大学工学部研究報告，**52**, 215 (2002)

21) M.Konishi et al., *phys. stat. sol. (c)*, in press
22) 倉井聡ほか，プラズマ応用科学, **10**, in press
23) S.Nakamura et al., *Jpn. J. Appl. Phys.*, **31**, L139 (1992)
24) J.M.Myoung et al., *Appl. Phys. Lett.*, **69**, 2722 (1996)
25) P.W.Yu, *J. Appl. Phys.*, **48**, 5043 (1977)
26) J.Qiu et al., *Appl. Phys. Lett.*, **59**, 2992 (1991)
27) M. Smith et al., *Appl. Phys. Lett.*, **137**, 1639 (1990)
28) 久保秀一ほか，第3回IEEE広島支部学生シンポジウム論文集, 88 (2001)
29) S.Kubo et al., *phys. stat. sol. (c)*, **1**, 342 (2003)
30) 久保秀一ほか，山口大学工学部研究報告, **52**, 221 (2002)

2 デバイス作製

2.1 プロセス概要

只友一行*

ここでは，サファイア加工基板を使ったLEDの作製技術について紹介する。図1にデバイス作製プロセスの概要を示す。図1(a)に示すサファイア加工基板は，標準的なフォトリソグラフィ技術（photo-lithography）と反応性イオンエッチング（RIE: Reactive Ion Etching）で作製した。LED構造のエピタキシャル成長（図1(b)）は常圧横型MOVPE装置で行った。

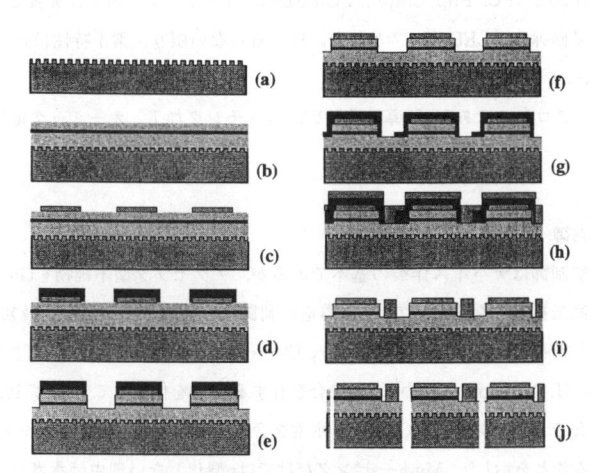

図1 デバイス作製プロセスの概要
サファイア加工(a)，MOVPE成長(b)，p電極の形成(c)，nコンタクトのためのRIE加工(d-f)，n電極の形成(g-i)，素子分離(j)で構成されている。

図中には明記していないが，p/n接合を有する発光素子として動作させるには，ドーピングしたMgをアクセプタ型不純物として活性化するためのp型化処理が必要である。一般的に，窒素気流中での熱処理によるp型化が行われる。

p電極は，電子ビーム蒸着技術（Electron Beam evaporation system）と標準的なフォトリソグラフィ技術で形成される（図1(c)）。フェイスアップ（エピタキシャル成長面側を表面）で実装する場合は，Ni/Au薄膜などの透明電極が形成されるが，ここではフリップチップで実装するために，高反射率を有する電極材料を使っている。

---

* Kazuyuki Tadatomo 三菱電線工業㈱ 情報通信事業本部 フォトニクス研究所

n-GaN層と電気的なコンタクトを取るために，p層の部分的なエッチング除去を行う（図1(d, e, f)）。GaNは化学的に安定な材料であるためウエットエッチングが難しく，エッチング加工は上記のRIEで行われる。プロセスガスにはハロゲンガスが使われる。

　n電極は，p電極同様に電子ビーム蒸着技術と標準的なフォトリソグラフィ技術で形成される（図1(g, h, i)）。素子分離を簡単にするために，全体の厚みを100μm程度にサファイア基板の裏面研磨が行われる。裏面研磨の後，スクライブとブレイキングを行って，最終的に350μm×350μmのサイズに分割した。これらのLEDチップは，Au-Sn合金を使ってSiサブマウント上にフリップチップで固着した（FC: Flip Chip）。FC-LEDは，リードフレーム上に実装し，エポキシ樹脂により封止して砲弾型のLEDランプとした。特に断らない限り，素子特性はこの砲弾型ランプでの値である。

　以下に，重要なプロセスであるp型導電性制御，エッチング加工，オーミック電極について詳述する。

2.2　p型導電性制御

　半導体の導電型制御はデバイス作製の基本であるが，アクセプタ型不純物をGaNにドーピングしただけでは高抵抗層になるだけで，p型導電性制御は容易ではなかった。最初に，Mgドーピングと低速電子線照射（LEEBI: Low-Energy Electron Beam Irradiation）によりp-GaNが実現され，1989年，H. Amanoらは初めてp/n接合を有するLEDを作製している[1]。1991年，S. Nakamuraらは，MgをドーピングしたGaNを，水素を含まない雰囲気中でアニールすることでもp型化が達成できることを示し[2]，Mgドーピングだけではp型化しない理由は水素によるパッシベーション効果であることを示した[3]。

　成長中あるいは成長後の雰囲気ガスに含まれる水素（H_2），あるいはアンモニア（NH_3）から発生する水素が結晶内部に取り込まれ，Mg-Hの不活性化した複合体を形成するのが水素によるパッシベーション効果とされている[3]。このMg-Hの結合を切り，水素を結晶から追い出してMgを活性化することがp型活性化処理である。一般的には窒素雰囲気中でのアニールが行われる。一例は，窒素気流中，900℃×1 minのランプ加熱によるRTA処理であり，最大で$p \sim 1 \times 10^{18}$ cm^{-3}，易動度（movility）$\mu = 8\ cm^2/(V \cdot sec)$が得られている。

　最近では，以下のような新しいp型活性化処理技術が開発されている。①GaN:Mg膜の表面にNiあるいはPd薄膜を蒸着することにより，窒素気流中で低いアニール温度（～400℃）でも低抵抗のp-GaNが形成される[4]。②KrFエキシマレーザ（248nm⇒5eV）照射によりMg-H結合（理論計算による結合エネルギー：1.5eV[5]）を切ることでp-GaNが形成される[6]。③Nd:YAGレーザの第二高調波（532nm⇒2.33eV）照射によりp-GaNが実現されている[7]。④300℃以上の雰囲気

第4章 青色LED，近紫外LEDの作製

中での電流注入によると水素の脱離を伴わないでp-GaNが形成される[8]。⑤高周波印加 (2.45 GHz, 560W) でもp-GaNが形成されている[9]。

　p型活性化は，p側のオーミック接触に関係することもあり，活性化率の高い新しい手法の開発が期待される。

　また，p-GaNが実現できても正孔濃度が上がらない問題がある。これは，水素が脱離した後のMgのアクセプタレベルは170meVと深く，イオン化率が低いからである。SIMS (Secondary Ion Mass Spectroscopy：二次イオン質量スペクトル) 分析結果でもMg量が$1 \times 10^{20} cm^{-3}$のサンプルでも，ホール効果 (Hall effect) 測定で得られる正孔濃度は，最大で$p \sim 1 \times 10^{18} cm^{-3}$程度である。

2.3 反応性イオンエッチング加工 (RIE)

　反応性イオンエッチング加工には，誘導結合型プラズマ (ICP: Inductive Coupling Plasma) RIE装置を使った。図2に概要を示すが，永久磁石の磁界と特殊形状アンテナからの高周波印加により，通常のRIE装置より低圧で高密度のプラズマ発生を実現し，高速エッチングを可能にし

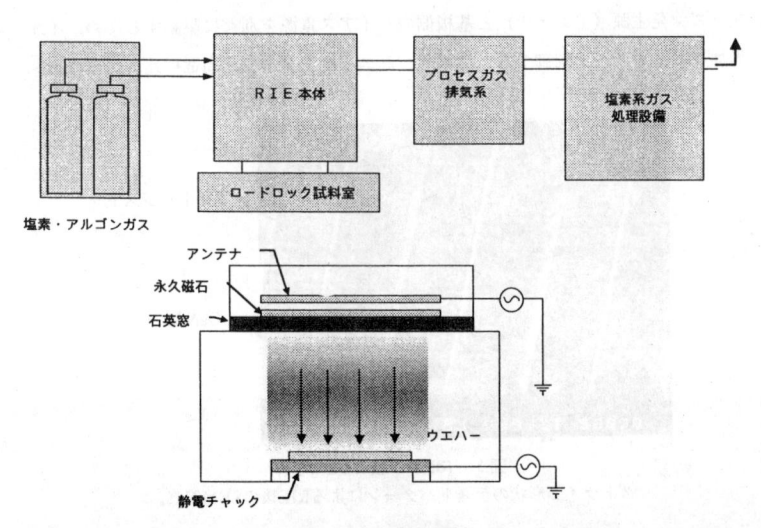

図2　RIE装置の概要

永久磁石の磁界と特殊形状のアンテナからの高周波印加により高密度のプラズマ発生を実現している。アンテナからの高周波印加と基板側からの電力印加が独立している。ロードロック室を備えており，リアクタ内の空気汚染を防ぐことができるので，安定したエッチングが得られている。

ている。プロセスガス（ハロゲンガス）を注入しながらアンテナ（誘導コイル）を通じて高周波を印加すると，高周波の磁場のまわりに渦電流が発生して電子が加速される。加速された電子はガス原子と衝突してイオン化させる。この原子のイオン化プロセスにより高密度プラズマが発生し，発生したイオン等の反応分子が電界加速され，基板に垂直に衝突して物理的，化学的にエッチングする。イオンの質量が大きい方が望ましく，反応生成物は速やかに蒸発する必要があるので，通常プロセスガスには塩素などのハロゲンガスが使われる。物理的エッチング作用を強める時には，Arが添加される。

我々のプロセス条件でのGaNのエッチング速度は約250nm/minであり数分のエッチングで所定の厚みのエッチングが完了する。半導体へのダメージも少なく，エッチング形状も良好である。再現性のあるエッチングを得るためには，ロードロック資料室は必須である。図3に，ストライプパターンのフォトレジストをエッチングレジストとして使ってRIE加工したGaN膜のSEM写真を参考に示す。

ICP型の特徴を以下にまとめる。
① 通常RIEと比べて高密度プラズマが得られる。
② 通常RIEと比べて低圧力で放電が可能。
③ プラズマ発生源（アンテナ）と基板側のバイアス電源を別々に駆動するため，イオンの電界加速エネルギーを制御でき，微細化，高エッチング速度，高選択比が得られる。

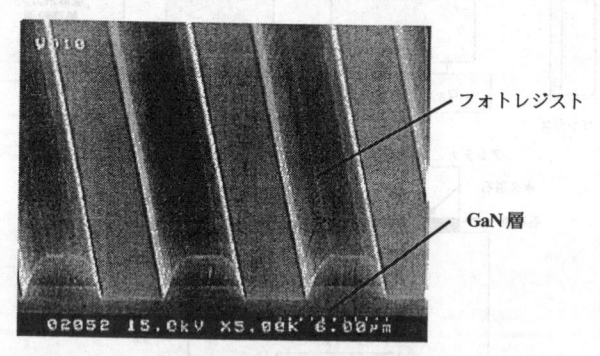

図3　RIE加工後のSEM写真
ストライプ形状のテストパターンによるRIE後のSEM写真。

2.4　オーム性接触電極

半導体発光素子に電流を注入し，キャリヤの再結合による発光を得るためには，低抵抗で安定なオーム性接触（Ohmic contact）の電極形成が必須である。ここでは，GaAs系化合物半導体

第4章 青色LED，近紫外LEDの作製

のオーム性電極の研究開発により確立された電極設計指針をレビューし[10]，GaN系の電極技術への応用を検討する[11]。

オーム性接触抵抗はショットキー障壁（Schottky barrier）を通したトンネル電流で決定されると仮定すると，比接触抵抗（specific contact resistance）ρ_cは以下の式で記述される[12]。

$$\rho_c \propto \exp\left[\frac{4\pi}{eh\sqrt{m^*\varepsilon_s}} \times \frac{\phi_B}{\sqrt{N_B}}\right] \quad [\Omega\text{cm}^2] \tag{1}$$

ここで，

- m^*：キャリヤの有効質量
- ε_s：誘電率
- e：素電荷量
- h：プランク定数
- ϕ_B：ショットキー障壁高さ
- N_B：イオン化不純物濃度

図4は，金属／半導体（ここではp-GaNを想定）接触のエネルギーバンド図（energy band

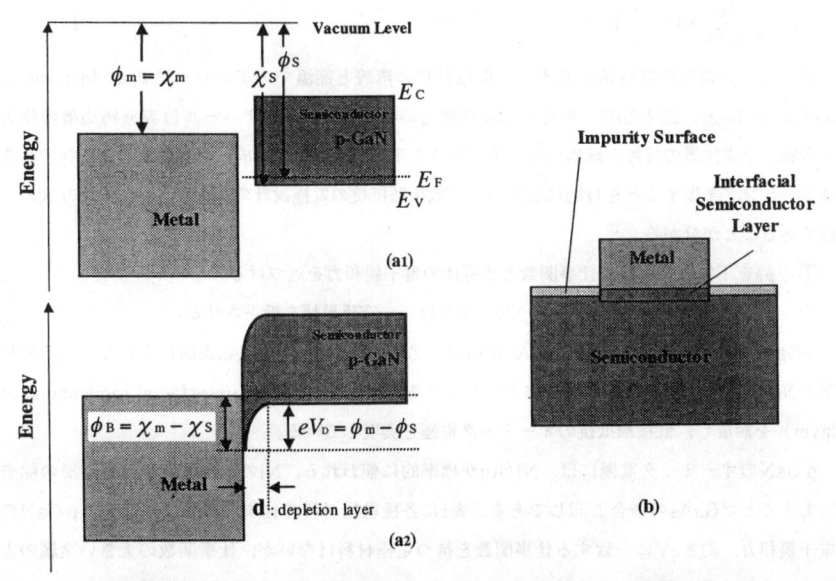

図4　金属／半導体（p-GaN）接触のエネルギーバンド図(a)とオーム性電極の概念図(b)
金属と半導体（ここではp-GaNを想定）が接触すると｛(a1)→(a2)｝，図(a2)に示すショットキー障壁ϕ_Bを有するエネルギーバンドが形成される。図(b)は一般化したオーム性電極を説明する概念図である。

diagram）を示している。図4(a1)に示す仕事関数（work function）ϕ_mの金属と電子親和力（electron affinity）χ_s（仕事関数ϕ_s）の半導体（p-GaN）を接触させると，半導体表面付近のキャリヤは半導体層から金属へ移動し，半導体表面にはイオン化したアクセプタによる空間電荷層（空乏層）が形成される。図4(a2)に示すように，金属と半導体のフェルミレベル（Fermi level）は同じ高さになり，金属側にはϕ_Bなるショットキー障壁が形成され半導体内部には拡散電位eV_Dが形成される。

$$\phi_B = \chi_m - \chi_s \tag{2}$$

$$eV_D = \phi_m - \phi_s \tag{3}$$

このショットキー接触は，順方向に電圧Vが印加されると半導体のフェルミレベルの変化により半導体側の障壁の高さは$e(V_D - V)$に減少し，電流が流れるようになる。逆方向に電圧が印加されると，半導体側の障壁は増加し，金属側の障壁ϕ_Bは変化しない。したがって電流は流れない。一方向の電圧印加時のみ電流が流れるので，整流特性を示すことになる。しかし，半導体層のキャリヤ濃度を上げるとイオン化不純物濃度N_Bが増加し，(4)式で記述される空乏層厚みdが減少し，トンネル電流が流れ始める。これが，(1)式の意味するところである。

$$d = \sqrt{\frac{2\varepsilon_s}{eN_B} \times (V_D - V)} \tag{4}$$

オーミック電極作製技術の基本は，電極材料の蒸着と高温でのアニールである（deposition and annealing）。図4(b)に一般化した電極構造の概念図を示す。アニールは表面汚染層の除去と金属／半導体層の接触を確実にし，障壁高さを下げる中間層の形成，半導体層に不純物の高濃度ドーピングを促すことを目的にしている。低接触抵抗の電極設計の基本は，(1)式より次の2点であることが分かる。

① ϕ_Bを下げる：電極の仕事関数と半導体の電子親和力を近づける。

② N_Bを大きくする：高密度ドーピングを行い，空乏層幅を低下させる。

n-GaAsで用いられるNi/Au・Ge/Au電極は，アニールによってGaAs表面に存在している酸化層をNiが除去し，Au-Geが高密度にドーピングされた半導体中間層（interfacial semiconductor layer）を形成し，低接触抵抗のオーミック電極を実現している。

p-GaNのオーミック電極には，Ni/Auが標準的に使われる。Niの役割は，表面汚染層の除去にあることはGaAsの場合と同じである。表1に各種電極材料の仕事関数をまとめる。p-GaNの電子親和力，約8 eVに一致する仕事関数を持つ電極材料はないが，仕事関数の大きい金属の方がρ_cは小さくなる傾向にある[13]。この文献によると，p-GaNとの接触抵抗は，Ta～Al＞Ti＞Au＞Pd＞Ni～Ptと紹介されている。このことは，p-GaNのショットキー障壁高さは金属の仕事関数に依存していることを示している。しかし，基本は②の高密度ドーピングによるトンネル電

第4章 青色LED, 近紫外LEDの作製

表1 各種電極材料の仕事関数（ϕ_m）

材料	仕事関数（eV）
Hf	3.5
Mg	3.7
Ti	4.0
Al	4.3
Ag	4.3
Ni	4.5
Au	4.8
Pd	4.9
Rh	4.9
Pt	5.4

流の利用であるので，Mgのイオン化不純物濃度が上がらないのがオーミック接触抵抗が下がらない原因となっている。バンドギャップが小さくMgのイオン化率の高いp-InGaN:Mgをコンタクト層に使う提案もされており，今後の技術開発が期待される。

以下に，電極に要求される特性は抵抗率だけではないことを示す。従来の半導体材料と比べて，窒化物半導体はp層を厚くできないために，電流拡散層を持つことができない。そこで，p側のオーミック電極は，Ni(1nm)/Au(10nm)なる構造の薄膜透光性の電極が使われ，電極を通して光を取り出す方式が取られている（透明性の要求）。Niの主な作用は表面の汚染層の除去と推測される。金属薄膜を使った時の透光率は約50%であり，残りは電極などで吸収されて熱に変換されている。Ni/Auを電子ビーム蒸着し，例えば窒素雰囲気中で500℃×10minのアニールを施すことで，$\rho_c \sim 1 \times 10^{-3} \Omega cm^2$が得られる。p電極面積を$6 \times 10^{-4} cm^2$とすると，接触抵抗$\rho$=1.7 Ωとなり，20mA通電時で電圧降下は0.034Vと推測され，LEDでは問題ないと判断される。しかし，半導体レーザでは電極面積が$1 \times 10^{-5} cm^2$程度に小さくなるため，$\rho_c < 1 \times 10^{-4} \Omega cm^2$が達成できても接触抵抗は10$\Omega$程度になり，決して十分ではない。

フリップチップ構造のLEDには，発光波長に関して反射率の高い材料を電極に用いる必要がある（反射率の要求）。近紫外～青色領域では，Ag＞Al＞Rh＞Pdなどが反射率の高い金属である。ここでは，高反射率のAgを反射層として用い，Pt/Ag/T/Pt/Au/Tiなる構造とした[14]。Agは，紫外域の反射率は高いがマイグレーションしやすい金属であり，パッシベーション膜による電極保護が重要である。

n-GaNとのオーミック電極はTi/Alが標準的に使われる。Ti(10nm)/Al(240nm)を電子ビーム蒸着で成膜し，500℃×1minのアニールを施した結果，$\rho_c \sim 1.3 \times 10^{-6} \Omega cm^2$が得られる。Tiの

役割は，表面汚染層（酸化膜）の除去である．また，このような低い値が得られるのは，N_B(n $\sim 2\times 10^{18} cm^{-3}$)が十分大きいからである．電極面積を $1\times 10^{-4} cm^2$ とすると 0.013Ω となり，接触抵抗としては無視できる．実際の素子の試作には，Ti/Al/Ti/Au/Ti/Auなる構造を採用した．

なお，接触抵抗の評価は，標準化されているTLM(Transmission Line Model：伝送線路モデル)法を使って行ったが[15]，この材料系では接触抵抗に注入電流依存性があるので注意を要する．

文　献

1) H. Amano, M. Kito, K. Hiaramatsu and I. Akasaki, *Jpn. J. Appl. Phys.* **28**, L2112 (1989)
2) S. Nakamura, M. Senoh and T. Mukai, *Jpn. J. Appl. Phys.* **30**, L1708 (1991)
3) S. Nakamura, I. Iwasa, M. Senoh and T. Mukai, *Jpn. J. Appl. Phys.* **31**, 1258 (1992)
4) I. Waki, H. Fujioka, M. Oshima, H. Miki and M. Okuyama, *phys. stat. sol. (b)*, **228**, 391 (2001)
5) J. Neugebauer and C. G. van de Walle, *Phys. Rev. Lett.* **75**, 4452 (1995)
6) D. Kim, H. Kim, M. Han, Y. Moon, S. Lee and S. Park, *phys. stat. sol. (b)* **228**, 375 (2001)
7) Y. Chen, C. Liao, S. Feng, C. Yang, Y. Lin K. Ma and J. Chyi, *phys. stat. sol. (b)*, **228**, 357 (2001)
8) M. Miyachi, T. Tanaka, Y. Kimura and H. Ota, Appl. *Phys. Lett.* **72**, 1101 (1998)
9) S.-J. Chang, Y. Su, T. Tsai, C.-Y. Chang, C.-L. Chiang, C.-S. Chang, T. Cheng and K. Hunag, *Appl. Phys. Lett.* **78**, 312 (2001)
10) M. Murakami and Y. Koide, *Solid State and Materials Science,* **23**, 1 (1998)
11) 小出康夫，村上正紀，電子情報通信学会論文誌C-Ⅱ J-81-C-Ⅱ 805 (1998)
12) A. Y. C. Yu, *Solid State Electron.* **13**, 239 (1970)
13) H. Ishikawa, S. Kobayashi, Y. Koide, S. Yamasaki, S. Nagai, J. Umezaki, M. Koide and M. Murakami, *J. Appl. Phys.* **81**, 1315 (1997)
14) K. Tadatomo, H. Okagawa, Y. Ohuchi, T. Tsunekawa, Y. Imada, M. Kato and T. Taguchi, *Jpn. J.Appl. Phys.* **40**, L583 (2001)
15) G. S. Marlow *et al., Solid State Elecc.* **25**, 91 (1982)

3 特性評価

酒井浩光[*]

ここでは，主に400nm付近の近紫外発光ダイオード(LED)高効率化のために，
① 転位密度低減（下地GaN層の影響）
② 発光層の最適化
③ p-AlGaN層クラッド層の最適化
について検討した結果について述べる。

3.1 転位密度低減（下地GaN層の影響）

GaN系半導体において，他のGaAs系と同様貫通転位は非発光再結合中心として働くとされている[1,2]。特に近紫外LEDでは発光層に用いられているGaInNのInNモル分率が小さくなるため青色LEDと比較して転位に対して発光効率への影響が大きい。そのため近紫外LEDの高効率化には低転位化は重要であると考えられる。一般に，低転位化技術として，誘電体マスクを用いた選択成長である横方向成長(ELO)法[3,4]や，基板を凹凸加工し，凸部から横方向成長を優先させる方法(LEPS)[5]などが用いられている。LEPS法を用いた近紫外LEDにおいては外部量子効率31％が得られており，低転位化が高効率化に有効であることが報告されている[6]。また，転位密度を求める方法として一般に透過型電子顕微鏡(TEM)法が用いられるが，試料作製等に時間がかかる。そこで，測定が容易でかつ非破壊評価としてX線回折法に着目した。特に($10\bar{1}2$)面である非対称回折のロッキングカーブ(XRC)の半値幅は転位密度と相関がある[7]。XRCの半値幅が狭いほど，転位密度は少なく，($10\bar{1}2$)面XRCの半値幅300〜400arcsecで転位密度は10^8〜$10^9 cm^{-2}$である。

ここでは下地GaN層の結晶性が近紫外LEDの発光特性へ与える影響を調べる目的で，X線回折の半値幅の異なるGaN層上にLEDを作製した。図1にLED構造を示す。まず初めにXRC半値幅の異なる3種類のサファイア基板上GaNエピウェハーを有機洗浄および酸洗浄した。次に，多数枚チャージ炉

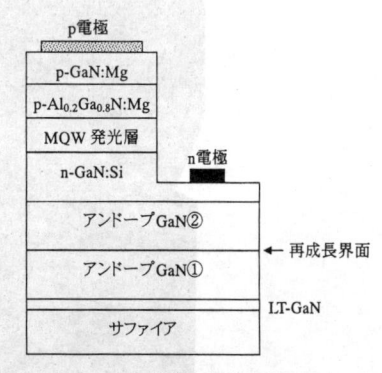

図1 ホモエピ法により作製した近紫外LED構造

[*] Hiromitsu Sakai 昭和電工㈱ 研究開発センター 3グループ

白色LED照明システム技術の応用と将来展望

有機金属化合物気相成長(MOCVD)装置にこれらのウェハーを投入し，ホモエピ法によりGaN層／サファイア基板上にアンドープGaN層を再成長させた。その後は通常のLEDと同じプロセスとし，n型GaNコンタクト層，多重量子井戸(MQW)発光層，p-AlGaNクラッド層，p-GaNコンタクト層の順に積層し，LED構造とした。断面TEMによりMQW層の膜厚を求めた結果，GaN障壁層は15nm，GaInN井戸層は2nmであった。

表1にホモエピの下地層として用いたGaN層の($10\bar{1}2$)面のXRC半値幅とLEDの発光波長および発光出力の関係を示す。発光出力は樹脂モールドされていないベアチップ状態で，積分球によ

表1 近紫外LED特性の比較（XRC半値幅は図1のアンドープGaN①である。）

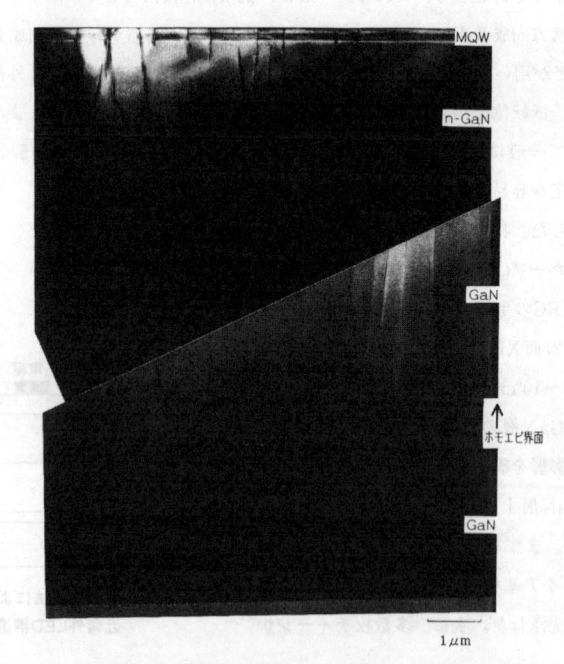

試料	($10\bar{1}2$)XRC半値幅 [arcsec]	発光波長 [nm]	発光出力 [mW]
(a)	290	413	4.4
(b)	302	410	4.0
(c)	379	410	4.7

図2 近紫外LEDの断面TEM像（試料(C)）

第4章 青色LED,近紫外LEDの作製

り求めた。表からわかるように,発光出力は4.0〜4.7mWであり,顕著な違いはなかった。再成長後におけるLED構造の貫通転位密度を求めるためにTEM観察を行った。図2に試料(c)の断面TEM像を示す。ホモエピ界面での異常成長はなく,転位の発生や消失は観察されなかった。最も出力が高かった試料(c)の貫通転位密度は$2\times10^9 cm^{-2}$,一方,試料(a)は$7\times10^8 cm^{-2}$であった。試料(a)は試料(c)と比較して転位密度が1/3程度に低減しているが,発光出力は低かった。その原因として,①転位密度(10^8〜$10^9 cm^{-2}$)が多く存在するため出力増加の効果がない,②発光波長が410nmと長いため転位に対して鈍感になる,ことが推測される。GaN系は他の半導体と比較してキャリアの拡散長が短いため非発光再結合中心として働く転位などの影響を受けにくい。さらに短波長化(＜385nm)した場合,InNモル分率が微小になるためキャリアの拡散長が長くなり転位による影響が受けやすくなると考えられる。特にInを含まないGaN,AlGaN系発光素子では転位による影響は顕著になることが報告されている[8]。

以上のことから10^8〜$10^9 cm^{-2}$の転位密度では410nm-LEDの発光出力を大きく向上させる効果は期待できないことがわかった。効率の大きな向上には転位密度の大幅な低減が必要であるかもしれない。今後は転位以外に効率を抑制しているものが何であるのか明らかにすることが重要となる。転位がLEDの効率に与える影響は少ないとはいえ,素子寿命を考えた場合,リーク電流のパスになり得る転位は減らすべきであろう。

3.2 発光層の最適化

発光層の成長パラメータは成長温度,原料供給比,障壁層および井戸層の層厚など様々ある。ここではGaN障壁層中のSiドープの効果についてホトルミネッセンス(PL)特性およびエレクトロルミネッセンス(EL)特性を調べた。測定試料にはサファイア基板上に作製したGaN障壁層/GaInN井戸層のMQW構造を有する近紫外LED構造を用いた。ドーパントとして用いたモノシラン(SiH_4)の流量を変化させることによりGaN障壁層中のSi濃度を制御し(濃度10^{16}〜10^{19} cm^{-3}),発光特性に与える影響を調べた。その結果を図3に示す。Si濃度が$10^{17} cm^{-3}$後半でPL強度およびEL出力が増加しており,PLとELとの結果は一致している。アンドープ(Si濃度:10^{16} cm^{-3})に対して発光強度は約2倍強いことがわかった。一方,Siを過剰にドープするとPLおよびEL強度が低下し,さらに発光スペクトルの半値幅が増大した。このことから過剰ドープにより障壁層の結晶性が悪化し,発光強度が低下したと考えられる。さらに発光層が熱によるダメージを受けやすくなり,熱劣化を促進させてしまうことがわかった(熱劣化とは,GaInN層成長後にp層を高温で成長するため,GaInN層に熱的ダメージが加わり,p層成長時にInが昇華してしまう現象のことである)。またSTEM(Scanning-TEM)観察の結果では,障壁層がアンドープの場合,障壁層と井戸層との界面急峻性が悪く,一方,Siドープした場合は界面の急峻性が良好であ

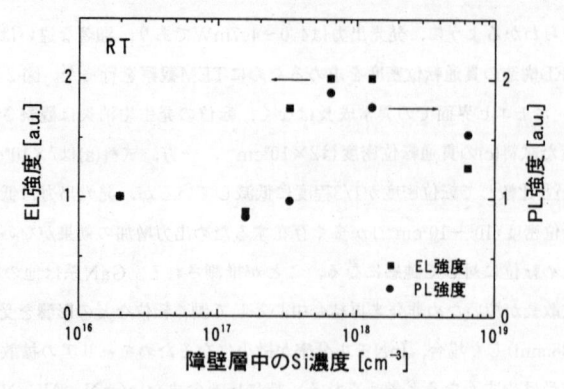

図3 近紫外LEDにおけるPLおよびEL強度のSiドープ依存性

った。このことから、Siドープには、In組成の不均一性の改善、井戸層からのIn原子の拡散を抑制する効果がある。

サファイア基板上に作製したGaN系LEDにおいて、GaInN発光層は下地GaN層にコヒーレントに成長する[9]。格子定数がGaNより大きいGaInNには圧縮性の歪みが加わり、圧電効果による内部電界を生じる。発光層中に存在する内部電界によりバンドが傾き、電子・正孔の波動関数の重なりが減るため、再結合確率が低下する。Siドープは内部電界を打ち消す効果があるため、バンドの傾きがフラットに近づき電子・正孔の波動関数の重なりが増え、再結合確率が増加する。アンドープで出力が低いのは、内部電界による再結合確率の低下によるものとされている[10]。

3.3 p-AlGaN層クラッド層の最適化

GaN系LEDでは電子のオーバーフローや発光層中のIn原子の昇華を抑制するために発光層上にp-AlGaNクラッド層が用いられている。発光波長が短波長化する近紫外LEDでは、GaInN発光層のInNモル分率が低くなるため、効率良く発光層にキャリアを閉じ込めるためにはAlNモル分率の高いp-AlGaN層が必須となる。しかしAlNモル分率の増加によりホール濃度の高いp型化が困難になるという問題が生じる。そのため、キャリア濃度の低いp-AlGaN層からMQW発光層へいかに効率良くホールを注入するかが高効率化のキーになる。ここでは、p-AlGaNクラッド層の成長条件がLEDの発光出力に与える影響について述べる。成長条件として成長温度およびMg供給量(Cp_2Mg；ビスシクロペンタジエニルマグネシウム)に着目した。なおX線回折測定結果から、p-AlGaN層のAlNモル分率は20%であった。

① 成長温度依存性

図4にp-AlGaNクラッド層の成長温度とEL発光出力の関係を示す。従来条件である成長温度

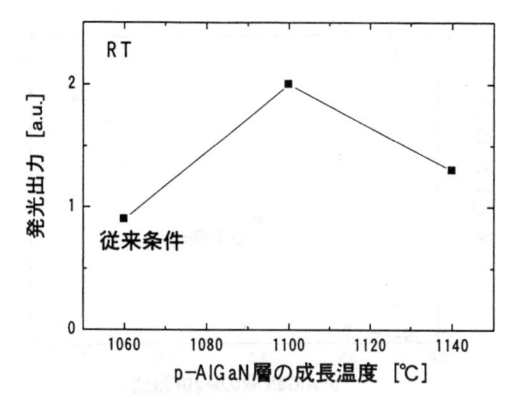

第4章 青色LED,近紫外LEDの作製

図4 p-AlGaN層の成長温度とEL出力の関係
(従来条件の成長温度は1060℃である。)

1060℃に対して1100℃と成長温度を高くすることによりEL出力は約2倍増加した。成長温度を高くすることによりp-AlGaN層のホール濃度が増加し,発光層へのホール注入効率が向上したためと考えられる。p層の成長温度を上昇させても,MQW層の界面急峻性は良好であり熱劣化していないことをTEMにより確認した。さらに成長温度を高くした1140℃の場合,EL出力は低下した。この原因は,成長温度1100℃でみられなかった熱劣化が1140℃では発生し,発光層の結晶性が悪化したこと,さらにドーパントであるMgが発光層中に拡散したためであると推測される。p層の高キャリア濃度化のためには成長温度が高くした方が良いと考えられるが,MQW層の熱劣化を抑制するために成長温度を低くしなければならない。MQW層の更なる高品質化により熱劣化しにくい発光層を作製する必要がある。

② Mg供給量依存性

図5にp-AlGaNクラッド層のMg供給量とEL発光出力の関係を示す。従来条件に対してMg供給量を増加させることによりEL出力が増加することを確認した。Mg供給量の増加によりキャリア濃度が増加し,EL出力が増加したと考えられる。一方,Mg供給量を減少させた場合,EL出力は低下した。Mg供給量の減少によりキャリア濃度が減少し,ホール注入効率が低下したためと考えられる。

3.4 近紫外LEDランプ特性

次に3.1~3.3項の検討結果をもとに近紫外LEDランプを作製した結果について述べる。ランプ化には表1で最も出力の高い試料(c)を用いた。まずウェハーに高反射率のp電極を形成後,ドライエッチングによりp層,発光層の一部を除去し,n電極を形成した。その後,絶縁膜を形成

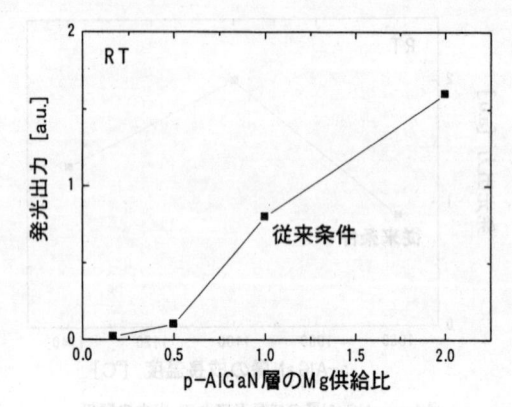

図5 p-AlGaN層の成長温度とEL出力の関係
(従来条件のMg供給量を1とした。)

し，350μm角の素子に分離した。これらのチップを基板側から光を取り出すフリップチップ型に実装し，エポキシ樹脂によりモールドして砲弾型のLEDランプとした。表2に20mA導通時の近紫外LEDランプの特性を示す。p層の透明電極側から光を取り出すフェースアップ型のベアチップで出力が4.7mWであった試料をフリップチップ型にすることで出力は12.2mWとなり，出力は2.6倍増加した。さらに樹脂モールドによるランプ構造とすることにより出力は18.2mWに増加し，外部量子効率は30.0%が得られた。これは，LEPS法により作製した近紫外LED[6]と同レベルであった。このことからホモエピ法により再成長させたLEDにおいても高効率LED作製が可能であることが示された。また20mA導通時の動作電圧(Vf)は3.4Vであった。図6に発光出力と外部量子効率の注入電流依存性を示す。外部量子効率は注入電流7mAで最大となり，31.2%であった。出力は注入電流50mAまではほぼ線形に増加することがわかる。図7にGaInN発光層のInNモル分率を変えて波長を変化させた（373～470nm）LEDの電流－外部量子効率の関係を示す。ここで20mA時の外部量子効率を1に正規化した。効率のピークは波長によって変わり，短波長化するに従い，高電流側にシフトすることがわかる。特に短波長領域（～370nm）では低電流領域における効率は大きく低下する。これは発光層のInNモル分率が減少による内部量子効率の低下が考えられる。図8に試料(c)のELスペクトルの注入電流依存性を示す。低電流領域で青

表2 近紫外LEDランプの特性（表1の試料(c)を用いた）

試料	発光波長 [nm]	フェースアップ型 ベアチップ出力 [mW]	フリップチップ型		ランプの 外部量子効率 [%]
			ベアチップ出力 [mW]	ランプ出力 [mW]	
(c)	410	4.7	12.2	18.2	30.0

第4章 青色LED，近紫外LEDの作製

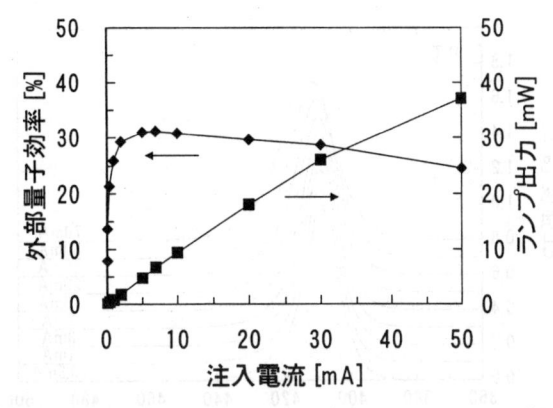

図6 近紫外LEDの外部量子効率およびランプ出力の注入電流依存性（試料(C)）

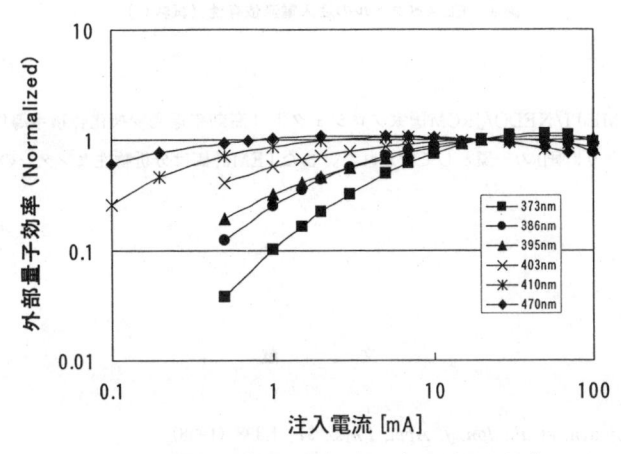

図7 注入電流と外部量子効率の関係（発光波長依存性）

色LEDにみられる短波長シフトはなかった。本試料では30mAまでは波長シフトは観測されなかった。さらに電流値を上げた場合，長波長シフトが観測された。これは素子の発熱によりGaInN発光層のバンドギャップが縮小したためであると考えられる。

以上，再成長を用いたホモエピ法により外部量子効率30％と非常に高効率な近紫外LEDが得られることがわかった。ホモエピ法のみならず，通常のサファイア基板上に一貫で作製したLEDにおいても，発光波長409nmで外部量子効率35％クラスのLEDが作製できることを確認している。

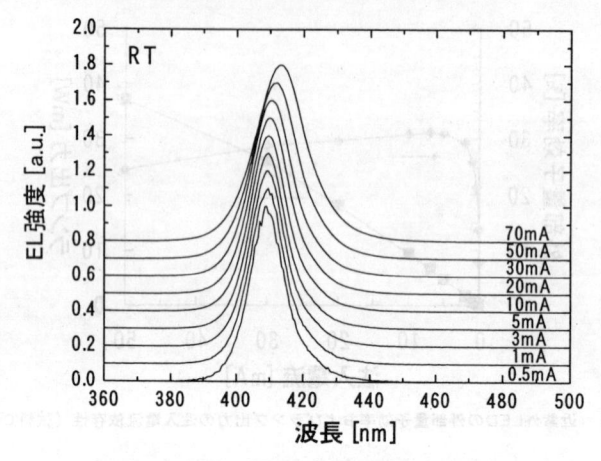

図8　ELスペクトルの注入電流依存性（試料(C)）

謝辞

本研究は，METI/NEDO/JRCM国家プロジェクト「高効率電光変換化合物半導体開発」（通称21世紀のあかり計画）の一環として行われた。またTEM評価は分析物性センターの山下氏に御助力を頂いた。

文　　献

1) T. Sugawara, et al., Jpn. J. Appl. Phys., **37**, L398 (1998)
2) S. J. Rosener et al., Appl.Phys. Lett., **70**, 420 (1997)
3) A. Usui, Mater. Res. Soc. Symp. Proc., **482**, 233 (1998)
4) K. Hiramatsu et al., J. Cryst. Growth, **221**, 316 (2000)
5) K. Tadatomo et al., Jpn. J. Appl. Phys., **37**, L583 (2001)
6) 21世紀あかり計画　成果報告書平成13年度，第10章，p.157
7) 谷口ほか，第47回応用物理学関係連合講演会講演予稿集，28p-YQ-9, 356 (2000)
8) 岩谷ほか，第48回応用物理学関係連合講演会講演予稿集，28p-E-5, 366 (2001)
9) T. Takeuchi et al., Jpn. J. Appl. Phys., **36**, L177 (1997)
10) 21世紀あかり計画　成果報告書平成11年度，第3章，p.43

第5章　高効率近紫外LEDと白色LED

1　高効率近紫外LED

只友一行*

1.1　はじめに

　InGaN-LEDは，高効率LEDとしてアンバー色から近紫外の広い範囲で実用化されている[1~5]。これらの高効率LEDの開発で，特に白色LEDの実用化により従来表示用で使われていたLEDが固体照明用光源として期待され始めた。これらの素子は，サファイア基板上に成長されているが，基板との格子定数差，熱膨張係数などの差異により，発光層に$10^9-10^{10}cm^{-2}$の貫通転位を有していると報告されている[6]。高密度の転位が存在しているにもかかわらず高効率の青色LEDが実用化され，青色LEDと黄色発光の蛍光体の組み合わせにより上記白色LEDが実用化された。

　LEDの外部量子効率は，青色LEDの発光波長域（460-470nm）をピークに短波長化しても長波長化しても減少し，380nm以下の近紫外域では急速に発光効率を下げていた[7]。市販されている白色LEDは，擬似白色とも言われるように補色関係の2色で白色を実現しているため，演色性が低いなどの問題がある。このような背景のもと，筆者らは，近紫外LED励起の，3波長蛍光体型，高演色性，高効率白色LEDの実用化を目標に，近紫外～紫色の高効率LEDの開発を行った。ここでは，まず近紫外LEDの開発課題について整理し，開発した近紫外および紫色LEDの素子構造について述べる。次に基本的なLEDの発光特性について整理し，試作したLEDの特性について紹介する。

1.2　近紫外LEDの開発課題と高効率近紫外素子構造

　高転位密度にもかかわらず高効率青色LEDが実用化されている。InGaN混晶の発光機構に関して多くの提案があるが，明確な結論には至っていない。以下に，これまで提案されている主な発光機構モデルを示すが，いずれの発光機構にしても，Inの添加効果によりInGaN井戸層に注入されたキャリヤ（励起子）の拡散長が短くなり，キャリヤと転位などの非発光中心との相互作用が減少する。これが，高密度の転位が存在していても高効率青色LEDが実現する簡単な説明である。

---

*　Kazuyuki Tadatomo　三菱電線工業㈱　情報通信事業本部　フォトニクス研究所

① 微小なIn組成ゆらぎに起因するポテンシャルの極小に局在した励起子（Exciton）による発光再結合過程[8]
② Inの組成不均一により生じた量子ドットに局在した励起子による発光再結合過程[9]
③ InGaN井戸層に加わる歪に起因するピエゾ電界に起因した量子閉じ込めシュタルク効果が関与したバンド間遷移による発光再結合過程[10]
④ ポーラロンが関与した二準位間による発光再結合過程[11]

従って、近紫外LEDを実現するためにIn混晶比を減少させると、キャリヤと非発光中心との相互作用が増加し、発光再結合確率、すなわち発光効率が急激に減少すると考えられる。即ち、近紫外あるいは紫色LEDの発光効率を向上させるためには転位の低減が最重要課題である。

筆者らは、加工サファイア基板上へのGaN膜の成長技術、LEPS (Lateral Epitaxy on a Patterned Substrate)が転位の低減に非常に有効であることを見出し、近紫外〜紫色LEDに応用した。以下、その素子構造について紹介する。

図1は、サファイア加工基板上に形成したLEPS-InGaN-LEDの素子構造を示す断面模式図である。ここでは、溝加工のストライプ方向を$<11\bar{2}0>_{GaN}$方向に形成したサファイア加工基板を用いた。表面ストライプ形状の一例であるが、リッジ（凸部）の幅、溝（凹部）の幅、溝の深さは、それぞれ3μm, 3μm, 1.5μmとした。層構造は、基板側から順番に低温成長(LT)GaNバッファ層(27nm厚)、無添加GaN+n-GaN:Si (6μm厚)、n-Al$_{0.1}$Ga$_{0.9}$N:Si (50nm厚)、MQW {(Multi-Quantum-Well)、4〜6層-3nm-InGaN井戸層/GaN障壁層}、p-Al$_{0.1}$Ga$_{0.9}$N:Mg (50nm厚)、p-GaN:Mg (100nm厚)コンタクト層とした。

LEDチップは、図2に示すようにサファイア基板側を上に実装するフリップチップ型（Flip Chip）で実装した。p-GaN層は、100-200nmと薄くシート抵抗が高いために従来のLEDのような電流拡散効果は期待できない。従って、電流拡散効果と透光性の両方を得るために10nm程度の薄膜にした金属（透明電極）で発光領域のほぼ全面を覆うP電極が使用される。透明電極と言

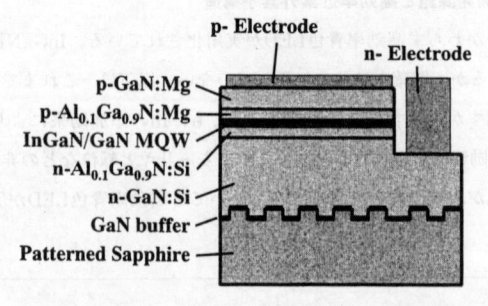

図1　LEPS-InGaN-LED（加工基板上に形成したInGaN-LED）の断面模式図

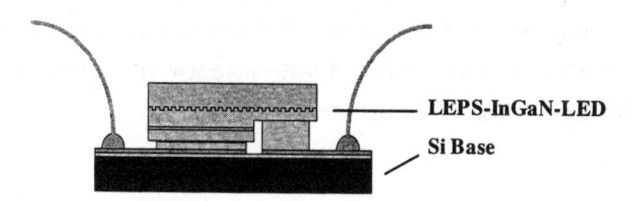

第5章　高効率近紫外LEDと白色LED

図2　フリップチップ（Flip Chip）実装

われるが，光の透過率は50％程度であり，残りの光は電極で吸収あるいは素子内部に反射されている．図2のフリップチップ構造で実装することで，この電極の透過率の制約がなくなる．ここでは，p電極を近紫外域での反射率が大きくなるように設計し，Pt/Ag/Ti/Pt/Au/Ti/Auなる多層構造で形成した．透明電極を使った素子をフェイスアップで実装した場合に比べて，最大70％の出力増が達成されている．このフリップチップ効果は，上記p電極の反射率，実装状態によって影響を受ける．n-電極は，Ti/Al/Ti/Au/Ti/Auなる多層構造で形成した．

1.3　LEDの発光効率

最初に初歩的ではあるがLEDの発光効率について整理しておく．本材料のような直接遷移型のバンド構造を有する半導体から放射される光子のエネルギー$h\nu$は，発光層のバンドギャップE_gとほぼ等しい．

$$E_g[\text{eV}] = h\nu[\text{J}] = \frac{hc}{\lambda_p} \qquad (1)$$

これより，バンドギャップE_gと発光波長λ_pとの関係式が導かれる．

$$E_g = \frac{1.2398}{\lambda_p[\mu m]} \quad [\text{eV}] \qquad (2)$$

ここで，

h：プランク（Planc）定数 6.6262×10^{-34} [J・s]

c：真空中の光速 2.9979×10^8 [m/s]
$= 2.9979 \times 10^{14}$ [μm/s]

e：電荷素量　1.6022×10^{-19} [C]

図3にLEDの模式図を示す．電位V_F（エネルギーはeV_F）を与えられてLEDチップに注入されたキャリヤ（電子・正孔対）は，p側およびn側オーミック電極の接触抵抗

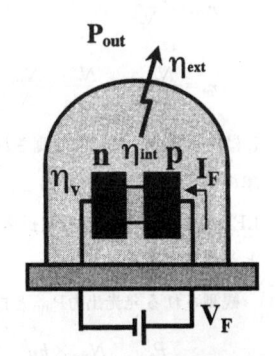

図3　LED模式図

電位V_Fで素子に注入された電子・正孔対のうち，内部量子効率η_{int}が発光再結合し，外部量子効率η_eが外部に利用され得る光として放射される．

や内部障壁，各層抵抗成分でエネルギーを失い，発光層でバンドギャップE_g相当のエネルギーを持った光子を発生する。発生する光子のエネルギー($h\nu$)と最初の投入電位V_Fの比，$\eta_V = h\nu(=E_g)/eV_F$を電圧効率（Voltage Efficiency）と呼ぶ。

$$\eta_V = \frac{h\nu}{eV_F} \tag{3}$$

$\lambda_p = 382$nmは(2)式から$E_g = 3.25$eVと換算され，(3)式から$\eta_V = 95\%$と計算される。

注入した電子・正孔対N_{Input}のうち，発光層で発生するフォトン数N_rの割合を内部量子効率(internal quantum efficiency)η_{int}と言う。残りの電子・正孔対は格子欠陥などを介した非発光再結合により消滅し熱に変換される。従って，内部量子効率を向上させるためには低欠陥密度の高品質の結晶と接合界面を形成することが重要である。

$$\eta_{int} = \frac{N_r}{N_{Input}} \tag{4}$$

屈折率差の関係で，結晶内部の発光層で発生した光子の一部しか外部へ放射されず，残りはLEDチップ内部で吸収され，最後は熱に変換される。発光層で発生した光子の数N_rと外部に放射された光子の数N_{out}の比を光取り出し効率(extraction efficiency)η_{ext}と呼ぶ。また，注入した電子・正孔対数N_{Input}と外部に放射された光子の数N_{out}の比を外部量子効率(external quantum efficiency)η_eと呼ぶ。

$$\eta_{ext} = \frac{N_{out}}{N_r} \tag{5}$$

$$\eta_e = \frac{N_{out}}{N_{Input}} = \frac{N_r}{N_{Input}} \times \frac{N_{out}}{N_r} = \eta_{int} \times \eta_{ext} = \frac{N_{out} \times h\nu}{(I_F/e) \times h\nu} = \frac{P_{out}}{I_F \times (E_g e)} \tag{6}$$

I_Fは注入電流，P_{out}は観測される発光出力である。外部量子効率は内部量子効率と光取り出し効率の積である。光取り出し効率を上げるためには，LED内部での光吸収を少なくすること，LED素子周辺の材料の屈折率を適正化すること，樹脂モールドのレンズ設計などを工夫することが重要である。

観測される発光出力P_{out}と投入電力P_{Input}の比は電力効率（wall plug efficiency）と呼ばれる。

$$\eta_{wp} = \frac{P_{out}}{P_{Input}} = \frac{N_{out} \times h\nu}{I_F \times V_F} = \frac{N_{out} \times h\nu}{(I_F/e) \times (eV_F)} = \frac{N_{out}}{N_{Input}} \times \eta_V = \eta_V \times \eta_{int} \times \eta_{ext} \tag{7}$$

ここまでは，MKS単位系の物理量を使って記述した。すなわち，発光出力P_{out}は放射束（radiant flux）とも呼ばれ，単位は［W: watt］である。一方，可視LEDあるいは照明分野では，発光量を人の眼の感度の波長依存性を考慮して定量化した感覚物理量である光束（luminous flux）を用いて記述する。単位は［lm: lumen］である。放射束Φ_e［W］と光束Φ［lumen］

第5章 高効率近紫外LEDと白色LED

は，図4に示す比視感度特性を介して(8)式で関係付けられる。比視感度には図に示すように，明所視の分光感度（錐細胞[cone cell]の視感度，実線）と暗所視の分光感度（桿細胞[rod cell]の視感度，点線）がある。ここでは明所視の特性のみ考えれば良い。

$$\Phi = K_m \int \Phi_e V(\lambda) d\lambda \quad (8)$$

ここで，

Φ ：光束[lm]，

Φ_e ：放射束[W]，

$V(\lambda)$ ：比視感度特性

K_m ：683[lm/W]（最大の変換効率）

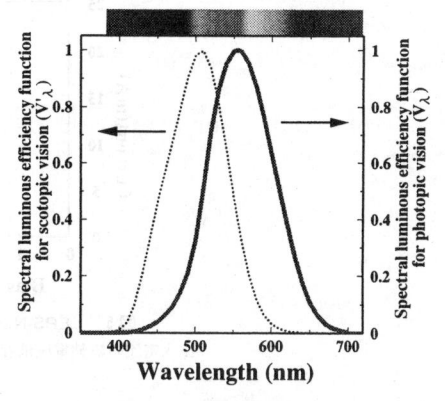

図4 比視感度特性 $V(\lambda)$
明所視特性(実線)と暗所視特性(点線)がある。

《補足》

Φlmの光束が$S m^2$の面に照射されている時の照射面の明るさを照度E(illuminance，単位[lx]=[lm/m²])で現す。また，単位立体角ωsr当りにΦlmの光束が放射されている光源の明るさを光度I(luminous intensity，単位[cd]=[lm/sr])で記述する。

$E = d\Phi/dS \qquad [\text{lx}] = [\text{lm/m}^2]$

$I = d\Phi/d\omega \qquad [\text{cd}] = [\text{lm/sr}]$

可視LEDの発光効率（luminous efficiency）は，全光束Φと投入電力P_{input}の比で現され，[lm/W]の次元を持つ。白熱電球で15(-20)lm/W，蛍光灯で65(-100)lm/Wの発光効率と言われている。

$$\eta_{\text{luminous efficiency}} = \frac{\Phi}{P_{input} \ (=I_F \times V_F)} \quad (9)$$

1.4 LEPS-NUV-LEDの電気特性

1.2項で紹介した素子構造の発光中心波長λ_p=382nmの近紫外(NUV:Near Ultra-violet)LED(LEPS-NUV-LED)とλ_p=400nm前後の紫色(Violet)LED(LEPS-Violet-LED)を試作した。図5に示すのは，LEPS-NUV-LEDの代表的な注入電流の駆動電圧依存性(I-V特性)である。通常サファイア基板上のNUV-LEDに比べてリーク電流は小さく，20mAの電流注入に必要な駆動電

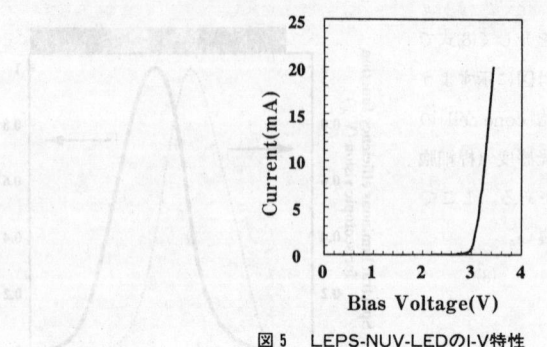

図5 LEPS-NUV-LEDのI-V特性
注入電流の駆動電圧依存性を示す。$V_F=3.4V$。

圧V_Fは3.4Vであった。LEPS-Violet-LEDのI-V特性も類似の特性であった。

1.5 LEPS-InGaN-LEDの発光出力特性

LEPS-NUV-LED（382nm）の発光出力P_oおよび外部量子効率η_eの注入電流依存性を図6(a)に示す。図6(b)は、比較のために通常サファイア基板上に作製したBlue-LEDのP_oおよびη_eの注入電流依存性である。LEPS-NUV-LEDの20mA通電時の発光出力は、$P_o=15.6mW$、外部量子効率は$\eta_e=24\%$であった[12]。一方、Blue-LEDの20mA通電時の発光出力は、$P_o=9.2mW$、外部量子効率は$\eta_e=17\%$であった。Blue-LEDのη_eは、図6(b)に示すように低電流域で高く、10mAを越えて注入電流が増加するに伴って低下する。この理由をここでは次のように説明しておく。

高密度の転位が存在しているにもかかわらず、InGaN-Blue-LEDの外部量子効率は高い。MQW構造のInGaN層には微小なIn組成ゆらぎが存在し、これに起因するポテンシャルの極小に局在した励起子（Exciton）が主な発光再結合過程であると考える[8]。注入電流が増加するとポテンシャルの極小から励起子がオーバーフローし、非発光中心として作用する転位に捕獲されるようになり、外部量子効率が低下する[13]。一方、図6(a)に示すLEPS-NUV-LEDの外部量子効率は低電流域では低いものの、10mAを越えてもほぼ一定である。発光出力は50mAまでほぼ線形に増加し、50mAの電流注入で38mWが得られている。低電流域でη_eが低い理由は、近紫外発光のInGaN層はIn組成が低いためにIn由来の励起子局在の効果が小さく、低電流域で転位などの非発光中心の影響を受けやすいからである。しかし、この非発光再結合は注入電流が増加すると飽和すると思われる。10mAを越えた注入電流域では、Blue-LEDの外部量子効率を超えている。LEPS-Violet-LEDの発光出力の注入電流依存性は、LEPS-NUV-LEDと類似しているが、注入電流20mA時で、発光出力$P_o=19.2mW$、外部量子効率$\eta_e=31\%$であった[14]。また、結晶成

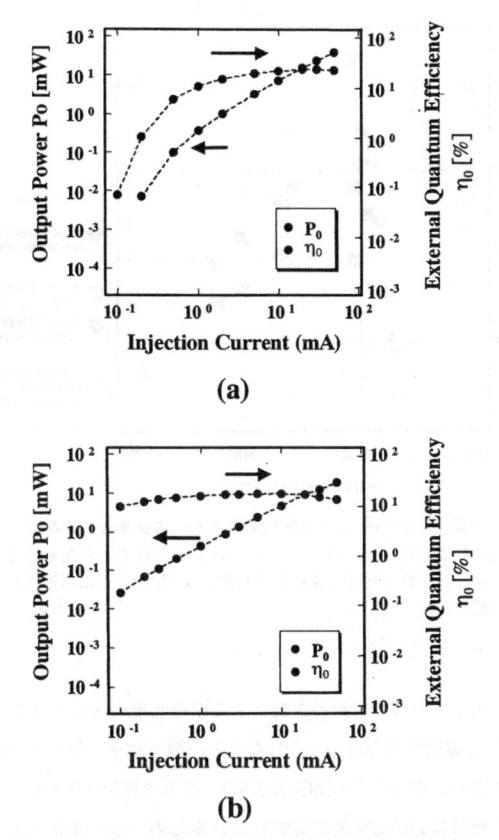

第5章 高効率近紫外LEDと白色LED

図6 InGaN-LEDの発光出力P_oと外部量子効率η_eの注入電流依存性
(a)はLEPS-NUV-LED，(b)はBlue-LEDのI-L，I-η_e特性を示す。

長プロセスの適正化を進めた結果，発光波長405nmのLEPS-Violet-LEDの発光出力は，20mA通電時でP_o=26.3mW，外部量子効率η_e=43%を得た。

InGaN-LEDの発光効率は，470nm前後の青色域が最も高いとされていたが，NUV～Violet-LEDの研究開発を集中的に進めた結果，結晶品質がある程度向上すれば発光効率のピーク波長は短波長化することが分かった。現在，論文などで報告されているInGaN-LEDの外部量子効率を発光中心波長の関数として，図7に整理した。Cree社のデータは，Cree社のホームページに掲載されているデータシートから計算した。日亜化学のデータは，論文誌から引用した[15]。実装方式，測定条件の違いなどにより誤差はあると思われるが，発光効率の波長依存性の傾向は出て

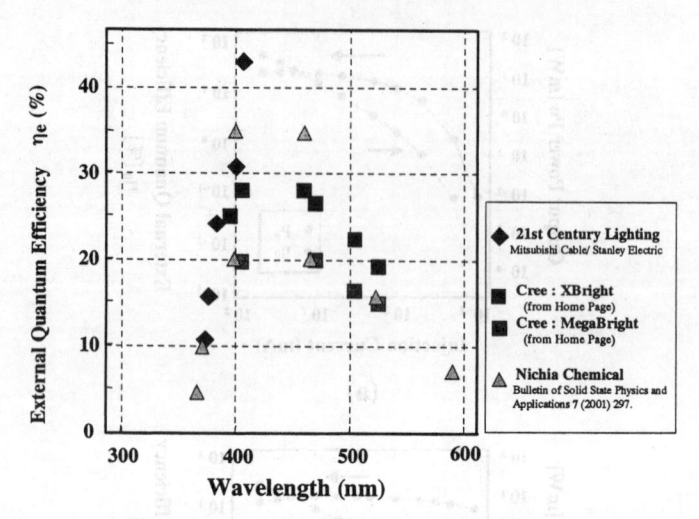

白色LED照明システム技術の応用と将来展望

図7 InGaN-LEDの外部量子効率η_eの発光波長依存性
Cree社製の特性はCree社のホームページに公開されている発光出力データを(6)式で計算した。日亜化学工業社製の特性は，JJAPなどに報告されているデータを転載した。

いると考えられる。但し，今後の技術の進展による転位密度の大幅な減少，あるいは高品質のAlInGaN四元系の高品質膜が得られるようになると，発光効率のピーク波長は更に短波長にシフトする可能性はあるが，現時点でのInGaN-LEDの最大の発光効率が得られるのは400-410nmと思われる。我々の検討は400nm前後に集中しているため，他の波長の適正化は成されていない。今後の研究の進展でこの発光波長依存性は明らかになるであろう。

1.6 LEPS-InGaN-LEDの発光スペクトル

　LEPS-NUV-LEDの室温における発光スペクトルを注入電流の関数として図8に示す。注入電流量20mAの時のピーク波長と半値全幅（FWHM: Full-Width at Half Maximum）は，それぞれ382nm，100meVであった。この発光スペクトルの中心波長と強度の注入電流依存性を図9に示す。20mAを超える電流を注入すると僅かな低エネルギー側への波長シフトが観測されるが，20mAまでは全く波長シフトは観測されなかった。パルス駆動で電流を注入すると100mAでも長波長シフトが観測されないことから，この長波長シフトは熱発生に起因していると推測される。Blue-LEDは注入電流の増加に伴い短波長に発光ピーク波長がシフトする。これはBlue-LEDではピエゾ電界によるバンドの傾斜が起こっており，電流注入によりピエゾ効果が緩和されるから

第5章 高効率近紫外LEDと白色LED

と推定される。LEPS-NUV-LEDでは，ピエゾ効果がほとんど働いていないことをこの注入電流依存性は示している。

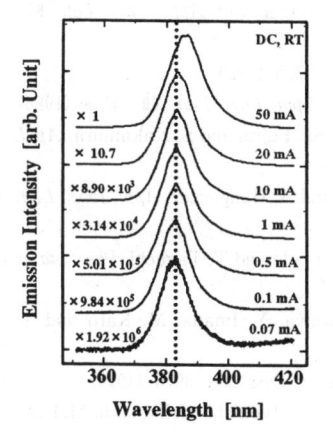

図8 LEPS-NUV-LEDの発光スペクトルの注入電流依存性
20mAまでは発光ピークの位置は変わらない。

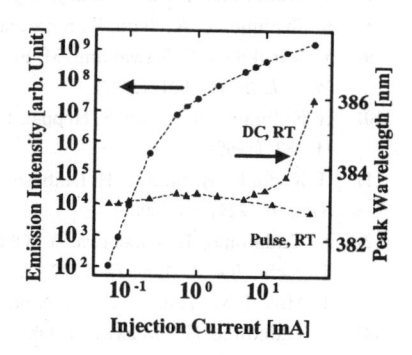

図9 LEPS-NUV-LEDの発光ピークの注入電流依存性
20mAを超えると発熱に起因して長波長シフトする。

1.7 おわりに

サファイア加工基板を使うことで，40%を超える外部量子効率のLEDを作製することができた。これは，加工基板を使うことで転位密度を約$1\times10^8 cm^{-2}$程度に低減させていることが大きく寄与している。同時に，サファイア基板／GaN層の界面に凹凸加工を入れることで光取り出し効率を向上させていることも大きく寄与していると推測される。我々の検討では，30〜40%の光取り出し効率の向上があると見積もっている。

文　献

1) S. Nakamura, T. Mukai, M. Senoh and N. Iwasa, *J. Appl. Phys.* **76**, 8189 (1994)
2) S. Nakamura, M. Senoh, S. Nagahama, N. Iwasa, T. Yamada and T. Mukai, *Jpn. J. Appl. Phys.* **34**, L1332 (1995)
3) T. Mukai, D. Morita and S. Nakamura, *J. Cryst. Growth*, **189/190**, 778 (1998)

4) T. Mukai, M. Yamada and S. Nakamura, *Jpn. Appl. Phys.* **37**, L1358 (1998)
5) T. Mukai, H. Narimatsu and S. Nakamura, *Jpn. Appl. Phys.* **37**, L479 (1998)
6) S. D. Lester, F. A. Ponce, M. G. Graford and D. A. Steigerwald, *Appl. Phys. Lett.* **66**, 1249 (1995)
7) T. Mukai and S. Nakamura, *Jpn. J. Appl. Phys.* **38**, 5735 (1999)
8) S. Chichibu, T. Azuhata, T. Sota and S. Nakamura, *Appl. Phys. Lett.* **69**, 4188 (1996)
9) Y. Narukawa, Y. Kawakami, M. Funato, Sz. Fujita, Sg. Fujita and S. Nakamura, *Appl. Phys. Lett.* **70**, 981 (1997)
10) H. Kollmer, Jin Seo Im, S. Heppel, J. Off, F. Scholz and A. Hangleiter, *Appl. Phys. Lett.* **74**, 82 (1999)
11) H. Kudo, K. Murakami, H. Ishibashi, R. Zheng, Y. Yamada and T. Taguchi, *Phys. Status Soldi B*, **228**, 55 (2001)
12) K. Tadatomo, H. Okagawa, Y. Ohuchi, T. Tsunekawa, Y. Imada, M. Kato and T. Taguchi, *Jpn. J. Appl. Phys.* **40**, L583 (2001)
13) T. Mukai, M. Yamada and S. Nakamura, *Jpn. J. Appl. Phys.* **38**, 3976 (1999)
14) K. Tadatomo, H. Okagawa, Y. Ohuchi, T. Tsunekawa, T. Jyouichi, H. Tanaka, M. Kato and T. Taguchi, Proceedings of the International Symposium on The Light for the 21 st Century, pp.22-23. (Tokyo, Japan, March 7-8, 2002)
15) M. Yamada, T. Mitani, Y. Narukawa, S. Shioji, I. Miki, S. Sonobe, K. Deguchi, M. Sano and T. Mukai, *Jpn. J. Appl. Phys.* **41**, L1431 (2002)

2 白色LED用蛍光体

鈴木尚生*

2.1 白色LEDの構成

LEDを用いて発光効率および演色性の高い白色を得るには，基本的にはLEDのみで構成されたタイプとLEDと蛍光体を組み合わせたタイプがある。

白色LEDを構成する代表例を以下に示す。

① LEDタイプ：2色または3色の個別LEDを組み合わせたマルチチップ型，または一つのチップに2色または3色の発光層を積層したモノリシック型
② 青色励起タイプ：青色LED＋黄色発光蛍光体
③ 近紫外励起タイプ：近紫外LED＋青，緑，赤色発光3色混合蛍光体

LEDのみで白色を得るタイプは，各LEDの駆動電圧や発光出力に違いがあり，更には温度特性や素子寿命にも違いがあるなど課題が多い。

一方，LEDと蛍光体を組み合わせたタイプは，既に実用化が進み，更なる性能向上が期待できることから，今後も蛍光体を組み合わせた方式が主流になっていくと思われる。

青色LEDで黄色発光蛍光体を励起する青色励起タイプ②と近紫外LEDで3色混合蛍光体を励起する近紫外励起タイプ③とをエネルギーロスの観点から比較する。全ての蛍光体の量子効率を1と仮定して計算すると，②の方式のエネルギー変換率は0.86，③の方式では0.67となって，ストークスシフトロスの差は青色励起タイプの方が明らかに有利である。これに加えそれぞれの蛍光体が吸収し得なかった励起光の反射光は前者が青色として利用されるのに対し，後者の紫外線は視感度が殆どなくこの点でもロスが大きい。従って，効率面では青色励起タイプの方が好ましい発光システムといえる。しかし，演色性に難点がある。

2.2 白色LED用蛍光体の必要特性

白色LEDはInGaN−LEDのチップ上に蛍光体を塗布する構造のため，用いられる蛍光体には以下の特性が要求される。

・発光効率が高いこと
・近紫外から青色発光に励起帯を有すること
・温度特性が良いこと（発光色の色ずれや輝度低下がないこと）
・輝度や色度に経時変化がないこと

等が求められる。

---

* Hisao Suzuki 化成オプトニクス㈱ 蛍光体技術室 担当部長

高効率化のためにはLEDの発光波長の設定が重要である。InGaN青色～紫外LEDは400nm付近に効率のピーク値があるとされる[1]。一方蛍光体は極希な例外を除けば，励起光が長波長になるほど発光効率は低下する。従ってLEDと蛍光体はそれぞれ独立した効率向上の取り組みだけでなく，LEDと蛍光体のマッチングも重要である。現在は紫外LEDの発光波長は380nm付近に設定している。

2.3 近紫外発光蛍光体の選択

近紫外で発光する輝度の高い蛍光体を探索し，色毎のモデル蛍光体を表1に示した。励起スペクトルと発光スペクトルの測定には蛍光分光光度計（日立850）または瞬間分光器（大塚電子MCPD-2000）を用いた。表2に結果を集約してそのスペクトルを図1に示した。

表1　白色LED用蛍光体

Emission color	Chemical composition	Product name (abbreviate)	Current application
Blue	$BaMgAl_{10}O_{17}:Eu$	BAM:Eu	Lamps
	$(Sr,Ca,Ba,Mg)_{10}(PO_4)_6Cl_2:Eu$	SCA	Lamps
Green	ZnS: Cu,Al	GN4	Color TVs
	$BaMgAl_{10}O_{17}:Eu,Mn$	BAM:Eu.Mn	Lamps
Yellow	$(Y,Gd)_3Al_5O_{12}:Ce$	YAG	White LEDs
Red	$Y_2O_2S:Eu$	YOS	Color TVs

表2　蛍光体のエネルギー効率

Phosphor product	Color	Excitation Wavelength (nm)	Absorption	Quantum efficiency	Emissio Efficiency	CIE Color point (x,y)	Luminos intensity
YAG	Yellow	460	0.68	0.72	0.49	(0.296, 0.315)	—
SCA	Blue	382	0.66	0.67	0.46	(0.165, 0.140)	0.30
BAM:Eu	Blue	382	0.62	0.66	0.41	(0.156, 0.162)	0.35
GN4	Green	382	0.73	0.63	0.46	(0.280, 0.559)	1.00
BAM:Eu,Mn	Green	382	0.62	0.69	0.41	(0.158, 0.553)	0.91
YOS	Red	382	0.27	0.69	0.19	(0.653. 0.336)	0.08
B+G+R	White	382	0.37	0.68	0.25	(0.298, 0.307)	0.25

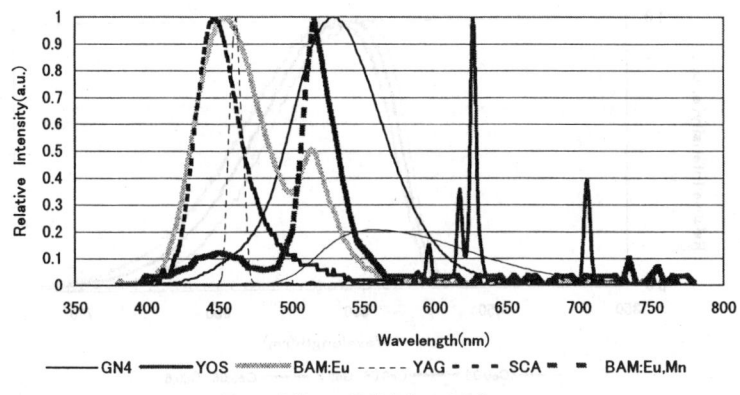

第5章　高効率近紫外LEDと白色LED

図1　白色LED用蛍光体スペクトル

2.4　混合白色光

　青色励起タイプの黄色発光蛍光体に要求される特性は，LEDの青色発光を吸収できること，すなわち460nmに黄色発光の励起帯を有することが必須である。

　このような蛍光体を見つけることは極めて困難であるが，古くから黄色発光を呈する$Y_3Al_5O_{12}$:Ce（YAG:Ceと標記）蛍光体が365nmと460nmに励起ピークを持つことが知られていた。$Y_3Al_5O_{12}$:Ceの母体成分Yの一部をGdに置き換えた発光スペクトルを図2に，それらの励起スペクトルを図3に示した。Yの一部をGdに置き換えることにより，発光スペクトルは長波長に若干シフトされ，より好ましい白色を得ることができる。

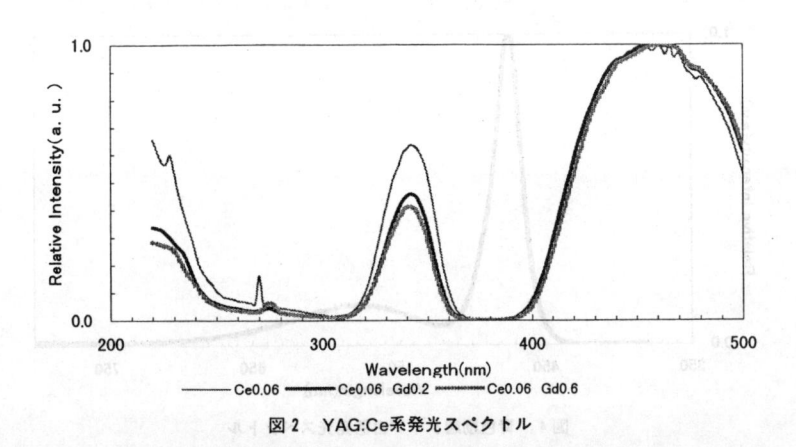

図2　YAG:Ce系発光スペクトル

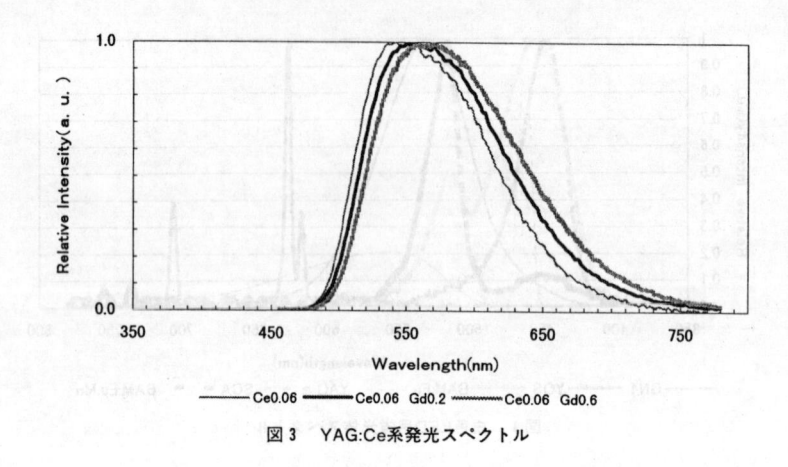

図3　YAG:Ce系発光スペクトル

　LEDの青色発光と蛍光体の黄色発光の加色で得られた白色の発光スペクトルを図4に，また色実現範囲を図5の色度図に示した。YAG:Ceの発光スペクトルはブロードな波形で，演色性は80％以上の良い値を示すが，色温度は青色と黄色の強度比のみで変化させることになり，スペクトルの変化域が小さいために自由度が少なく，かつ赤味に欠ける。これに対して近紫外LEDと青，緑，赤色3色蛍光体を組み合わせたタイプは，表1に示した青，緑，赤色三色の混合品で，その発光スペクトルを図6に示した。図5に示したように，このタイプの色実現は三色で囲まれた広範囲の色が全て実現可能となり，蛍光体の選択により，自由度の高い色と演色性を設計することが可能になる。

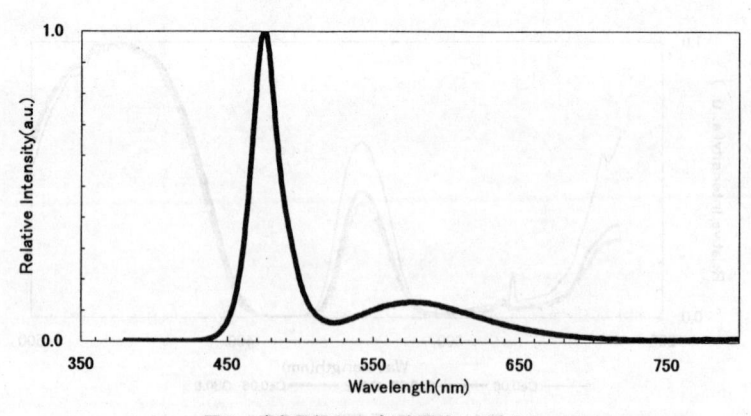

図4　青色励起タイプ白色発光スペクトル

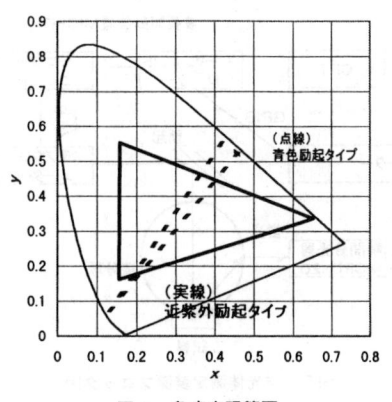

第5章　高効率近紫外LEDと白色LED

図5　色度実現範囲

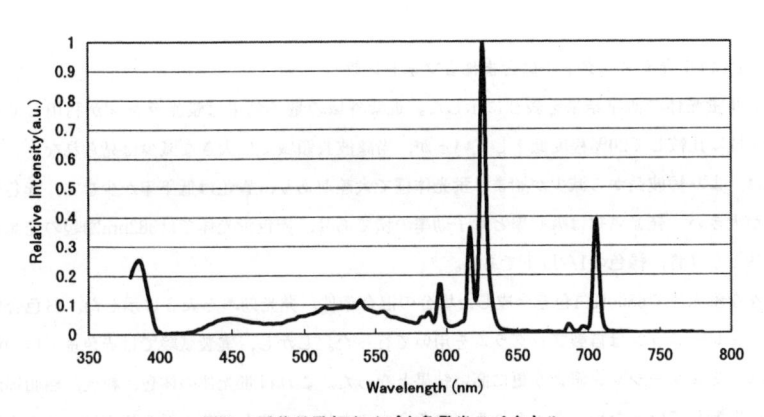

図6　近紫外励起タイプ白色発光スペクトル

2.5 発光特性の評価

蛍光体の輝度評価に関しては輝度計（トプコンBM-5A）を用いた。量子効率，吸収率，発光効率を測定するため図7に示す評価系システムを構築した。

量子効率は次式で表わせる。

$$量子効率\eta = \frac{\int \lambda \cdot P(\lambda) d\lambda}{\int \lambda \cdot [E(\lambda) - R(\lambda)] d\lambda}$$

$E(\lambda)$：蛍光体に照射された励起スペクトルに含まれるフォトン数
$R(\lambda)$：励起光反射スペクトルに含まれるフォトン数

白色LED照明システム技術の応用と将来展望

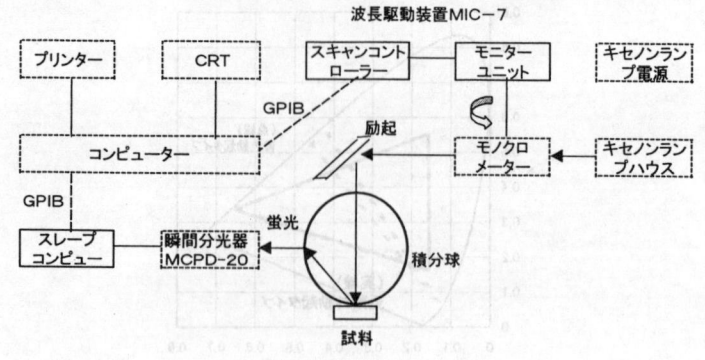

図7　蛍光体測定装置ブロック図

$P(\lambda)$：発光スペクトルに含まれるフォトン数

　モデル蛍光体の測定結果を表2に示した。近紫外域の量子効率は蛍光ランプが利用している254nm域に比較して20%程度低下しているが，当該波長領域では大きな減少は見られない。一方吸収は，より短波長から減少が始まり蛍光体種で大差があり，青色は低下率が少なく，赤色の低下率が大きい。発光効率は吸収率と量子効率の積であり，赤色蛍光体では382nm励起の発光効率は0.19となり青，緑色の1/2以下である。

　色々な蛍光体で6500K白色を合成した場合の混合条件，発光効率を表3に示した。白色合成光のシミュレーションは自製プログラムを用いて行った。しかし，実装試験では赤色蛍光体の混合比率はシミュレーション値より更に高い結果となった。これは蛍光体の体色，粒度，樹脂等が光学的に影響しているためと考えられる。白色合成のために必要な各色の混合比率は赤色蛍光体が50%を超している。より発光効率の高い赤色蛍光体を使用できれば，赤色蛍光体比率を低減でき，結果的に青色，緑色蛍光体の比率が高くなり，全体の効率が向上できることから，赤色蛍光体の開発が最重要課題である。

表3　各色蛍光体白色混合比

Phosphor			White ratio			Relative intensity
Green	Red	Blue	Green	Red	Blue	
ZnS: Cu,Al	Y_2O_2S:Eu	$BaMgAl_{10}O_{17}$:Eu	22.8%	55.8%	21.4%	100.0%
$BaMgAl_{10}O_{17}$:Eu,Mn			18.5%	65.0%	16.5%	88.7%
ZnS: Cu,Al		$(Sr,Ca,Ba,Mg)_{10}(PO_4)_6Cl_2$:Eu	25.7%	54.4%	19.9%	105.2%
$BaMgAl_{10}O_{17}$:Eu,Mn			20.2%	64.8%	15.0%	91.4%
ZnS: Cu,Al		$Ca_2B_5O_9Cl$:Eu	32.7%	53.7%	13.6%	107.8%
$BaMgAl_{10}O_{17}$:Eu,Mn			24.1%	66.4%	9.5%	90.7%

第5章 高効率近紫外LEDと白色LED

2.6 安定性

白色LED照明は複数のLEDを集積したものになる。全体の特性変化量が小さいこと，そして，ディスプレイほどのユニフォミティは求められないにしても，各個間の差が少ないことが望まれる。ばらつき及び変化の要因としては製造時の品質のばらつき，環境温度に起因する発光特性変化，経時劣化が考えられる。いずれも蛍光体とLEDが相互関係すると考えられる。

2.6.1 初期特性のばらつき

青色および近紫外LEDの発光特性のばらつきに起因する白色LEDとしてのばらつきは，蛍光体3色を用いた近紫外励起タイプの方が可視光全色を蛍光体発光によっているため，青色励起タイプに比べて，輝度，色度ともに変化量が少ないと報告されている[2]。

2.6.2 温度特性

次に蛍光体の温度特性について考察する。LED照明として極寒地から猛暑まで100℃以上の環境温度差に対応できることが好ましい。しかし使用蛍光体により白色LEDの輝度，色度の変動に差が出る。白色LED用YAG:Ceおよび三色蛍光体の温度上昇と輝度低下，色調の変化を図8，図9に示した。励起光は460，382nmで測定にはBM-5Aを使用した。YAG:Ceの変化量が大きく，実際には高温度時に青色LEDの効率低下が相乗してくるので輝度は更に低下し，発光色変化も大きくなる。一方，三色蛍光体ではZnS:Cu,Al蛍光体に変化があるが，他色の変化が小さいために全体での変化は少ない。LEDには100mA以上の大電流が流されるようになり，ますます

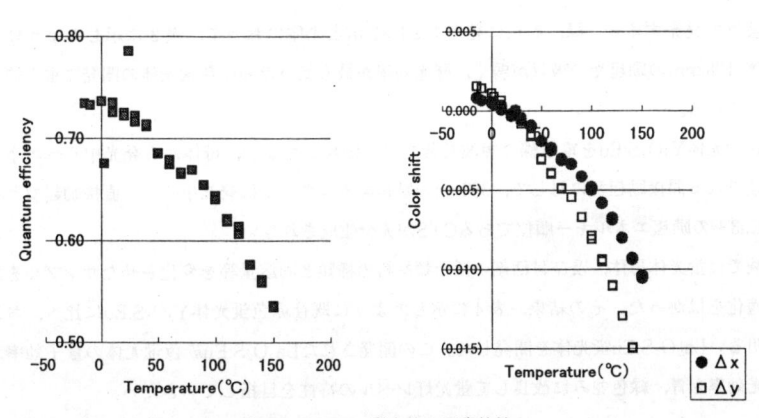

図8 YAG:Ce蛍光体の温度特性

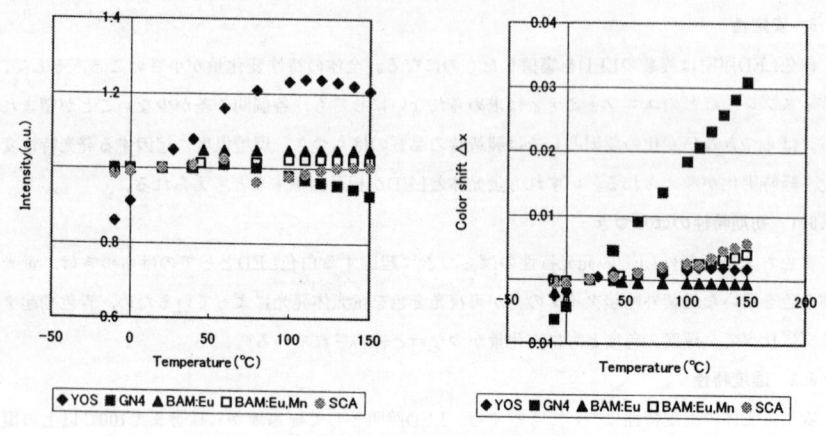

白色LED照明システム技術の応用と将来展望

図9 青，緑，赤色蛍光体の温度特性

発熱が増大する傾向にあり，温度特性は蛍光体を選択する際の重要な決め手となる。

2.6.3 劣化特性

蛍光体特性の劣化には，LED駆動の発熱による劣化，長時間紫外線照射による劣化，塗膜樹脂成分による劣化等が確認されている。これらの問題を解決するために，評価法を確立し蛍光体の表面改質等により耐久性の向上をはかる必要がある。

2.7 赤色蛍光体の開発

近紫外で発光する青，緑，赤色に発光するLED用蛍光体において，表2に示したように赤色蛍光体は382nmの励起光の吸収が弱く，発光効率が最も低いため赤色蛍光体の開発に重点的に取り組んでいる。

赤色蛍光体$Y_2O_2S:Eu$を電子線や短波長紫外線で励起した場合，母体から発光中心へエネルギー伝達される間接励起型に対して，382nmの励起エネルギーでは発光中心への直接励起型となるため$Eu3+$の励起エネルギー順位であるCTSが充分生成されない。

実験では蛍光体母体，及び付活剤の稀土類材料の種類と固溶量等を変化させたサンプルを試作し最適化をはかった。その結果，表4に示したように既存赤色蛍光体$Y_2O_2S:Eu$に比べ，およそ2倍明るい$La_2O_2S:Eu$蛍光体を開発した。この開発された$La_2O_2S:Eu$赤色蛍光体の量子効率および発光効率を青，緑色並みに改良して蛍光灯レベルの特性を目指していきたい。

第5章 高効率近紫外LEDと白色LED

表4 382nm励起による赤色蛍光体の特性

赤色蛍光体	吸収率	量子効率	発光効率
$Y_2O_2S:Eu$	0.27	0.69	0.19
$La_2O_2S:Eu$	0.78	0.47	0.37

2.8 おわりに

　照明として要求される諸特性に合わせて，蛍光体の開発状況と評価結果を述べた。今後実用化を踏まえた照明特性の最適化と劣化特性の評価法の確立が求められると共に，赤色蛍光体の更なる効率化が最重要課題である[3]。

文　　献

1) NIKKEI ELECTRONICS 2002.3.25
2) 田口ほか，第291回蛍光体同学会講演予稿，p.7-15(2002)
3) 田口ほか，49回応物予稿集，p.1451(2002)

3　3原色(RGB)白色LED化に向けたGaNP系窒化物新発光材料開発

吉田清輝*

3.1　はじめに

　照明用LED(Light Emitting Diode)として白色LEDの開発が急ピッチで進んでいる。LEDを用いた白色の出し方は，青色LEDと黄色の蛍光体を用いる場合，紫色LEDと蛍光体を組み合わせる場合の他，青(Blue)，緑(Green)，赤(Red)の3原色を組み合わせる方法がある。

　本節ではRGBの3原色を組み合わせる方法と，その新発光材料の開発について述べる。可視光LEDの開発は1970年代頃より盛んになり，GaP系緑色LED，AlGaAs系赤色LEDが開発され，最近ではAlGaInP系による橙色LEDで40ml/Wを超えたものも報告されている。青色は1990年代より日亜化学が開発したInGaN系で最高輝度が実現されている。緑色もInGaN系で最高輝度が実現されている[1]。

　高効率の白色LEDを得る方法として2通りの方法がある。青色，又は紫外のLEDを用いて蛍光体を励起し白色光を得る方法と，3原色のLEDを組み合わせて白色光を得る方法である[2,3]。

　3原色LEDを組み合わせる場合，組み合わせの色を調整する必要があるが，図1の色度図で説明すると，赤色領域や青色領域では，ほとんど色合いを変えずに視感度だけを変化させることができる。また，白色などの混合色の実現においては，混合する色（波長）とその割合を変えることにより，色合いを変えずに視感度を大きく変化させることができる。表1に同じ色合い（$x=0.31$，$y=0.33$）を作ることのできるRGB単色光の組み合わせの例を混合光の効率とともに示す[2]。

　3原色のLEDの混合によって白色を作る場合には，表1のように組み合わせによって視感度が変わることに加え，それぞれのLEDの効率も異なるため，それらの条件を最適化した上で

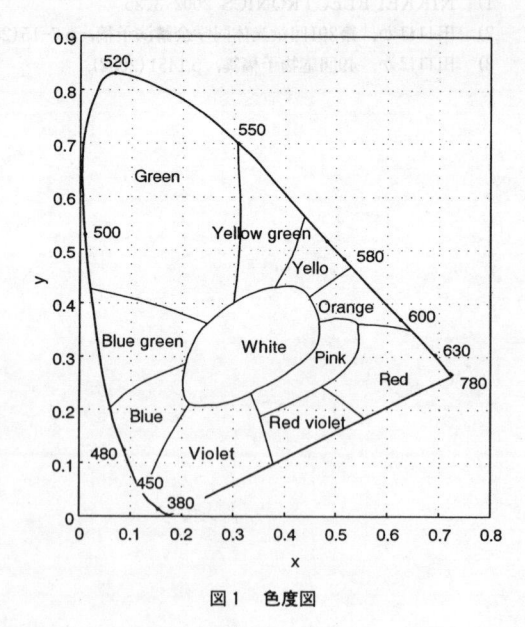

図1　色度図

*　Seikoh Yoshida　古河電気工業㈱　横浜研究所　基盤技術センター　主査

第5章　高効率近紫外LEDと白色LED

表1　同じ色合い(x=0.31, y=0.33)を持つ混合色を実現するRGB単色光の組み合わせと，その混合光の効率

（ただし，各単色光$\eta_{WP}=1$と仮定[2]）

	Red	Green	Blue	Efficiency (lm/W)
Wavelength (nm)	600	555	480	
Mixing ratio	1	0.89	2.51	291
Wavelength (nm)	610	565	450	
Mixing ratio	1	11.17	7.19	413

LEDを組み合わせる必要がある。現状では，各色LEDの駆動電圧や発光出力の温度特性が異なるため，3種のLEDを用いて白色を得ることは寿命，信頼性等の面で解決すべき問題が多い。

これらのRGBのLEDを1つずつ組み合わせて3原色を得るという方法が一般的であるが，1つの混晶系材料で1チップに白色を得ることができれば上述の課題は解決しやすい。

本節では，1つの混晶系材料で白色化することについて述べる。III-V族窒化物半導体のGaN系材料にP，又はAs等のV族元素を加えると，その材料の非混和性，結晶格子の大きなずれ等から，それらの材料を混晶化したときに巨大なバンドギャップボーイングが生ずることが知られている。バンドギャップの変化は，3.4eVから1.0eV以下にまで変化する発光波長に換算すると，紫外（350nm）～赤外（1μm以上）の発光波長を有し，1つの材料系で同一基板上にRGBとなる組成のGaNPを形成することでRGBの3原色LEDが実現できることが期待される。図2にGaNPおよびGaNAs系の組成に対するバンドギャップの変化を示す。

図2によるとGaN$_x$P$_{1-x}$は3.4～1.0eVまでの広い範囲でバンドギャップが変化し，それに伴って発光波長は紫外から赤外までの発光が可能で，RGBの発光が可能である。

GaNAs，GaNP等[4]のIII-N-V族化合物は強い非混和性のために，GaAsPのように全組成領域で均一な混合状態を得ることはできない。この非混和性は立方晶Ga-Nの格子定数が4.520Åに対してGa-AsやGa-Pの格子定数が5.653Å，5.450Åと大きく異なることが原因である。このため均一な混

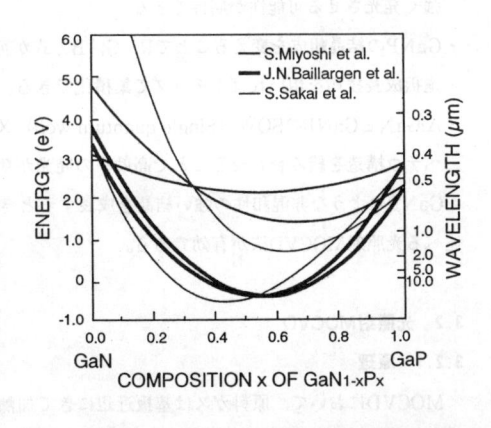

図2　GaN$_{1-x}$P$_x$のバンドギャップの組成依存性

晶相を実現するためには互いのボンド長の違いによる歪エネルギーが発生する。この余剰な内部エネルギーは混合によるエンタルピーの増加分に相当する。DLP (Delta Lattice Parameter) モデルによる計算では，通常のGaAs結晶の成長温度である800℃におけるGaNAsでの窒素原子の固溶度はモル比で10^{-9}と極めて低く，これらの混晶を実現するためには，MOCVD (Metalorganic Chemical Vapor Deposition)，MBE (Molecular Beam Epitaxy)，GSMBE (Gas Source Molecular Beam Epitaxy) 等の非平衡状態での成長方法が有効である。GaNとGaPの混晶を作った場合，そのバンドギャップEg (X) の組成依存性はそれぞれの結晶のバンドギャップをベガード則で結んだ直線にはならず，

$$Eg(X) = ax(x-1) + bx + c \tag{1}$$

のように下に凸な放物線を描く2次曲線で表される。式中の係数aはボーイングパラメータで，GaNP系では誘電バンド理論によれば14eV，強結合バンド理論では間接遷移ギャップで7.6eV，直接遷移ギャップで3.2eVとなることが報告されている。これらの材料系は巨大バンドギャップボーイングが生ずることが理論的に報告されている。ただし，誘電バンド理論を用いた計算は，GaN，GaP等の非常に大きな格子不整合系では適合しがたいと指摘されている[4]。この図に示される結果はあくまで物性値等を仮定した計算結果であり，今後実験によって明らかにしていく必要がある。

　このバンドボーイングが，これらの材料系の赤，緑，青といった多色発光材料の可能性を示す根拠となっている。これらの材料の持つ特色を定性的にまとめれば以下のとおりとなる。

・GaNはN vacancyが多いとこれに基づく深い準位での発光が強くなる問題があるが，GaNにPが入るとこのNサイトを補償してくれるため，N vacancyを減らし，GaNPのバンド端のみ強く発光させる可能性が期待できる。
・GaNPの結晶組成を変えることでR, G, B方式が可能である。
・選択成長技術を用いれば1チップで集積化できる。
・AlGaNとGaNPのSQW (Single quantum well) 又はMQW (Multi-quantum well) のダブルヘテロ構造を組み合わせることで高効率の発光が期待できる。

　GaNPのような非混和性の強い結晶を成長するときは通常のMOCVDやGSMBEよりも以下に述べる光照射MOCVD法が有効である。

3.2 光照射MOCVD
3.2.1 原理

　MOCVDにおいて，原料ガスは基板近辺にきて加熱され

　　$Ga(CH_3)_3 + 3/2H_2 \rightarrow Ga + 3CH_4$

第5章　高効率近紫外LEDと白色LED

$$NH_3 \rightarrow (1-\alpha)NH_3 + \alpha/2N_2 + 3/2\alpha H_2$$

の反応により分解し，基板に到達した前駆体（Precursor）が見かけ上

$$Ga + 1/2N_2 \rightarrow GaN$$

の反応を起こす。ここでαはNH_3の分解率である。NH_3は，熱平衡状態では300℃で完全にN_2とH_2へ分解するがその分解速度は遅い。MOCVDのように原料ガスが早い流速で基板へ供給される場合，その分解率は極めて低く，極一部のみ反応に寄与する。文献上の成長条件はNH_3とTMG（Trimethylgallium）の比率（V/III比）は1000以上と非常に大きい。これはGaAs系の10～50，InP系の100～300と比べて明らかに大きい。GaNの成長では過剰なN雰囲気とし，到達したGaの量によりGaNの成長速度を決定する供給律速の状態としている。

また，光励起MOCVDの特徴は原料分解の素過程において，通常の熱分解に加えて光励起による分解が加わることである。その素過程は以下に示される。ArF(193nm)レーザを照射することにより，原料のTMGによる光吸収は195nm付近に吸収のピークを持ち，170℃において吸光断面積は$1.3 \times 10^{-16} cm^2 mol^{-1}$である。その分解は250nm付近より始まり光吸収による励起一重状態から三重状態を経て金属―炭素結合が切れる[10]。また，波長が280nmにおいて

$$Ga(CH_3)_3 \rightarrow CH_3 + Ga(CH_3)_2$$
$$Ga(CH_3)_2 \rightarrow C_2H_6 + Ga$$

の反応が始まり，波長が240nmにおいて

$$Ga(CH_3)_3 \rightarrow 2CH_3 + GaCH_3$$

の反応が始まる[11,12]。NH_3による光吸収は210nmから始まり190nmにピークを持っている。その吸収値は500～600cm^{-1}であることが報告されている[13]。成長に用いた励起レーザの波長は193nmであるのでTMG，NH_3の吸収帯をカバーしており，より低温での原料分解の促進が期待されている。光照射MOCVDはNH_3を光励起し，低温でも分解速度が向上し，反応が活発化し，GaNPのような非混和性の強い結晶成長に有効となることが期待される。

3.2.2　実験装置

結晶成長装置の模式図を図3に示す[14~16]。本結晶成長装置の最大の特徴は，光励起MOCVDであることである。励起レーザはArFレーザ（LPX200ラムダフィジックス社）を用い，レーザ光は装置内へ外部から導入され，基板上部2mmの位置で水平走査されている。このレーザの波長は193nmで，出力は100mJを100Hzのパルスで変調されている。Ga原料としてはTMGを，N原料としてはNH_3を，添加原料としてのP原料はTBP（Tertiallybuthylphosphine）をそれぞれ用いた。TMGとTBPは恒温槽で一定の温度に保たれMFC（Mass Flow Controller）を通して一定流量の原料ガスとして取り出される。その後，大量の水素ガスと混合することによって加速され，リアクター内部に導入される。成長のための基板はカーボンヒータで加熱されたサセプタ

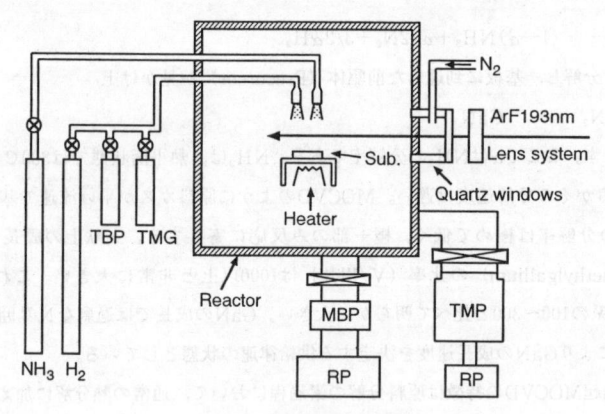

図3 光励起MOCVD装置

の上部へ供給される。一方、NH$_3$は別系統で同じように上部から供給され基板直上で混合される。また、成長温度はヒータに組み込まれた熱電対と基板表面をモニターする放射熱温度計の両方で較正する。

3.2.3 GaNPの成長結果および考察

(1) 光励起の効果

成長はサファイア基板（0001）上に低温GaNバッファを50nm成長し、更に1μmのGaNを成長したGaNのテンプレート基板を用いた。850～950℃の間でGaNPを成長し、900℃近辺で最もスムースな表面を得ることができた。成長温度が900℃以下ではGaNPは島状の3次元成長となり、表面モフォロジーは荒れた状態となった。図4はGaNP/GaNP界面の断面TEM（Transmission Electron Microscopy）写真である。GaNPは大きなドメインで示される。また、結晶構造はSAD(Selected Area Diffraction)の観察からHexagonalであった。また、光照射MOCVD法によって通常のMOCVD法よりも速い成長速度(20～30μm/h)が得られた。これは原料のTBP、NH$_3$等の分解が光のエネルギーで促進されたものと考えられる。成長中にはガス分解によ

図4 GaNP/GaNP界面の断面TEM写真

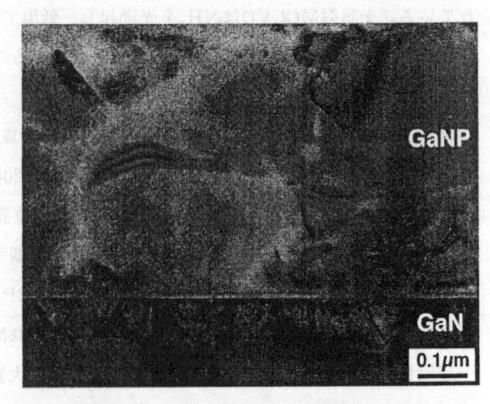

第5章 高効率近紫外LEDと白色LED

表2 GaNP中のP濃度

GaN$_{1-x}$P$_x$	Composition	Substrate	Method	
P-rich	x≧92.4%	GaP	MBE	Baillargeon(1992)[17], (1992)[18]
P-rich	x≧93.7%	GaP	MOVPE	Miyoshi(1993)[19], (1997)[20]
P-rich	x≧84%	GaP	MBE	Bi(1996)[6]
N-rich	x=8.2%	Sapphire	MBE	Iwata(1996)[7], Tampo(1998)[21]
N-rich	**x≧9%**	**Sapphire**	**LA-MOCVD**	**S.Yoshida, Y. Itoh and J.Kikawa (2000), IWN2000**[14]

GaN$_{1-x}$As$_x$	Composition	Substrate	Method	
As-rich	x≧98.4%, 97.9%	GaAs	MOVPE	Weyers(1993)[22], Sato(1994)[23]
	x≧98.5%, 90%	GaAs, GaP	MBE	Kondow(1994)[24], (1996)[25]
	x≧80%	GaAs, GaP	MBE	Foxon(1995)[26]
	x≧85.2%	GaAs, GaP	MBE	Bi(1997)[27]
	x≧92.8%	GaAs	MBE	Uesugi(1997)[28], (1998)[29]
	x≧97%, 95.3%	GaAs	MOVPE	Ougazzaden(1997)[30], (1999)[31]
N-rich	x≦0.1%	GaAs	MOVPE	Kimura(1999)[32]
	x≦0.94%	Sapphire	MBE	Iwata(1998)[33]

る発光色が観察された。

　GaNP中のPの濃度を2次イオン質量分析装置(SIMS)を用いて測定するとPの含有量は10%を超えることが確認された。従来報告されたGaNP中の濃度を表2に示す。光照射MOCVDで吉田等が得たP濃度が最も高いことがわかる。次にGaNバッファ層にMgをドープした基板上にGaNPを成長し、レーザ光照射のある場合とない場合を比較した。GaNPの成長温度は900℃、成長時間は60分であり、その後、1050℃で1時間のアニールが施されている。試料のPLスペクトルを図5に示

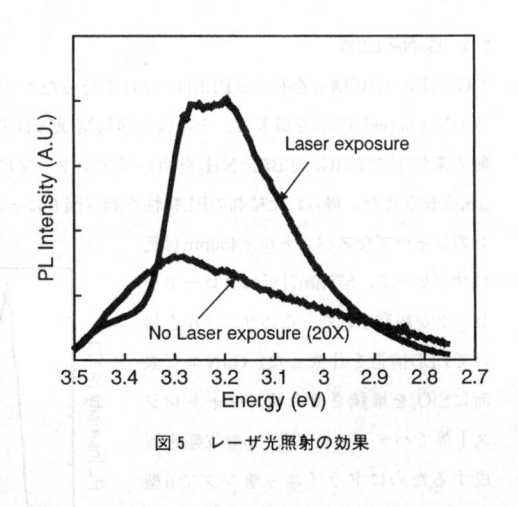

図5 レーザ光照射の効果

す。レーザ照射をしたMOCVDで作成したGaNPの発光ピーク強度が高まることが確認された。

(2) 低P組成におけるGaNP発光メカニズム

　GaPにおいて、置換型等電荷不純物原子は、例えばN原子やBi原子が励起子束縛欠陥であることがよく知られている[34]。この場合、N原子の電気陰性度はP原子の1.64と比べて3.0と非常に大

きく，このため，N原子は極近傍に存在する電子を捕獲し，捕獲された電子によるクーロンポテンシャルによって正孔が引き寄せられ励起子が形成される。また，Bi原子は，N原子とは逆に電気陰性度が1.24とP原子より小さいので，正孔を捕獲してそのクーロンポテンシャルにより電子を引き寄せて励起子を形成する。このような中性不純物はその極近傍以外は電気的に中性に見え，従ってそのポテンシャルは短距離的で深い準位として働く。

GaNにおいても置換型等電荷不純物であるP原子やAs原子は，それらの混晶形成以下の濃度においてはN原子との電気陰性度の違いからGaP中のBi原子のようにホールを捕獲してそのクーロンポテンシャルにより，電子を引き寄せる中性ドナー型の励起子束縛欠陥となることが推測される。GaNへ置換型等電荷不純物であるAs又はPを導入する研究は，Asでは比較的多くの報告があるがPでは少ない。Pを導入する方法として，イオン注入によるものはPankove等[35]，最近ではJadwisienczak等[36]があり，Pが補助準位としての発光が2.88～2.9eVにピークを持つことが報告されている。一方，PとGaNとの混晶を目指したOgino等[37]はGaPを溶解したGaメルトとNH₃を反応させ，出来たpowderをPLで測定し，2.88～2.9eVにピークを持つアイソエレクトロニックトラップとしてP原子が働くことが報告されている。それとの関連の発光メカニズムが考えられる。

3.3 GaNP LED

GaNPのSQW構造を有するPLEDの試作を行った[38～44]。まず，サファイア基板上に2μmの厚さのMg-doped GaNを成長し，その後光照射MOCVD法を用い，成長温度950℃，ArFレーザ照射の条件下でTMG，TBP，NH₃を用いてアンドープGaNPを30nm，アンドープn型GaNを1μm成長させた。得られた結晶のPL特性を調べ図6にそのスペクトルを示す。410nm付近にメインのシャープなスペクトル，450nm付近にサブピーク，575nm付近にブロードなピークが観察された。このサンプルを用いてLED構造を作成した。GaNエピ表面にSiO₂を堆積させた後，フォトレジスト等でパターニングし，p型電極を形成するためにドライエッチングでn型GaN，GaNP層の一部を除去した。ドライエッチングにはAr（7sccm）/H₂（15sccm）/CH₄（5sccm）の混合ガスを用い，ECR（Electron cyclotron Res-

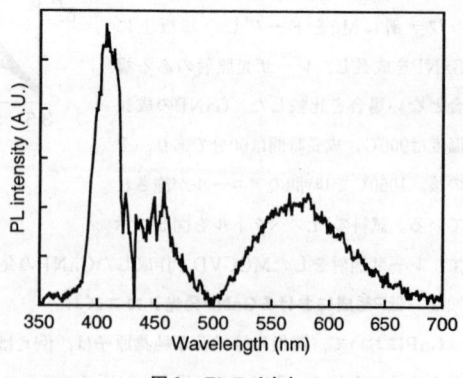

図6　PLスペクトル

第5章 高効率近紫外LEDと白色LED

onance) プラズマエッチングを用いた。エッチング後，n型電極としてAl/Ti/Au，p型電極としてPt/Auを蒸着したLEDを作成した。

作成したLEDのI-V特性を図7に示す。順方向電流の立ち上がり特性が良くないのはn型GaN層がアンドープであるため抵抗が高いと考えられる。次にGaNPLEDのEL測定を行った。図8にELスペクトルを示す。425nm付近にシャープなピークをもち590nm付近にブロードなピークをもつ発光特性を示した。発光色は鮮明な青色である。そのLED発光のイメージを図9に示す。590nm付近のディープレベルの発光はGaNPの結晶欠陥に起因していることが予想される。GaNP層の厚さを100nmとして厚くGaNPLEDを作成した場合，LEDのELスペクトルは図10に示す590nm付近のブロードな発光がバンド端420nm付近のピークよりも強く，発光色は青白色となった。発光層の厚さを薄くし，結晶性を高めることでディープレベルの発光が抑制され，バンド端発光が強くなったものと考えられる。

上述のGaNP SQW LEDの，EL発光の室温における注入電流依存性を測定した。図11にDuty比10%のパルス駆動により得られたELスペクトルを示す。blue band，yellow bandともに電流の増加に従いblue shiftが認められる。電流値を15mAと固定して注入するパルス電流のDuty比

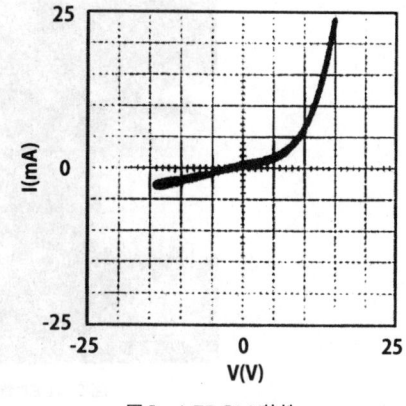

図7　LEDのI-V特性

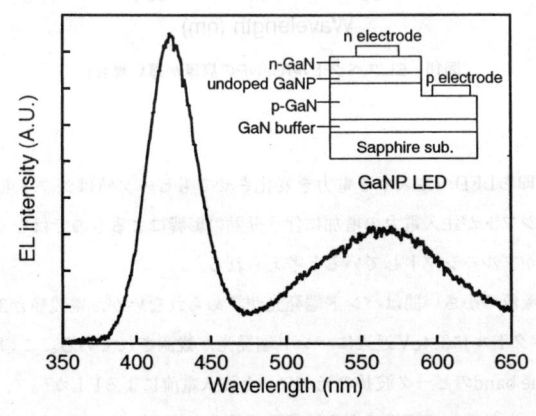

図8　ELスペクトル(GaNPの膜厚を薄くした場合)

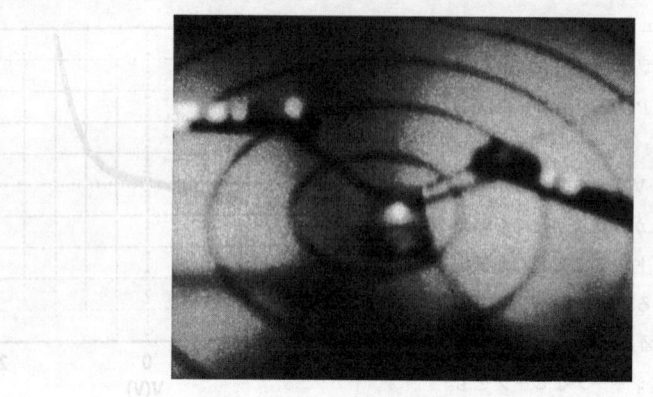

図9　LED青色発光イメージ

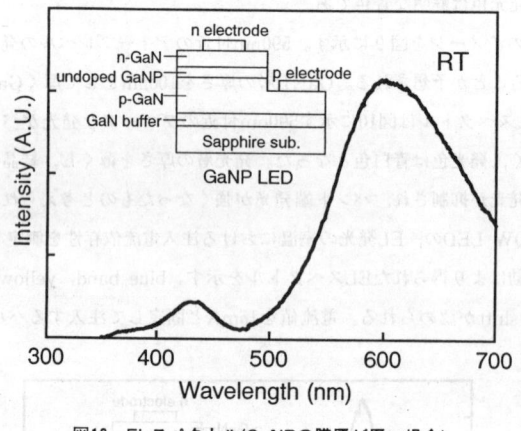

図10　ELスペクトル(GaNPの膜厚が厚い場合)

を変化させても，即ちLEDへ注入する電力を変化させてもピーク値はシフトしない。このことから，ピーク値のシフトが注入電力の増加に伴う発熱の影響によるものではなく，電流の注入量によってピーク値がブルーシフトしていると考えられる。

図11によると電流値の小さい間はバンド端発光が認められないが，電流値が30mAを超すところから，ELのスペクトルに3.4eV近辺にバンド端発光が観測されている。この挙動を明確にするため，図12にblue bandのピーク波長の光パワーと注入電流によるI-Lカーブ，および，この光パワーを全光パワーと見なして概算による外部量子効率を示す。これによれば電流値が20mAを

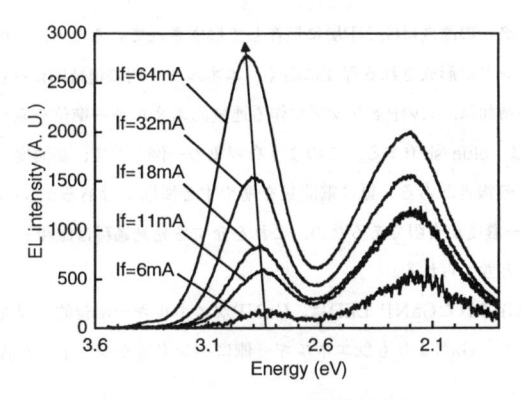

第5章 高効率近紫外LEDと白色LED

図11 GaNP LEDの注入電流依存性

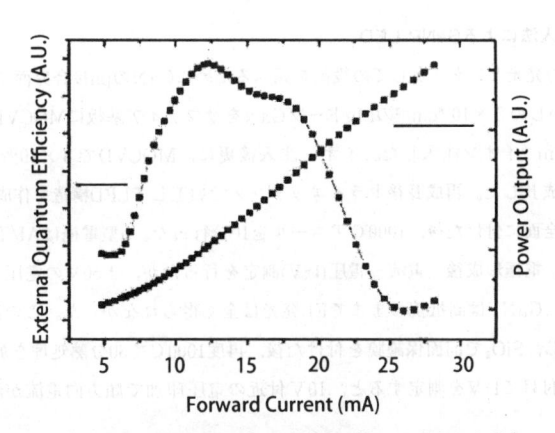

図12 blue bandピークの光パワーを全光パワーと見なした場合の
I-Lカーブと概算した外部量子効率

超すと効率が著しく減少することが示される。

バンドギャップの熱的な変化は,高温になるに従い減少するはずであるが,EL測定の電流値依存性より観測された発光ピーク挙動は,これと相反し若干ではあるが短波長側に変化するものであった。また,電流値を上昇させていくと,効率の低下とともにGaNのバンド端発光成分が検出される。これらの現象は,GaNの直接遷移に比較してPに基づく遷移確率の高い発光センターが発光に寄与していることが考えられる。

電流値の小さい領域では,この遷移を介する発光が支配的で2.9eV付近に発光ピークが観測さ

れる。この発光センターの濃度はGaNP層に局在して形成されているため，一般的なドーピングにおいて，不純物バンドが形成される程度に高く，エネルギー的に連続的に存在していると考えられる。注入電流の増加は，このPトラップが作る連続的エネルギー準位を満たしていき，観測されるELピーク値は，blue shiftする。このような現象の一例として，高濃度ドープのバンドテイリング[45]に関しての報告がある。更に電流量を増やすと微弱ではあるがGaNの発光が現れることから，Pセンター濃度が有限であるため，これを介する発光過程は飽和し，母体のGaNのバンド端発光が生じたと考えられる。

　以上のように，試作されたGaNP LEDは，GaNPがエネルギー準位的に発光センターとして準位を作ることにより，GaNよりも低エネルギー側にバンド端がシフトした青紫色の発光が得られたと考えられる。

3.4　Pイオン注入法によるGaNP LED

　PのGaN中での発光センターとしての役割を調べるためにGaNのpn接合界面にPをイオン注入した[44,46]。あらかじめ$5\times10^{18}cm^{-3}$のMgドープGaNをサファイア基板にMOCVD法で$2\mu m$成長し，Pを$5\times10^{20}cm^{-3}$イオン注入した。イオン注入後更に，MOCVDで$3\times10^{19}cm^{-3}$のSiドープGaNを300nm再成長した。再成長後ドライエッチングで加工してLED構造を作成した。

　SiO$_2$保護膜を全面に付けた後，1000℃アニールを10分行った。n型電極はAl/Ti/Au，p型電極はPt/Auである。電極形成後，電流ー電圧(I-V)測定を行ったが，±50Vの電圧を印加しても電流は全く流れず，GaNPは高抵抗のままでEL発光は全く得られなかった。このLEDの電極を王水等で全て除去し，SiO$_2$で前面保護膜を付けた後，再度1000℃で30分熱処理を加えた。この後，p型，n型電極を付けてI-Vを測定すると，10V付近の電圧印加で順方向電流が流れるようにな

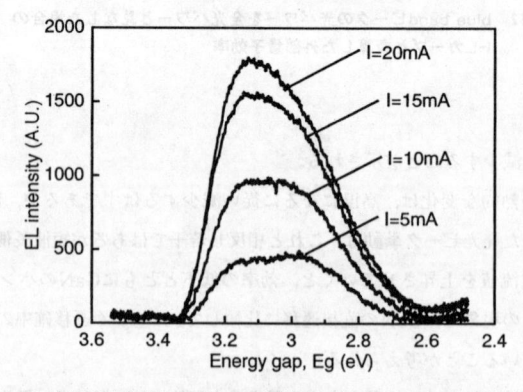

図13　イオン注入法で作成したGaNPを活性層とするGaNP LEDのELスペクトル

第5章 高効率近紫外LEDと白色LED

り，LEDは青紫色に発光するようになった。そこで，このLEDのELスペクトルを，注入電流を200mAから50mAまで変えて測定し，図13に示した。低電流では発光ピークが390～425nmまで幅が広いものになっていたが，注入電流を増やすとともに390nm付近の発光ピークが支配的となった。イオン注入と高温熱処理によって形成したGaNP層であるため結晶組成が微視的にどのようになっているかは未だ不明であるが，いずれにしてもこの発光ピークはPに基づくものでGaNPの発光によるものである。Pイオン注入で初めて発光する現象が確認された。

3.5 おわりに

発光材料で3原色発光を目的として，光照射MOCVD法を用いてGaNP膜の成長を行った。その結果光のエネルギーによってより低温で原料ガスが分解し，SIMS分析で10%程度のP混入が確認できた。PL測定でバンド端のピークがGaNに比べて長波長側に0.2eVシフトした。このように我々が作成したGaNPのPLスペクトルのレッドシフト量は従来のMOCVDに比べて2～3倍が得られ，光照射MOCVDのポテンシャルが高いことを示した。

更にGaNPSQWLEDを試作し青色発光，および青白色発光を電流注入で，世界で初めて確認した。これによってGaNPLEDは少なくとも青色LEDとして期待できることがわかった。

LEDの発光スペクトルの注入電流依存性を調べた結果，注入電流を増やすとともに発光ピークはブルーシフトする傾向がみられた。この発光はPの効果によることが裏付けられた。更に，P組成の高いGaNP結晶を得ることにより，GaNP系材料で1チップRGB化が期待できると考える。

文　献

1) S. Nakamura et al., The Blue Laser Diode, 1st ed (Springer-Verlarg, Heidelberg, 1997)
2) 山田範秀，応用物理，第68巻，第2号，p.139(1999)
3) 天野浩，応用物理，第71巻，第11号，p.1329(2002)
4) 尾鍋研太郎，III族窒化物半導体（赤崎勇編），p.185，培風館(1999)
5) J. N. Baillargeon et al., Appl. Phys. Lett. **60**, 2540 (1992)
6) W. G. Bi et al., Appl. Phys. Lett. **69**, 3710 (1996)
7) K. Iwata et al., Jpn. J. Appl. Phys. **35**, 1634 (1996)
8) S. Sakai et al., J. Cryst. Growth **189/190**, 471 (1998)
9) S. Miyoshi et al., Solid-State Electron. **41**, 267 (1997)

10) 光励起プロセスの基礎, 高橋清編, p.56 (1994) 工業調査会
11) H. Okabe, *J. Appl. Phys.* **69**, 1730 (1991)
12) Th. Beuermann, *Chemicals*, **3**, 230 (1988)
13) K. Watanabe, *J. Chem. Phys.*, **22**, 1564 (1954)
14) S. Yoshida et al., *Proc. Int. Workshop on Nitride Semicon.* No.1, 429 (2000)
15) S. Yoshida et al., *Proc. Material Research Society*, **639**, G2.2 (2000)
16) J. Kikawa et al., *J. Crystal Growth* **229**, 48 (2001)
17) J. N. Baillargeon et al., *J. Vac. Sci. Technol.* B **10**, 329 (1992)
18) J. N. Baillargeon et al., *Appl. Phys. Lett.* **60**, 2540 (1992)
19) S. Miyoshi et al., *Appl. Phys. Lett.* **63**, 3506 (1993)
20) S. Miyoshi et al., *Jpn J. Appl. Phys.* **36**, 7110 (1997)
21) H. Tampo et al., *Proc. 2nd Int. Symp. on Blue Laser and Light Emitting Diodes*, **719** (1998)
22) M. Weyers et al., *Appl. Phys. Lett.* **62**, 1396 (1993)
23) M. Sato, *J. Cryst. Growth* **145**, 99 (1994)
24) M. Kondow et al, *Jpn. J. Appl. Phys.* **33**, L1056 (1994)
25) M. Kondow et al., *J. Cryst. Growth* **164**, 175 (1996)
26) C. T. Foxon et al., *J. Cryst. Groeth* **150**, 892 (1995)
27) W. G. Bi et al., *Appl. Phys. Lett.* **70**, 1608 (1997)
28) K. Uesugi et al., *Jpn. J. Appl. Phys.* **36**, 1572 (1997)
29) K. Uesugi et al., *J. Cryst. Growth* **189/190**, 490 (1998)
30) A. Ougazzaden et al., *Appl. Phys. Lett.* **70**, 2861 (1997)
31) A. Ougazzaden et al., *Jpn. J. Appl. Phys.* **38**, 1019 (1999)
32) 木村徳治ほか, 第46回春季応用物理学会学術講演会講演予稿集, **30P-M-3** (1998)
33) K. Iwata et al., *Jpn. J. Appl. Phys.* **37**, 1436 (1998)
34) P.J. Dean, *Prog. Crystal. Growth Charact.*, **5**, 89 (1982)
35) J.I. Pankove et al., *J. Appl. Phys.* **47**, 5387 (1976)
36) W.M. Jadwisienczak et al., *Mat. Res. Soc. Symp. Proc.* **482**, 1033 (1998)
37) T. Ogino et al., *Jpn. J. Appl. Phys.* **18**, 1049 (1979)
38) S. Yoshida et al., *Mat. Res. Soc. Pro*, **595**, W3.48 (2000)
39) 吉田清輝ほか, 信学技報LQE2001-16 (2001-06), **101** No.113, 61 (2001)
40) S. Yoshida et al., *J. Crystal Growth* **237-239**, 48 (2002)
41) J. Kikawa et al., *Mat. Res. Soc. Symp. Proc.*, **693**, 213 (2002)
42) Y. Itoh et al., *Proc. of 28th Int'l Symp. Compound Semicon.* **170**, 719 (2001)
43) J. Kikawa et al., to be published in Solid state Electron (2003)
44) 吉田清輝ほか, 信学技報, **102**, ED2002-108, LQE2002-83, 49 (2002)
45) S. D. Lester et al., *Appl. Phys. Lett.*, **66**, 1249 (1995)
46) J. Kikawa et al., submitted to MRS Symp. Proc., (2002)

4 ZnSe系白色LED

武部敏彦[*1],　中村孝夫[*2]

4.1 はじめに

　通常の発光ダイオード(LED)は単一の半導体材料から形成されるため、発光色はシャープな単色であり、白色光のような種々の波長が混ざった幅広いスペクトルを有する光を出すことはできない。市場に出ている白色LEDは大きく2種類ある。一つは赤(AlGaInP)、緑(GaP, InGaN)、青(InGaN)の三原色のLEDを一つのパッケージに集積し、それぞれの発光強度を調節して混合するもの。他の一つはInGaN青色LEDのチップ表面にYAG蛍光体を分散させた封止樹脂をコートすることで、チップから放出された青色光の一部を蛍光体に吸収させて黄色光に波長変換し、直接外に向かった青色光と混合するものである[1]。後者の白色LEDの動作電圧は、GaN系青色LEDと同じ3.5V程度である。携帯電話で使用されているLiイオン2次電池の平均動作電圧は3.5Vであり、安定に動作させるためには昇圧回路など電子回路に工夫が必要となる。さらに低消費電力の観点からも、より低電圧で動作するLEDが求められている。

　筆者らは、ZnSe系材料を用いた低電圧駆動の白色LEDの開発に成功した[2~4]。この白色LEDは、n型ZnSe基板上にエピタキシャル成長させたZnSe系LEDの480～490nmの青～青緑発光と、その発光で励起された基板の585nmをピークとする緑(510nm)から赤(800nm)に到る幅広い蛍光を合成することにより、2.6V程度の電圧で高輝度の白色を発する。GaN系白色LEDの、蛍光体を励起して白色を得る方式と異なり、固体素子単体で白色発光を行う全く新しい概念のLEDである。本稿では、キーマテリアルのn型低抵抗ZnSe基板とその上に成長させたエピタキシャルZnSe系多層構造について述べ、GaN系白色LEDと比較しつつ、ZnSe系白色LEDの発光原理や特性について紹介する。

4.2 高品質基板およびホモエピタキシャル層の開発

　ZnSeは室温で2.69eVの禁制帯幅をもつ直接遷移型II-VI族半導体である。この禁制帯幅は波長460nmの青色光のエネルギーに対応し、また種々の元素と混晶を作製することにより任意に禁制帯幅を変化させることができることから、青色～緑色用発光材料として注目されてきた。一般にZnSe系材料は格子定数の非常に近いGaAs基板上に、主として分子線エピタキシー(MBE)法によるヘテロエピタキシャル成長技術により形成されてきた[5]。GaAs基板上にZnSe系エピタキシャル層を形成した場合、①エピタキシャル層／基板界面において原子価数の違いや熱膨張係数の

---

　*1　Toshihiko Takebe　住友電気工業㈱　伊丹研究所　主幹
　*2　Takao Nakamura　住友電気工業㈱　伊丹研究所　プロジェクト推進部　主任研究員

違いにより欠陥が発生しやすい，②LED発光には方向性がないため，基板方向への発光は基板（禁制帯幅1.42eV）に吸収されてしまう，などの問題点があった。

これらの問題点を克服するために，当社では1993年以降，基板として用いる高品質ZnSe単結晶バルクを物理的気相輸送(PVT)法と化学的気相輸送(CVT)法により開発してきた。原理的には，石英封管内にZnSe多結晶原料とZnSe種結晶を対置させ，温度勾配を付けて高温側の原料を昇華させ，低温側の種結晶上に堆積させる方法である。高光度LED用のZnSe基板に求められる特性は，①低欠陥密度，②導電性，③発光波長に対して透明，などが挙げられる。導電性基板を得るためには，ヨウ素(I)やアルミニウム(Al)をn型不純物として添加し，かつその活性化のためにZn蒸気圧下で900~1100℃，100時間程度の高温熱処理を施すことが必要である。成長条件と熱処理条件の抑え込みにより，転位密度数1000個cm^{-2}，キャリア濃度$1×10^{18}cm^{-3}$，比抵抗0.04Ωcmという世界最高レベルのn型導電性ZnSe基板の開発に成功した[6,7]。

並行して，ZnSe基板上に欠陥の少ない高品質のZnSe系薄膜をホモエピタキシャル成長させる技術の開発を進めた。文献8では$K_2Cr_2O_7$系溶液による表面エッチングとMBE成長前の水素プラズマクリーニングの組み合わせでエピ層／基板界面での転位発生を10^5cm^{-2}から$2×10^3cm^{-2}$にまで抑えることができ，基板転位密度の10^6cm^{-2}から数10^3cm^{-2}への大幅低減と相俟ってエピ層内転位密度を$5×10^3cm^{-2}$オーダーにまで低減することができた。この成果をベースに試作した517nmの青緑色レーザで7.5時間の室温連続発振寿命を得ている。これらのレーザは，GaAs基板を使用した場合の~500A/cm^2に対し，一貫して~200A/cm^2と（最低値176A/cm^2）いう極めて低い発振閾値電流密度を示した。文献9ではそれを解析し，発振波長に対し吸収のあるGaAs基板と違って透明なZnSe基板の特徴が活きていることを定量的に明確にした。この間培った基本的な技術を更に発展させて，以下に示す白色LEDの開発に活用した。

4.3 基板発光を用いた白色発光の原理

LED開発過程で，熱処理された基板の光学吸収が極端な長波長側へのテーリング現象を起こすことを見出した。すなわち，図1(a)に示すように，通常は吸収されることのない禁制帯幅より低エネルギーの光，つまり460nmより長い光が520nm近くの波長まで吸収される。更にこの基板は，図1(b)のArイオンレーザーの488nm線で励起した室温フォトルミネッセンススペクトルに示すように，500nmより短波長の光を照射すると自己付活化発光中心（SA中心）と呼ばれる，添加不純物とZn空孔とから成ると言われている欠陥を介した発光[10]（色としては黄色）が観測される。585nmにピークを持ち，510nm(緑)~800nm(赤)に広がる非常にブロードな蛍光帯である。フォトルミネッセンス励起スペクトルの測定から，この蛍光帯は，室温付近で485nm光で効率良く励起される，すなわち，励起帯が485nmにあることがわかった[11]。この点が応用上の大き

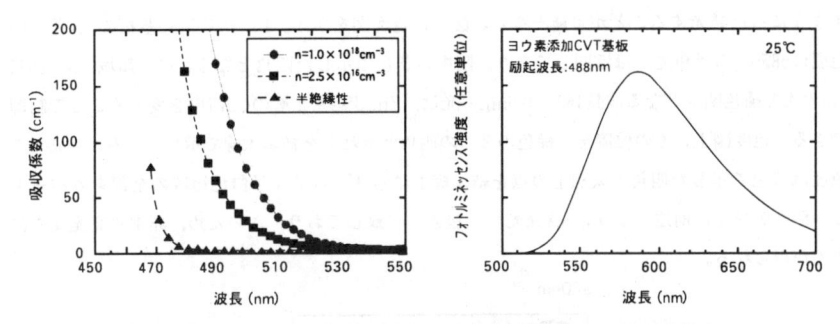

第5章 高効率近紫外LEDと白色LED

図1 熱処理したZnSe基板における(a)光吸収のバンドテーリング現象と(b)フォトルミネッセンススペクトル (nは基板のキャリア濃度)

なポイントである。

ZnSe系LEDでは,発光層にレーザと同じ$Zn_{1-x}Cd_xSe$歪み量子井戸を用いており,高い発光効率が得られる。Cd組成xと井戸層厚の臨界膜厚内での制御によって,発光色は青色(460nm;x=0)から緑色(520nm;x=0.4)にまで変えることができる。図2(a)に示すようにSA発光するZnSe基板にZnCdSe活性層を有するZnSe系LEDを作製することにより,①発光層で青～青緑色を発光,②基板方向に入射した青色～青緑色光で基板のSA発光を励起させ黄色を発光,③青色

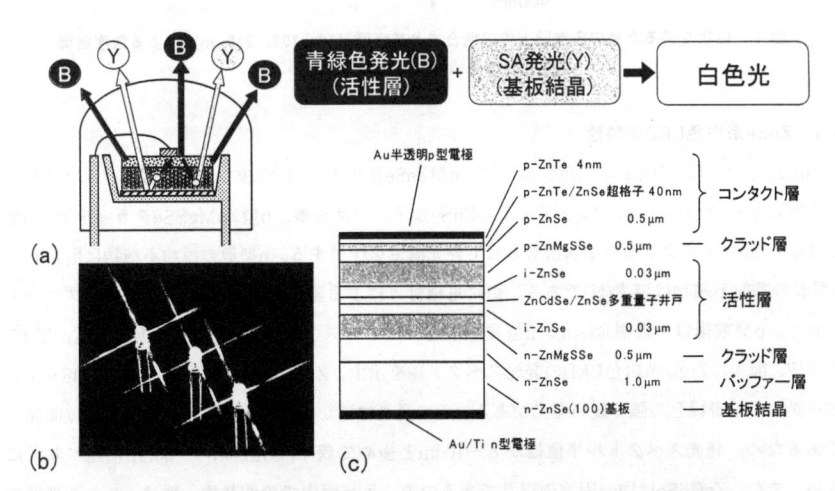

図2 ZnSe系白色LEDの(a)発光概念図,(b)モールドされた素子,(c)断面構造
カラー図は巻頭ページをご覧下さい。

白色LED照明システム技術の応用と将来展望

光と励起された黄色光がLEDから同時に放射されることで青色と黄色が混合され、図2(b)に示すように白色発光することが可能となる。図3に色度図を示す。IドープZnSe基板のSA発光の色度は585nmの単色光とほぼ同じであり、図中の黄色で示した四角となる。白色領域で波長585nmの光と補色関係となる波長480〜490nmの光は、ZnCdSe発光層のCd組成を変えることで制御できる。色度図上にその位置を青緑色の2つの四角とそれらを結ぶ太線で示してある。合成光の色度は黄色で示した四角と太線上の点を結ぶ線上にあり、ちょうど白色領域の全部をカバーする。活性層発光は前述のようにSA発光の励起帯と一致しており、このため、非常に高光度の白色光が得られる。

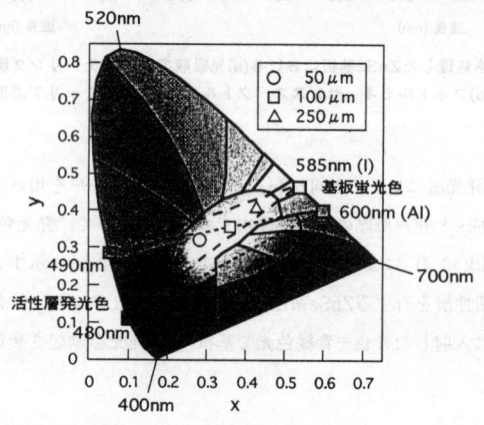

図3 白色を得るための色度図上での色合成と基板厚（50, 100, 250μm）による色度制御
カラー図は巻頭ページをご覧下さい。

4.4 ZnSe系白色LEDの特性

ZnSe系白色LEDは図2(c)に示すように、n型ZnSe基板上にMBE法で、n型ZnSeバッファ層、n型ZnMgSSeクラッド層、ZnSe-ZnCdSe-ZnSe量子井戸活性層、p型ZnMgSSeクラッド層、p型ZnTe/ZnSeコンタクト層を順次積層させて発光構造を作製する。n型層の添加不純物は塩素(Cl)、p型層の添加不純物は窒素(N)である。更に電極付けによる素子化プロセス、チップ化プロセスを行う。p型電極は半透明金(Au)、n型電極は当初はインジウム(In)、現在は金チタン(Au/Ti)である[12]。図4にZnSe系白色LEDの発光スペクトルを示す。ZnCdSe量子井戸活性層から485nmをピークとする青緑色の強く鋭い発光がある。その発光機構が伝導帯と価電子帯の量子準位間発光であるため、発光スペクトル半値幅が8〜10nmと極めて狭く、GaN系の〜30nmに比べ非常に鋭い。また、ZnCdSeは均一固溶の混晶であるので、エピ面内での波長均一性は±1nmと良好である。この485nmの光により幅広いスペクトルのSA発光が励起され、青、緑、赤の三原色を含

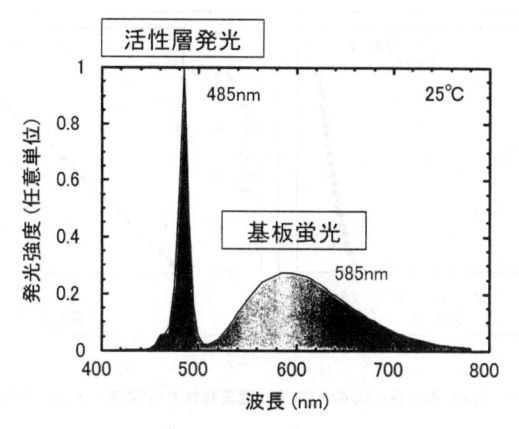

第5章 高効率近紫外LEDと白色LED

図4 ZnSe系白色LEDの発光スペクトル
カラー図は巻頭ページをご覧下さい。

む白色光が発生している。基板発光についても同一基板作製条件であれば，発光波長・強度とも均一で再現性良く制御可能である。

更にSA発光強度は基板厚（発光体積），基板のキャリア濃度（熱処理条件，すなわちSA中心の濃度），SA発光ピーク波長は不純物種（Iでは585nm，Alでは600nm）により，活性層発光の強度や波長に対し独立に変えることが可能であるので，青白い寒色系白（色温度13300K）から黄色っぽい暖色系白（同3300K）までxを制御できるのみならず，緑っぽい白～ピンク色のyの幅広い制御が可能である。このようにZnSe系白色LEDでは，色度図の白色領域全域のみならず中間色の色調を作り出すことも可能である。単純に基板厚を変えることで色度を変えた例を図3に示す。基板厚50，100，250μmに対する色度はそれぞれ，(0.28, 0.32)，(0.36, 0.36)，(0.43, 0.40)で，基板厚を厚くすることでSA発光強度が増加し，青色っぽい白色から黄色がかった白色へシフトしている。基板作製を含め，同一条件で作製されたZnSe系白色LEDでは，前述の活性層発光波長・強度とSA発光波長・強度の均一性から色度のバラツキは少数点以下3桁目の変動程度に非常に低く抑えられる。

図5にエポキシ樹脂でモールドされた素子の(a)電流－電圧特性と(b)電流－光出力特性を示す。電流印加に伴う光出力増加の直線性が良好で，20mA印加時の出力は4.25mWである。このLEDの外部量子効率は8.7%，20mA通電時の光束は1.1lm，視感効率は20lm/Wであった。20lm/Wという値は白熱電球の視感効率15lm/W以上であり，高い効率が得られていることがわかる。さらに，このLEDの20mAにおける動作電圧は2.75VとGaN系に比べ低い値が得られている。LEDの動作電圧は，発光層以外での電圧降下がなければeV単位で表される光エネルギーの値とほぼ

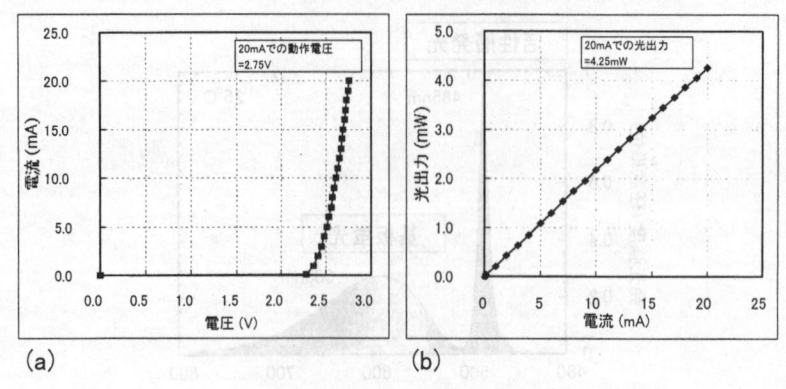

図5 ZnSe系白色LEDの(a)電流−電圧特性と(b)電流−光出力特性

等しくなる。485nmでは2.55Vとなりこの動作電圧は電圧降下がほとんどないことを示している。GaN系白色LEDの動作電圧3.6Vが，発光波長（～460nm）に対応するエネルギーの値（～2.69eV）よりもかなり大きいことは，発光層以外にも電圧降下を生じている個所が存在することを示唆している。携帯機器への搭載を考えた場合，LED駆動電圧は消費電力に影響を及ぼす。ZnSe系白色LEDについても継続的に素子構造・プロセスの最適化を行っており，現状では20mA印加時2.5Vまで低電圧化が実現している。

携帯機器バックライト／フロントライトへ白色LEDを搭載する場合，チップを直接基板にボンディングする表面実装を行う必要があるが，写真1に表面実装したZnSe系白色LEDの例を示す。GaN系白色LEDでは絶縁性のサファイア基板を用いているため基板表面にワイアボンドを

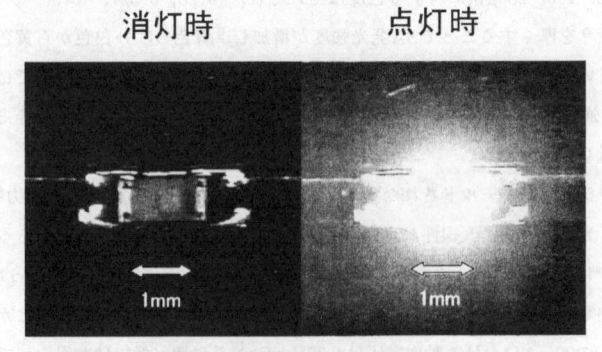

写真1　表面実装したZnSe系白色LED
カラー図は巻頭ページをご覧下さい。

168

第 5 章　高効率近紫外LEDと白色LED

2カ所行う必要があるが，ZnSe系白色LEDでは導電性基板を用いているため，通常のLEDと同様の方法で基板への実装が可能であり，ボンディングパッドが1カ所で済むので発光面積が広いという省スペースの利点がある。また，蛍光体不要であるのでモールドプロセスも簡単である。

　その他，導電性基板を用いていることで，静電破壊電圧は8kV以上あり，ツェナーダイオードなどスペースを取る保護回路は不要である。また，基本的な高温高湿保存，低温保存，耐熱衝撃などの試験にも問題ないことを確認済みである。

4.5　ZnSe白色LEDの特性向上

　このようにZnSe系白色LEDは非常に高い基本特性が得られているが，更に，LEDの最も重要な特性である光度と寿命に関し，1996年に先行して市場に出たGaN系白色LEDと同等の特性を量産レベルで実現するための技術開発を行ってきた。

　図6に表面実装型の白色LEDの光度の年度別推移を示す。GaN系白色LEDは着実に光度の上昇が認められるが，ZnSe系白色LEDはそれを上回るペースで光度が上昇している。このような光度向上は，エピ構造改善による発光層での発光再結合確率の増加や熱処理条件改善による基板発光強度の向上などの内部量子効率の向上に加え，電極材料の透明化，実装方法の改善，などによる光取り出し効率の向上により実現できた。特に電極の透明化については，これまで素子劣化のためZnSe系では使用されなかった透明導電膜の形成に成功し，大幅な（～1.4倍）光度上昇を実現した[13]。現状，パッケージの光学設計なども改善し，光取り出し効率を上げることで，5mAで～150mcdの光度に対応する光出力も得ている。なお，発光効率は，GaN系白色LEDで報告されている30lm/Wと同等レベルのものができている[14]。今後とも新しい発光材料や電極材料

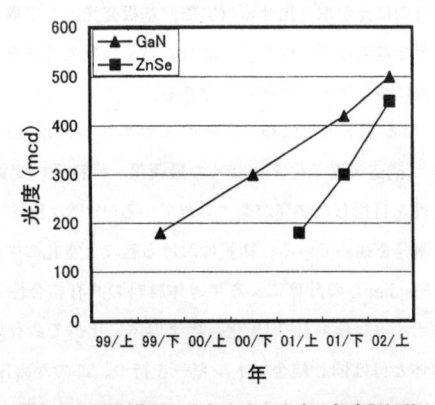

図6　表面実装型の白色LEDの光度の年度別推移

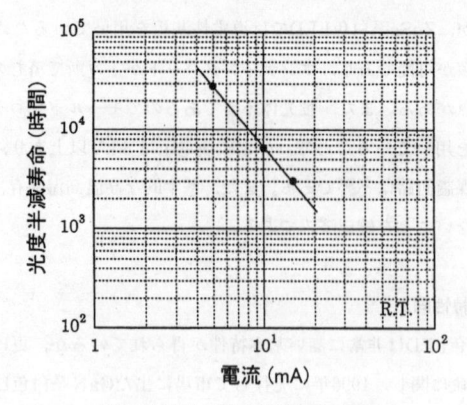

図7　電流と光出力半減寿命の関係

　の採用や光取り出し方法の工夫が進めば効率は向上し，更に光度向上可能である。
　このようにZnSe系白色LEDは発光に関して非常に高い基本特性が得られているが，ZnSe系材料で実用化の課題となるのは素子寿命である。これはZnSe系青緑色レーザ開発でも問題となった点である[3,5,8]。前述のようにZnSe青緑色レーザでは，長寿命化のため素子構造内に存在する転位の低減を図ってきた。寿命は転位密度の2乗に反比例して伸張した。LEDについても同様の関係が認められ，転位密度の低減が素子寿命伸長のため必要である。ZnSe系白色LEDの光出力半減寿命は，図7に示すように，電流密度の2乗に反比例する。レーザ発振に必要な電流密度（ZnSe系の場合～200A/cm^2）に比べ，携帯機器用LED点灯に必要な電流密度は1桁以上低いため劣化は緩和される。我々の素子では，発光波長に対し透明なZnSe基板を用いたホモエピタキシャル構造をとるため，有効に光が取り出せる（実際，基板発光として取り出し，活用）ので，必要な光度を得るのに必要な電流は更に少なくて済む。素子の発光効率を上げると電流密度を下げることができ，寿命伸張につなげることが可能である。
　現在，ZnSe系で問題となる素子劣化につき，そのメカニズムが次第に明確になっており，ZnSe基板の低転位化，エピ構造・素子化プロセスの最適化，材料系の変更，などによりGaN系白色LEDと同等の寿命特性を目指した開発が進められている[3,15〜19]。新材料系については特にBeカルコゲナイドに注目し開発を進めている。物質における転位と空孔の生成は共有結合度に大きく影響される。図8に，Fischerらの計算による半導体材料の共有結合性と凝集エネルギーの関係を示す[20]。Beカルコゲナイドは他のII-VI族化合物半導体に比べて共有結合性が非常に強い。しかも，III族窒化物半導体とほぼ同じ結合エネルギーを持つ。このためBeカルコゲナイドを用いることで，結晶欠陥が生成・増殖しにくくなり，ZnSe系LEDでGaN系LEDと同等の長寿命化

第5章　高効率近紫外LEDと白色LED

が達成できる可能性がある。図9にBeカルコゲナイドを含むII-VI族化合物半導体の格子定数と禁制帯幅の関係を示す。ZnSe系LEDへのBeカルコゲナイドの適用を考えた場合，まずp型クラッドをNドープZnMgSSeからNドープZnMgBeSeに変えることが長寿命化に有効と考えられる。これは，ZnSe系発光素子の寿命が低転位密度領域ではp型ZnMgSSeクラッドにドープされたN起因の欠陥に大きく影響されることが判ってきたので，それを抑制できる可能性があるためである。また，伝導帯のバンドオフセットが大きく取れるので，p型ZnMgSSeクラッド層への電子のリークが抑制される。それにより，電子の活性層への閉じ込めがより確かになり発光効率を上

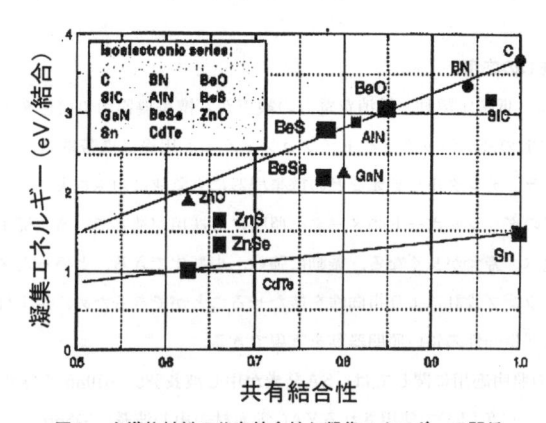

図8　半導体材料の共有結合性と凝集エネルギーの関係

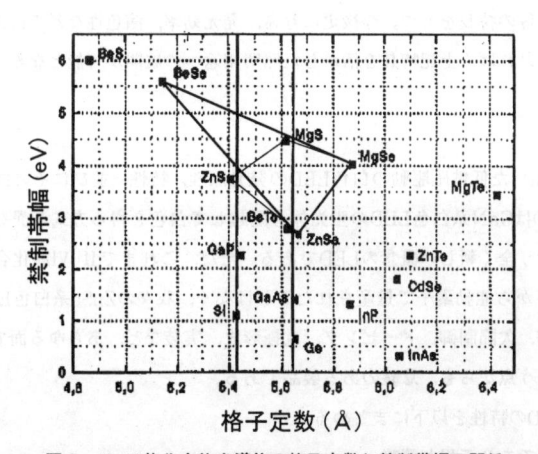

図9　II-VI族化合物半導体の格子定数と禁制帯幅の関係

171

げると共に，リークした電子がp型ZnMgBeSeに残留するN起因の欠陥で正孔と非発光再結合するのを妨げる。更にZnSe系LEDでは，①ZnCdSe活性層，②ZnSe/ZnTe超格子コンタクト層で格子不整合になっており，この歪み場が長期信頼性で特性劣化の原因となる。これらの構造にBe系材料を導入することで，それぞれ①BeZnCdSe活性層，②ZnSe/BeTe超格子コンタクト層とすると，LED全体がほぼ格子整合系となり，寿命伸張が期待できる。現在，ZnMgBeSeクラッドではX線半値幅がZnMgSSeクラッドの46"から16"に改善し，結晶性の向上を確認した。ZnSe/BeTe超格子コンタクト層では，ZnSe/ZnTe超格子コンタクト層を下回るコンタクト抵抗，上回る光透過率を確認した。現在LED構造での長寿命化に関する検討を行っている。

4.6 ZnSe白色LEDの応用

ZnSe白色LEDは，低電圧駆動，低消費電力の観点から携帯機器用の白色光源として最適である。現状の白色LEDの液晶バックライト／フロントライト用途は携帯電話用が主であるが，今後はデジタルカメラ，デジタルビデオなどの携帯機器にも急速に用途拡大するとみられている。このほかに自動車のダッシュボードのメーター照明にも採用が進んでいる。従来使用してきたハロゲンランプに比べ，寿命が長くなる，振動に強い，小型化できる，といったメリットがあるためである。更に，ランプ設計により指向性を持たせることができるため，足下灯や天井埋込灯といった局所照明など指向性の強い照明器具を実現できる。

ZnSe白色LEDの照明応用に関しては，SA発光が中心波長585～610nmの緑から赤に広がるスペクトルで，GaN系白色LEDで使用されるYAG蛍光材の中心波長～555nmに比べ長波長であることから，①赤色領域の色再現性良好，②GaN系白色LEDでは難しい色温度が低い電球色の白色を実現できる，等の特長をもつ。今後更に寿命，発光効率，演色性などの特性面に加え，コストが大幅に改善されれば，上記特長を活かした照明用途への展開が可能となる。

4.7 おわりに

ZnSe系材料を用いた低電圧駆動の白色LEDの発光原理，特性，並びにその向上について述べた。この白色LEDはGaN系白色LEDの蛍光体を励起して白色を得る方式と異なり，固体素子単体で白色発光を行う全く新しい概念のLEDである。ただ，これまでⅡ-Ⅵ族化合物半導体は材料特性制御の難しさから能動素子で量産されたことはなく，我々のZnSe系白色LEDは，基板，薄膜成長，界面制御，欠陥制御，ドーピング，電極形成，実装など，あらゆる面で新規の技術開発を重ねてきたという点からも，意義のある製品である。

ZnSe系白色LEDの特性を以下にまとめる。

① 蛍光体不要であり工程が簡略。

第5章 高効率近紫外LEDと白色LED

② 取り出し電極は基板表面と裏面でとる。
③ GaN系白色LEDに比べ2.5V以下という低電圧で動作。
④ 波長の精密制御が可能であり色調ばらつきが少ない。
⑤ 導電性基板を用いているため静電破壊に対して耐性がある。

このようにZnSe系白色LEDは,その優れた特性から携帯機器用の白色光源として非常に魅力的である。今後,更に特性向上を目指し他用途への展開を図る。

文　　献

1) 向井孝志,中村修二,応用物理,**68**,No.2,152(1999)
2) 松原秀樹,中西文毅,土井秀之,片山浩二,三枝明彦,三井正,武部敏彦,西根士郎,SEIテクニカルレビュー,**155**,93(1999)
3) K. Katayama, H. Matsubara, F. Nakanishi, T. Nakamura, H. Doi, A. Saegusa, T. Mitsui, T. Matsuoka, M. Irikura, T. Takebe, S. Nishine and T. Shirakawa, *J. Cryst. Growth*, **214/215**, 1064(2000)
4) 武部敏彦,応用物理,**70**,No.5,554(2001)
5) S. Itoh, K. Nakano, and A. Ishibashi, *J. Cryst. Growth*, **214/215**, 1029(2000)
6) 小谷敏弘,藤原伸介,弘田龍,入倉正登,松岡徹,SEIテクニカルレビュー,**154**,54(1999)
7) S. Fujiwara, Y. Namikawa and T. Kotani, *J. Cryst. Growth*, **205**, 43(1999)
8) H. Doi, T. Matsuoka, F. Nakanishi, N. Okuda, T. Yamada, K. Katayama, H. Yao, A. Saegusa, H. Matsubara, M. Irikura, K. Kimura, T. Takebe, S. Nishine and T. Shirakawa, Proc. 2nd Int. Symp. Blue Laser and Light Emitting Diodes, Chiba, 1998, p.385 (Ohmsha, Tokyo, 1998)
9) K. Katayama, H. Yao, F. Nakanishi, H. Doi, A. Saegusa, N. Okuda, T. Yamada, H. Matsubara, T. Matsuoka, M. Irikura, T. Takebe, S. Nishine and T. Shirakawa, *Appl. Phys. Lett.*, **73**, 102(1998)
10) H. Wenisch, M. Fehrer, K. Ohkawa, D. Hommel, M. Prokesch, U. Rinas and H. Hartmann, *J. Appl. Phys.*, **82**, 4690(1997)
11) 安東孝止,私信(2000)
12) 特3341763
13) 特3141874
14) (株)技術情報協会講演会資料"白色LEDの高効率化とその応用展開"
15) 山口勉,吉田寛,阿部友紀,笠田洋文,安東孝止,電子情報通信学会論文誌,J-81-C-11,33(1998)

16) S. Fujiwara, Y. Namikawa, M. Irikura, K. Matsumoto, T. Kotani, and T. Nakamura, *J. Cryst. Growth*, **219**, 353(2000)
17) Y. Namikawa, S. Fujiwara and T. Kotani, *J. Cryst. Growth*, **229**, 92(2001)
18) H. J. Lugauer, M. Keim, G. Reuscher, P. Grabs, U. Lunz, A. Waag, G. Landwehr, D. Ivanov, T. Shubina, A. Toropov, N. Il'inskaya, P. Kop'ev, and Zh. Alferov, *J. Cryst. Growth*, **201/202**, 927(2000)
19) S. -B. Che, I. Nomura, K. Fukada, A. Kikuchi, and K. Kishino, *phys. stat. sol. (a)*, **192**, No.1, 201(2002)
20) F. Fischer, G. Landwehr, Th. Litz, H. J. Lugauer, U. Zehnder, Th. Gerhard, W. Ossau, and W. Waag, *J. Cryst. Growth*, **175/176**, 532 (1997)

第6章　白色LED実装化技術

1　蛍光体とパッケージング

原田光範*

1.1　はじめに

　高輝度青色LEDの登場により，蛍光体と組み合わせた白色LEDが開発され，情報機器のバックライト光源のみならず，家庭用照明などへの普及が進んでいる[1]。また近年，高出力紫外LEDも開発されるようになり，こちらも蛍光体と組み合わせた白色LEDへの応用が展開されている[2]。これらのデバイスは，LEDの特徴である小型，低消費電力，長寿命という点と，蛍光体の特徴である色設計の自由度，安定性，扱いやすさの点とが融合した全く新しい照明用光源として期待されている。

　一般にLEDと蛍光体を組み合わせる場合，LEDチップ近傍に蛍光体を配置した構造が代表的である。LEDから放射される光を蛍光体で効率よく波長変換させるためには，LEDチップ近傍の光放射密度の高い領域に蛍光体を配置する方が変換効率の面で有利であると考えられる。ここで重要になるのが蛍光体のパッケージ方法であり，白色LEDの発光効率，色調を決める要素技術の一つとなる。本節では，これらLEDと蛍光体の代表的なパッケージについて主に白色化という観点から述べる。

1.2　青色LED＋YAG蛍光体の白色化およびパッケージ

　現在商品化されている白色LEDの主流は，図1に示したように青色LEDからの光で励起されて黄色発光するYAG:Ce蛍光体をエポキシ樹脂などの透明材料に分散して，LEDチップを実装した凹型カップ内に塗布した構造である。この方式の白色発光メカニズムは，青色LEDの発光のうち一部はYAG蛍光体を励起して黄色発光させて，他の一部はそのまま透過して青色発光し，外部には青色＋黄色が混色（補色関係）して白色光が得られる。この方式の特徴は，構造が単純

図1　青色LED＋YAG蛍光体の構成例

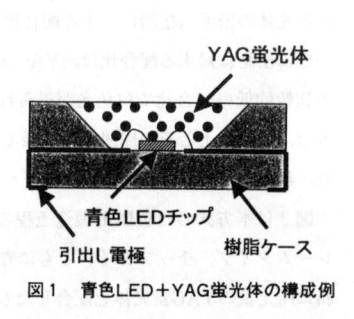

*　Mitsunori Harada　スタンレー電気㈱　研究開発センター　光創造グループ　研究員

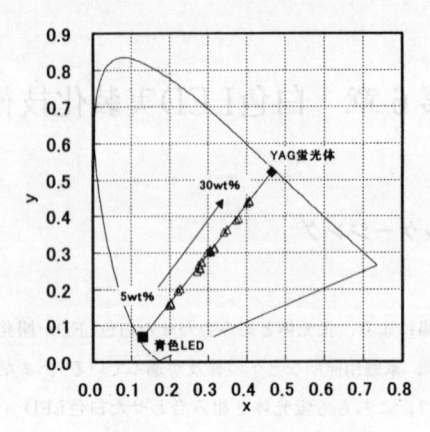

図2　青色LED＋YAG蛍光体の色度調整

であるため、従来のLED製造工程に蛍光体層塗布工程を付加するだけでよく、製造コストが抑えられる点である。

　図2は樹脂に配合するYAG蛍光体の濃度を変化させた場合のLED色度座標をプロットしたものである。この方式のもう一つの特徴は色度調整が単純な点であり、図2に示したように青色LEDとYAG蛍光体のそれぞれの色度座標を結んだ直線上であれば任意に色調を調整することができる。すなわち、YAG蛍光体の濃度が低い場合は青色透過光の比率が多く、全体では青みがかった白色になり、YAG蛍光体の濃度が高い場合は黄色変換光の比率が多く、全体では黄みがかった白色になる。このように青色LEDの光の一部を補色として利用する本方式では、塗布する蛍光体の密度（樹脂に対する配合比）を高くする必要はなく、蛍光体の使用量が抑えられる。一般に樹脂に対する配合比は、YAG蛍光体の変換効率やカップ形状にもよるが10～20wt％付近の比較的低い配合比で白色光が得られる。しかしながら、青色LEDチップから放射される光強度は、中心軸上とその周囲では一様でないため、LEDチップ周囲のYAG蛍光体密度が一定の場合、軸上と周囲で色ムラが発生するという問題もあり、今後の課題である。

　図3は本方式の白色LED製造工程の一例、図4は代表的な発光スペクトルである。リードフレームタイプ、チップタイプともに青色LEDチップを実装した凹型カップ内に、あらかじめ樹脂に所定量のYAG蛍光体を配合したものを塗布した構造は共通である。LEDの特徴である小型、低消費電力、長寿命という利点を生かし、現在では携帯電話機やPDA端末などのバックライト光源として非常に多くの機器で使用されている。また、自動車の天井、家庭用スタンド、スポットライト、街路灯などの照明機器分野にも応用が展開され始めている[3]。

第6章　白色LED実装化技術

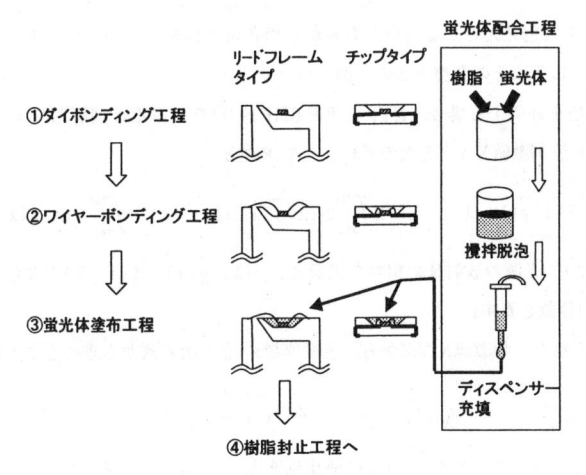

図3　蛍光体塗布工程例

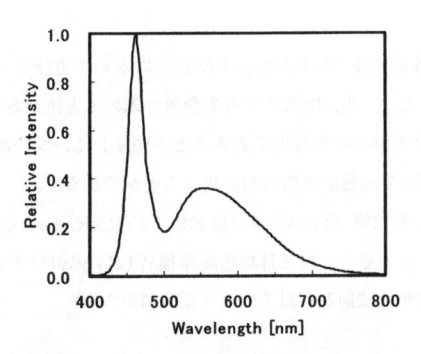

図4　白色LED（青色LED＋YAG蛍光体）の発光スペクトル

1.3　近紫外LED＋RGB蛍光体の白色化およびパッケージ

　近年，LEDチップと蛍光体を組み合わせた白色LED方式として，前項で紹介した青色LED＋YAG蛍光体方式以外に，近紫外LED＋RGB蛍光体を組み合わせた方式が注目されている[4]。この方式の特徴は，LEDから放射される近紫外光を赤色(R)，緑色(G)，青色(B)にそれぞれ変換して，それらを合成することで白色光が得られるという点であり，青色LED＋YAG蛍光体方式に比べて広範囲な白色領域をカバーすることが可能である。また，紫外光を色の3原色(RGB)に変換する点では蛍光ランプと同じ原理であり，色ムラがなく演色性に優れた光源として期待されている。

177

RGB蛍光体を白色発光させる場合，あらかじめ各蛍光体を所定の混合比率で調整することが一般的である。以下にその調整方法の一例を紹介する。

一般に光源色を評価する場合，XYZ表色系(CIE1931)を用いると理解しやすい。XYZ表色系では，光源色の三刺激値X,Y,Zを次の式によって求める。

$$X = k\int_{380}^{780} S(\lambda)\bar{x}(\lambda)d\lambda, \quad Y = k\int_{380}^{780} S(\lambda)\bar{y}(\lambda)d\lambda, \quad Z = k\int_{380}^{780} S(\lambda)\bar{z}(\lambda)d\lambda \quad (1)$$

ここで，$S(\lambda)$：光源の放射量の相対分光分布，$\bar{x}(\lambda), \bar{y}(\lambda), \bar{z}(\lambda)$：XYZ表色系における等色関数，k：比例係数を表す。

(1)式で求められた三刺激値X,Y,Zから，色度座標x,y,zを次の式から求めることができる。

$$x = \frac{X}{X+Y+Z}, \quad y = \frac{Y}{X+Y+Z}, \quad z = \frac{Z}{X+Y+Z} \quad (2)$$

また，XYZ表色系の等色関数$\bar{y}(\lambda)$は標準比視感度$V(\lambda)$に相当するので，(1)式で求められたY刺激値は光源の明るさを表す尺度となる。一般に光源の色表示は(Y,x,y)のように表示され，これをCIE表色値という。

RGB蛍光体の場合，各蛍光体のCIE表色値を簡易的に求める方法として，蛍光分光器等によって相対分光分布を測定して，(1),(2)式より各表色値を求める方法がある。この場合，各蛍光体を励起する波長はLED発光中心波長付近であることが望ましく，同一測定条件で測定した各蛍光体の相対分光分布を用いて表色値を相対的に扱うことができる。

一般にRGB各蛍光体の表色値（Y,x,y）をR蛍光体：(YR,xR,yR)，G蛍光体：(YG,xG,yG)，B蛍光体：(YB,xB,yB) とすると，白色目標色度座標W(xW,yW)にするための各Y刺激値の比率(YR:YG:YB)は加法混色の法則から以下のような関係がある[5]。

$$YR:YG:YB = 1 : \frac{x0/y0 - xR/yR}{xG/yG - x0/y0} : \frac{(xW/yW - x0/y0)(1 + (x0/y0 - xR/yR)/(xG/yG - x0/y0))}{xB/yB - xW/yW} \quad (3)$$

$$x0 = \frac{(xR - xG)(xB \cdot yW - xW \cdot yB) - (xB - xW)(xR \cdot yG - xG \cdot yR)}{(yR - yG)(xB - xW) - (yB - yW)(xR - xG)}$$

$$y0 = \frac{(yB - yW)(xR \cdot yG - xG \cdot yR) - (yR - yG)(xB \cdot yW - xW \cdot yB)}{(yB - yW)(xR - xG) - (yR - yG)(xB - xW)}$$

ここで（x0，y0）は直線R-Gと直線B-Wとの交点座標を表す（図5）。

実際の混合工程では，RGB各蛍光体の色度座標を用いて(3)式より求められたY刺激値の比率にするには混合比率で調整することになる。各蛍光体のY刺激値測定結果をYr,Yg,Ybとすると，

第6章　白色LED実装化技術

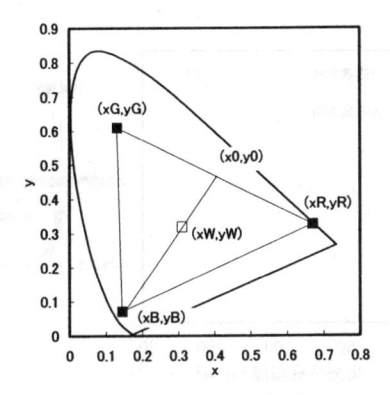

図5　RGB蛍光体の色度調整

白色目標色度座標Wにするための混合比率(R:G:B)は，

$$R:G:B=(YR/Yr):(YG/Yg):(YB/Yb) \tag{4}$$

となる。一般に混合工程は重量比で行うことが多く，各蛍光体間のかさ密度差が大きい場合は更に(4)式を補正する必要がある。RGB各蛍光体のかさ密度をそれぞれDr,Dg,Dbとすると混合比率(R:G:B)は，

$$R:G:B=(YR/Yr\cdot Dr):(YG/Yg\cdot Dg):(YB/Yb\cdot Db) \tag{5}$$

と表される。

　以上のようにして調整されたRGB混合蛍光体を，適当な透明バインダー中に分散混合して透明基板上にコーティングした試料の近紫外LED(発光ピーク波長384nm)励起発光特性を図6に示す。一般に蛍光体層の透過輝度は膜厚に対してピークがあり，ピーク膜厚以降は膜厚の増加とともに減少する。これは励起光照射方向と光の取り出し方向が同一であるため，励起密度の高い照射面付近の光ほど膜厚の増加とともに遮蔽されやすくなるためである。一方，反射輝度は膜厚に対して増加し，透過輝度のように膜厚増加に対して減少しないという特徴がある。これは前述とは逆に励起光照射方向と光の取り出し方向が反対であるため，励起密度の高い照射面付近の光が膜厚に関係なく取り出されるためである。

　本方式による白色化の場合，高効率化を実現するためにはLEDからの紫外光をすべてRGB蛍光体で可視光変換することが求められる。そのため前項で紹介した青色LED＋YAG蛍光体方式に比べて，蛍光体層の蛍光体充填密度を高くする必要がある。蛍光体充填密度の違いによる蛍光体層断面SEM写真を図7に示す。図7(a)に示したようにバインダーに対する蛍光体の配合比を高くすることで蛍光体層の蛍光体充填密度は高くなり，図6で示した方法で試料を近紫外LED

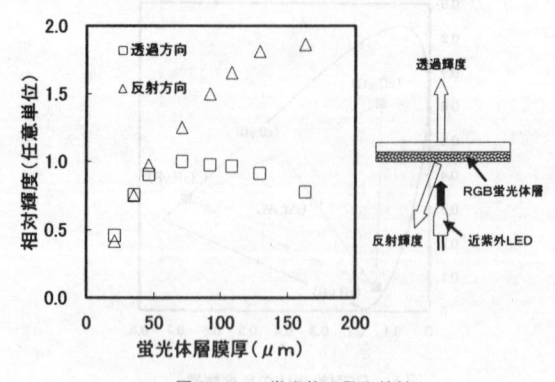

図6　RGB蛍光体の発光特性

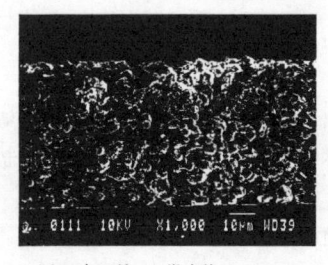

(a)バインダー：蛍光体＝1：9(wt)　　(b)バインダー：蛍光体＝1：2(wt)

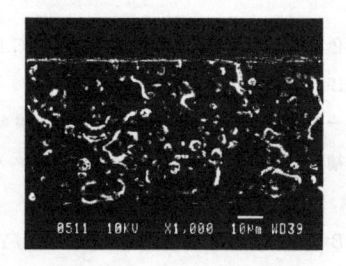

図7　RGB蛍光体層の断面写真

で励起した場合，透過輝度ピーク時の膜厚は実用膜厚範囲内($50〜100\mu m$)であり紫外線透過量も少ない。一方，図7(b)に示したようにバインダーに対する蛍光体の配合比が低い場合は蛍光体充填密度は低くなり，蛍光体層中に占めるバインダーの体積率が多くなる。従って試料を近紫外LEDで励起した場合，一部の励起紫外光は蛍光体で吸収されずにバインダー内を通り抜けて外部に放射されるため紫外線透過量が多くなり，可視光変換効率が低下する。また，透過輝度ピーク時の膜厚も実用膜厚範囲よりも厚い方向にシフトするため実用上問題となる。以上のことから近紫外LEDと組み合わせる蛍光体層は充填密度の高いものが好ましい。

近紫外LED＋RGB蛍光体のパッケージは図6に示した特徴から，透過型方式と反射型方式が提案されている[6,7]。図8に透過型白色LEDの構成図の一例を示す。GaN系近紫外LEDはサファイア基板側を表にしたフリップチップ構造であり，電極に高反射率金属電極を用いることで，従来の透明電極を使ったフェイスアップ構造に比べて光出力を約2倍にすることができる[8]。ま

第6章　白色LED実装化技術

た，電極配線をLEDチップ外部から取り出すことができるため，LEDチップ表面に直接蛍光体層を配置できるという利点もある。蛍光体のパッケージは，あらかじめ紫外線反射膜を成膜したガラス基板上にRGB蛍光体層を形成して，LEDチップサイズ付近に加工したものを蛍光面を下にしてLEDチップに接合する。また，LEDチップ端面からの紫外線も可視光変換させるためにLEDチップ周囲も蛍光体でコーティングしてある。最後に全体を樹脂封止して透過型白色LEDパッケージとなる。図9に反射型白色LEDの構成図の一例を示す。一対の引き出し電極を配線し

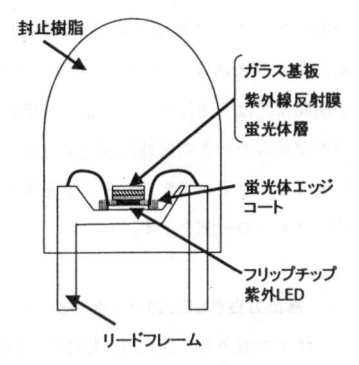

図8　透過型白色LEDの構成例

図9　反射型白色LEDの構成例

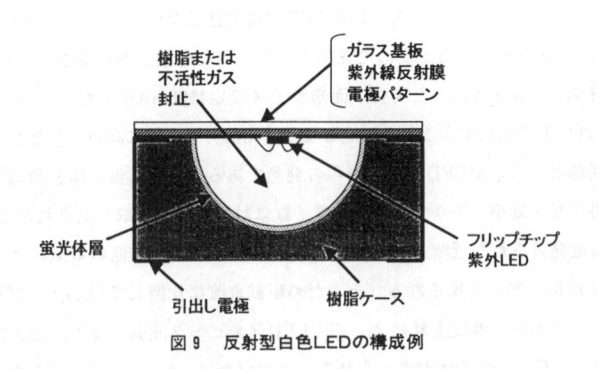

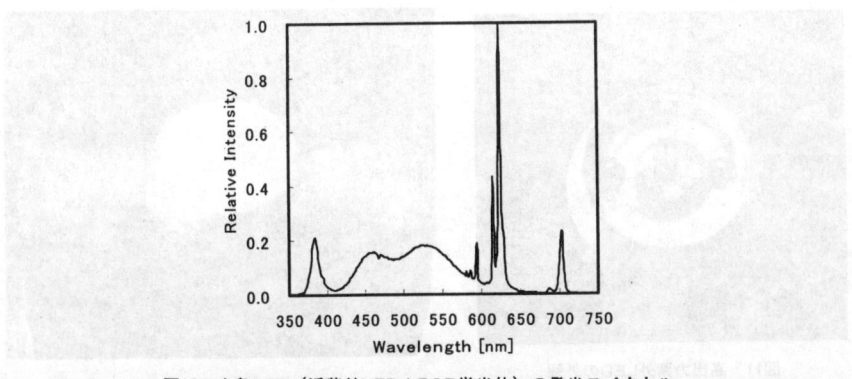

図10　白色LED（近紫外LED＋RGB蛍光体）の発光スペクトル

た凹型ケースの凹内面に蛍光体を塗布したものと，あらかじめ紫外線反射膜と引き出し電極を形成したガラス基板上にフリップチップ紫外LEDをボンディングしたものとを張り合わせ，内部を樹脂または不活性ガスで封止した構造である。いずれの方式も，蛍光体によって変換される可視光が最大のときの紫外線漏洩量はゼロではなく，一部は外部に放射されるため紫外線反射膜の付加などの対策が必要である。蛍光体の変換効率向上が今後の課題となるであろう。図10に発光スペクトルの一例を示す。

1.4 高出力白色LEDのパッケージ

これまで紹介してきた白色LEDのLEDチップサイズは0.3mm角程度であり，現状ではLED 1個あたりの光束は1〜2ルーメン程度である。これらを照明用光源として用いる場合，例えば全光束が800ルーメンの60ワット型白熱電球に置き換えると約500個の白色LEDを集積しなければならず，パッケージ効率の点からみても白色LEDの優位性はない。そこでLEDチップサイズを大きくしてLED1個あたりの光束を高めた光出力タイプの白色LEDが提案されている[9]。例えばLEDチップサイズを1mm角にした場合，従来サイズで定格20mA駆動だったものが10倍の200mAもしくはそれ以上で駆動することが可能となり，光出力を一気に高めることができる。

高出力化で問題となるのがLEDチップからの発熱である。一般に蛍光体を励起可能な近紫外〜青色LEDの外部量子効率（チップへの注入電子数に対して外部に取り出された光子数の割合）は10〜20%，最近発表された近紫外LEDで30%程度である[10]。その他の電気エネルギーの大部分はLEDチップ内部で熱に変換される。そのため駆動電流に比例してLEDチップからの発熱量も増加する。チップ周囲の温度上昇によって，LED発光ピーク波長シフト，蛍光体の発光効率低下，周辺材料の劣化などの発生が考えられる。そのためパッケージ全体での放熱設計が必要不

図11　高出力紫外LEDの外観

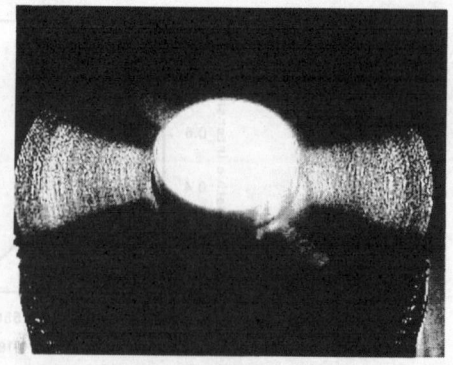

図12　高出力白色LEDの外観

第6章　白色LED実装化技術

可欠となる。

　図11にヒートシンク型ステム上にチップサイズ1mm角のチップをマウントした近紫外LEDの外観図を示す。順方向電流500mA時で光出力190mW，発光ピーク波長384nm，50mAから500mAまでの発光ピーク波長シフトは0.5nm以下であった。図12に蛍光体をパッケージした時の点灯写真を示す。

1.5　おわりに

　本節では蛍光体を用いた各種白色LEDパッケージについて紹介してきた。ここで取り上げた方式のみならず，今後，光取り出しなどの工夫によって様々な構造のパッケージが開発されるであろう。現在の白色LEDの性能は，蛍光ランプと比較するとランプ効率の面で劣っているが，今後，更なるLEDの高出力化，蛍光体の高効率化によって照明用光源としての普及が急速に広がっていく日もそう遠くはないであろう。

文　献

1) 板東完治，野口泰延，阪野顕正，清水義則，第264回蛍光体同学会講演会予稿集，p.5(1996)
2) K.Tadatomo, H.Okagawa, Y.Ohuchi, T.Tsunekawa, Y.Imada, M.Kato and T.Taguchi *Jpn. J.Appl.Phys.* **40**, L583(2001)
3) 田口常正，月刊ディスプレイ，3月号，p.1(2000)
4) 日経エレクトロニクス，2月号，p.64(2002)
5) 色彩科学ハンドブック，日本色彩学会編，東京大学出版会，p.151(1982)
6) 原田光範ほか，平成13年度照明学会第34回全国大会，講演論文集，p.287(2001)
7) 21世紀のあかり計画，平成11年度成果報告書，p.231(2000)
8) 21世紀のあかり計画，平成11年度成果報告書，p.217(2000)
9) 日経エレクトロニクス，3月号，p.26(2002)
10) 21世紀のあかり計画，平成13年度成果報告書，p.157(2002)

2 樹脂モールド

森田康正*

2.1 LED封止樹脂の現状

　LEDは大きく分類すると表面実装型と砲弾型（ディスクリートタイプ）に分けられる。初期のLEDは砲弾型が主流であったが，その後は小型化が進み表面実装型の需要が増加しているが，一方では大電流を流し，放熱構造を確立するため大型パッケージも開発されている。表面実装型は大きく分けて，プリント基板上に配置した素子及び金線をトランスファーモールドによって封止するタイプ（写真1-①）と，リフレクターを形成したリードフレームを使用したもの（写真1-②③）がある。

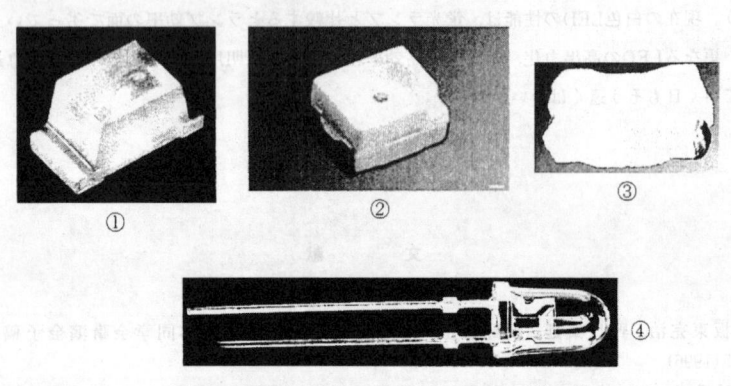

写真1　現在市販されているLEDの種類と構造
①チップタイプLED（トランスファーモールド），②トップビュータイプ表面実装LED，
③サイドビュータイプ（主として携帯電話のバックライト用），④砲弾（ディスクリート）型

2.1.1 透明液状エポキシ樹脂

　LEDに使用されている透明エポキシ樹脂は，主として酸無水物硬化であり，主剤と硬化剤の二液を使用直前に混合して使用する。主剤成分はエポキシオリゴマー，粘度調整剤，着色剤などであり，硬化剤成分は酸無水物と触媒量の硬化促進剤である[1]。主剤と硬化剤の配合比によって硬化物性が変化するが，当量比で1：1付近で最適物性が得られるように設計されている[2]。

　図1に，LED用透明エポキシ樹脂の主成分の構造式を示す。一般的に，エポキシオリゴマーはビスフェノールAグリシジルエーテル，ビスフェノールFタイプが中心である。ガラス転移点を高くしたり，変色を防ぐ目的で脂環式エポキシも添加される。

---

　*　Yasumasa　Morita　スタンレー電気㈱　光半導体第一技術部　技術開発課

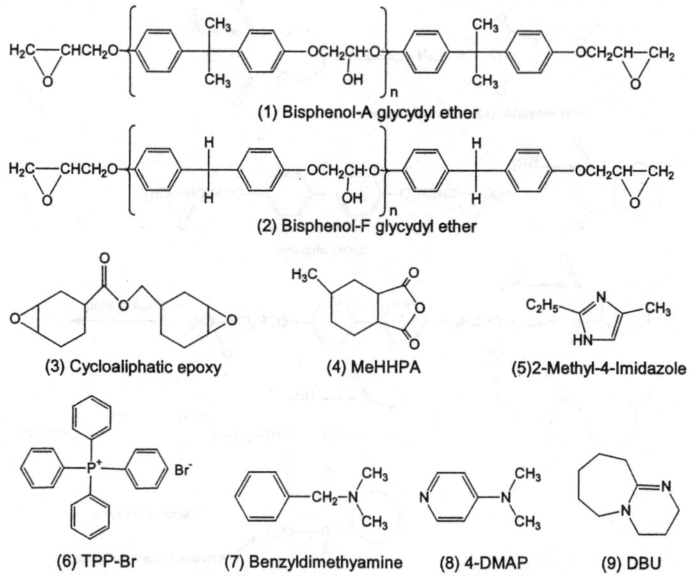

第6章　白色LED実装化技術

図1　LED封止用に使用されるエポキシ樹脂各成分の構造式

　一方，エポキシ樹脂の硬化剤や硬化促進剤は無数に存在するが，LEDの封止では透明な硬化物を得ることが必須であるため，使用できる硬化剤などは限定される[3]。酸無水物はメチルヘキサヒドロ無水フタル酸(MeHHPA)もしくはメチルヘキサヒドロ無水フタル酸(HHPA)が使用され，硬化促進剤はアミン系，イミダゾール系，リン系などが知られているが，各社のノウハウに依存するところが大きい。

　以上のように，エポキシ樹脂は多くの成分を含むため，複雑な反応機構を示す。参考までに，アミン系硬化促進剤を用いた酸無水物硬化の反応機構を図2に示す[4]。

2.1.2　トランスファーモールド樹脂[5]

　写真1-①タイプのLEDのように，プリント基板上にエポキシ樹脂を封止する方法である。Bステージと呼ばれるエポキシ樹脂の固形タブレットを使用し，低圧トランスファー成形によって作製する。精密金型を使用するため，製品精度が高く，硬化時間が短いことから短時間で大量生産するのに適しているが，大型のトランスファープレス，金型などの初期投資は大きい。

2.1.3　シリコーン樹脂

　LEDの封止樹脂としてシリコーン樹脂の使用量は多くない。市販のLEDでは，一部の白色チップLED，1mm角大以上の大型素子を使用したLED，そして樹脂応力で半導体の性能が低下

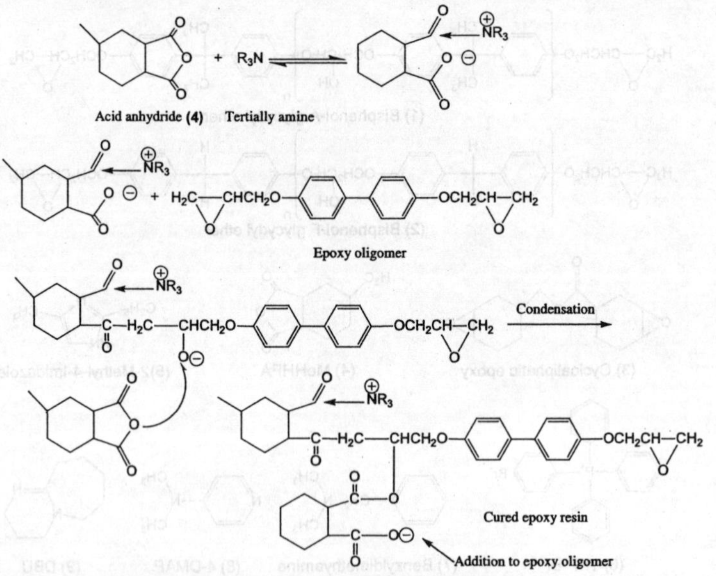

図2 酸無水物硬化エポキシ樹脂の反応機構

しやすい特殊なLEDに使用されている程度である。LEDに使用されているシリコーン樹脂はシリコーンレジンかシリコーンゲルと呼ばれるものであり,その化学構造はジメチルシロキサンの重合体である。屈折率は1.4でエポキシ樹脂が1.5を越えるのと比較するとシリコーン樹脂は低い。また,シリコーン樹脂と素子や金属(リードフレーム)に対する接着性や密着性もエポキシ樹脂と比較して概して低いため,LED素子から光を取り出す効率はエポキシ樹脂よりも劣ることが欠点である。屈折率に関しては,フェニル基をシロキサン骨格に導入することによって1.5付近まで高めることは可能である[6]。

2.2 白色LED用モールド材料
2.2.1 エポキシ樹脂の紫外線劣化

前述のように,LED用エポキシ樹脂の主成分はビスフェノールAグリシジルエーテルであるが,紫外吸収の強い芳香族を含んでいる[7]。ビスフェノールAグリシジルエーテルは紫外線を吸収し,図3に示すように酸化されるとカルボニル基を生成し,発色団を形成するため樹脂が変色する[5]。

また,エポキシ樹脂は熱によっても同様に変色する。変色は短波長領域における透過率の減少

第6章 白色LED実装化技術

図3 ビスフェノールAグリシジルエーテルの紫外線劣化

であるため，青色LEDや白色LEDでは発光光度に及ぼす影響は大きいが，赤色LEDではあまり問題にならない。筆者らはビスフェノールAグリシジルエーテルを主成分としたLED用エポキシ樹脂（市販品，酸無水物硬化）のプレート（厚さ5mm）を作製し，72℃72時間の熱処理をしたもの，もしくは340nm蛍光ランプを装着したQ-UVテスター（Q-PANEL社製）による紫外線照射試験を行った。図4に示すように，樹脂の光線透過率は熱処理及び紫外線照射によって低下するが，透過率低下は短波長領域が著しく，600nmを越える領域では透過率低下が少ない。従って，紫外線劣化を防ぐためには，ビスフェノールAグリシジルエーテル(1)を使用しない方法を開発する必要があると思われる。

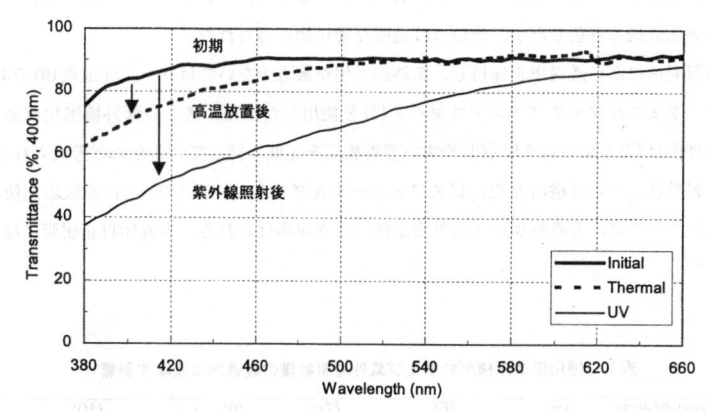

図4 ビスフェノールAグリシジルエーテルを主体としたエポキシ樹脂の初期，高温放置後，紫外線照射後の透過率
　　高温放置：150℃72時間，紫外線照射：Q-UVテスター340nm55℃300時間，
　　樹脂プレート厚み5 nm

一般に，劣化を防ぐための手段としては紫外線を完全に透過させる方法と，紫外線吸収剤によって，紫外線を熱エネルギーに変換して放出する方法が考えられる。
　前者の方法では，紫外LEDの波長領域を吸収しない材料だけでエポキシ樹脂を構成することはほぼ不可能である。しかし，脂環式エポキシや水素添加ビスフェノールAグリシジルエーテルなど紫外吸収の少ない材料を主成分として，紫外線吸収の少ない硬化促進剤を組み合わせること

で樹脂全体の紫外線吸収は大幅に低減できる。

一方後者の方法では，紫外線吸収剤の性能維持だけでなく，ブリードアウトして蒸散する問題も懸念される。また，熱エネルギーを効率よく放出するために，LEDの放熱構造を十分確立する必要があり，LEDの構造設計に大きな制約を与えることになる。

2.2.2 水添ビスフェノールAグリシジルエーテルの酸無水物硬化[8,9]

そこで，筆者らは紫外吸収を極力低減した樹脂を開発することを目的として，水添ビスフェノールAグリシジルエーテル（ジャパンエポキシレジン製，YX8000）を中心とした樹脂配合を検討した。

まず，酸無水物硬化系における硬化促進剤の選定を行った。硬化促進剤は硬化速度などを決定する大きな要因であるが，一方で紫外線吸収が強いものが多い。まず，メチルヘキサヒドロ無水フタル酸を使用して，硬化促進剤構造と，硬化物の紫外線劣化との関係を検討した。

使用した硬化促進剤はビスフェノールAグリシジルエーテルとの組み合わせでは透明硬化物を得られることが分かっているものである。表1に示すように，ベンジルジメチルアミンを使用した場合は硬化直後も着色したが，他はほぼ透明な硬化物が得られた。

紫外線照射後に高い透過率を保持し，紫外線劣化が最も少ないのはリン系促進剤(9)であった。一方テトラフェニルフォスフィンブロマイド(7)を使用した場合に著しい紫外線劣化が進行したが，その理由は(7)が紫外線を吸収しやすい芳香族環を4個も持っているためと考えられる。

次に，耐熱性について検討した。ビスフェノールAグリシジルエーテル(1)が幅広く使用されている理由の一つに，芳香族環による熱安定性の高さがあげられる。半導体封止樹脂には半田付

表1　硬化促進剤種が初期及び紫外線照射後の透過率に及ぼす影響[a]

硬化促進剤	(5)	(6)	(7)	(9)	(10)
初期透過率[b]	86.4	87.1	76.5	73.0	89.8
UV照射後[c]	84.8	37.9	71.3	71.9	87.8
減少率	-1.85%	-56.49%	-6.79%	-1.50%	-2.22%

a) [YX8000]:[MeHHPA]:[硬化促進剤] = 100:90:1
b) 400nmにおける透過率，5mm厚プレート
c) Q-UVテスター，340nm，55℃，300h．

第6章 白色LED実装化技術

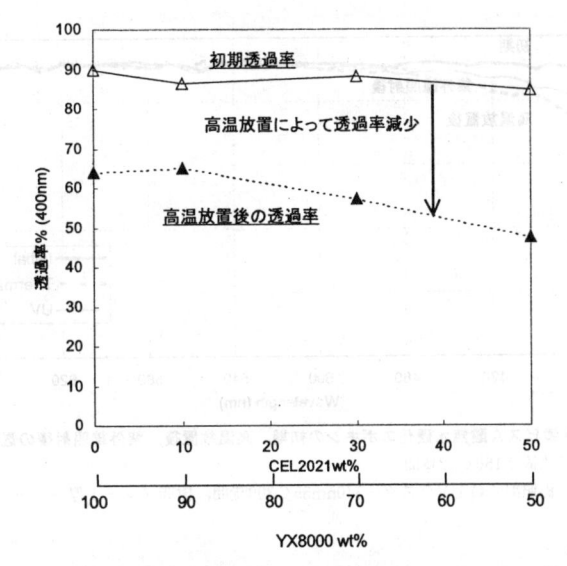

図5 YX8000に対する脂環式エポキシ(CEL2021)濃度と熱変色との関係
[YX8000+CEL2021]:[MeHHPA]:(10)=100:90:1

けや動作時の信頼性確保のため，一定以上の耐熱性を有することが不可欠である。一般的な酸無水物硬化でのガラス転移点は130℃程度であるが，水添ビスAではシクロヘキサン環の安定性が芳香族環よりも低く，単独で酸無水物硬化を行った場合のガラス転移点は100℃付近である。この時，前述の信頼性に対する問題だけでなく，熱変色性発生も懸念される。

そこで，耐熱性を向上させることを目的として，ガラス転移点の高い脂環式エポキシ（ダイセル化学工業製，CEL2021P）をYX8000に添加して，硬化物の高温放置試験による変色性を確認した。なお，CEL2021Pを10wt％添加すると，硬化物のガラス転移点が130℃まで増加する。

図5に示すように，YX8000に対するCEL2021濃度が増えるとともに初期着色が増加し，透過率もわずかに減少した。高温放置後，CEL2021濃度が10wt％を超えると，透過率低下及び黄色度増加が著しく発生した。

さらに酸化防止剤と紫外線吸収剤についても詳細に検討した。一般に酸化防止剤添加によって熱変色は抑制されるが紫外線劣化が増大し，紫外線吸収剤を添加すると熱変色を促進することが判明したが，ある種の酸化防止剤を添加した場合，紫外線劣化なしに熱変色を低減できることを見いだした[10]。

図6に示す透過スペクトルに示すように，熱及び紫外線による変色を大幅に低減することができた。

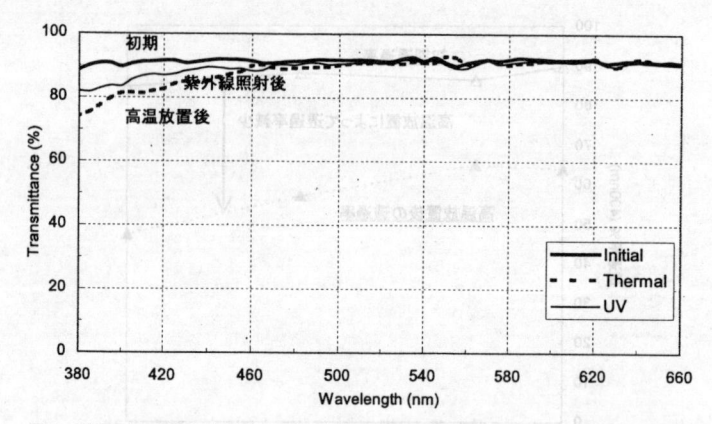

図6　水添ビスA酸無水硬化エポキシの初期，高温放置後，紫外線照射後の透過率
高温放置：150℃ 72時間，
紫外線照射：Q-UVテスター340nm55℃ 300時間，樹脂プレート厚み5 nm

2.3 紫外，白色LED用封止樹脂の開発動向
2.3.1 エポキシ樹脂系

　近年，表面実装型LEDの需要が高まり，酸無水物硬化エポキシを使用した場合に酸無水物の蒸発によって体積収縮が起こることが問題となっている。酸無水物硬化は厚みのある砲弾型LEDには適しているが，塗装など薄いものには適していない。一方，エポキシ樹脂の紫外線カチオン硬化は現在塗装などに使用されているが，LEDのような厚みのある硬化物では紫外線が隅々まで行き渡らないため，採用されることはなかった。また，1990年頃に熱で活性化されるカチオン重合触媒が開発され[11]，その後の改良で透明な硬化物が得られるようになった。熱カチオン硬化は，一定温度以上で選択的に樹脂硬化が進行することから潜在性触媒と呼ばれており，樹脂の一液での保管が可能である。最近の表面実装型へのシフトに伴い，樹脂メーカーが高付加価値化を目指して商品化しており，一部メーカーの表面実装LEDに採用されているようである。
　カチオン硬化の場合，エポキシオリゴマーの比率が95%を越え，触媒は数%程度の添加量で済む。従って，酸無水物硬化では難しかった樹脂中の二重結合低減が比較的容易であり，オリゴマーの分子設計によって高性能の材料が開発されることが期待されている。紫外LED用の封止樹脂として各社開発を進めているようである。

2.3.2 シリコーン系
　エポキシ樹脂では完全に紫外線吸収を取り除くことができないため，シリコーン樹脂こそが紫外LED用封止樹脂の本命とも言われている。しかし，接着性，強度，屈折率など多くの問題点

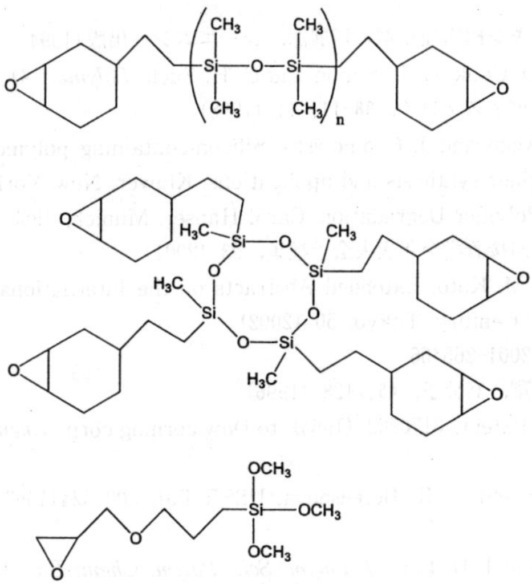

第6章 白色LED実装化技術

図7 エポキシ基を有するシロキサン誘導体の構造式

を抱えており,前述のフェニル基を導入した高屈折率シリコーンも,フェニル基の紫外線劣化が懸念される。

　一方,シリコーン樹脂の耐紫外線性能とエポキシ樹脂の接着性能を両立させる考え方から,図7に示すようなエポキシ基を有するシロキサン誘導体に再び注目が集まっている[12,13]。これらはシリコーン樹脂の接着性を高めるためのシランカップリング剤あるいは剥離紙用シリコーンとして開発されたもので,比較的古い材料である。また,Crivelloらはエポキシ樹脂の光カチオン硬化[14]と同じオニウム塩を使用した紫外線硬化型シリコーン樹脂として,エポキシ基を有するシリコーンを報告している[15,16]。

　エポキシ封止樹脂とシリコーン樹脂の両者の長所を兼ね備えた材料として期待できるが,半導体を封止するための材料として満たすべき項目は多く,配合技術が鍵となるであろう。

文　　献

1) 垣内弘編,エポキシ樹脂最近の進歩,昭晃堂(1990)
2) 新日本理化　MH-700（メチルヘキサヒドロ無水フタル酸）技術資料(1994)

3) 垣内弘編,エポキシ樹脂硬化剤の新展開,シーエムシー出版(1994)
4) S. K. Ooi, W. D. Cook, G. P. Simon and C. H. Such, *Polymer*, **41**, 3639 (2000)
5) 嶋田克実,月間ディスプレイ, **98-11**, 11 (1998)
6) R. Jones, W. Ando and J. Chojnowski, Silicon-containing polymers: The science and technology of their synthesis and applications, Kluwer, New York, 2000
7) W. Schnabel, Polymer Degradation, Carol Hanser, Munich, 1982
8) 森田康正,第38回接着学会年次大会予稿集, 93 (2001)
9) Y. Morita and M. Kato, Extended Abstracts on the International Symposium on the Light for 21st Century, Tokyo, 50 (2002)
10) 森田康正,特願2001-265466
11) 三田文雄,遠藤剛,高分子, **45**, 128 (1996)
12) L. J. Tyler, US Patent, 3170962 (1965) to Dow corning corp.; *Chem. Abstr.*, 62, 133388 (1965)
13) Y. I. Kornilova and N. K. Bereesneva, USSR Pat. 202,524(1967); *Chem. Abstr.*, 68, 87874 (1968)
14) J. V. Crivello and J. H. Lam, *J. Polym. Sci.: Polym. Chem. Ed.*, **17**, 977 (1979)
15) J. V. Crivello and J. L. Lee, *J. Polym. Sci.: Polym. Chem. Ed.*, **28**, 479 (1990)
16) J. V. Crivello K. Y. Song and R. Goshal, *Chem. Mater.*, **13**, 1932 (2001)

第7章　白色LEDの応用と実用化

1　大型白色LED照明装置の可能性

船本昭宏*

1.1　はじめに

　これまで，白熱灯や蛍光管は，その高効率性，および高演色性から照明分野に応用されてきた。一方LEDはそのサイズおよび単色性，また高速変調が可能なことより情報通信分野への応用が主流であったが，近年LEDの短波長化およびその高効率化により演色性の高い白色光源への応用が可能となり，照明分野への展開の期待が高まってきている。

　また，LEDを大型照明用光源として考えるとき，LEDの複数使用及び高輝度LEDの使用が考えられる。その際には，以下に挙げる要請に応える必要性が高いと思われる。

　① 半導体発光デバイスが持つ本質的特長を活かすといった観点からは，光源の小型集積化等による発光領域の局在化の要請。
　② 照明システムの基本的要求特性である明視性及び快適性を満足するといった観点からは発光領域の二次元化の要請。

　これら二律背反的要請の実現に対して，局在化した発光領域から線あるいは面発光領域への領域変換機能をもつ照明，つまり発光領域変換型照明システムが有望であると考える。

　そこで本節では，発光領域変換型照明システムの各種方式の比較，試作品の作製及び将来展望について述べる。

1.2　発光領域変換型照明システムの比較

　発光領域変換型照明システムには図1に示すようにいくつかの方式が考えられる。それらはLEDの配置により，局在型と分散型に分類できる。局在型としては，導光板を用いて面発光領域へ変換する導光板方式（図1-(a)）と，拡散板を反射板として用いる間接型方式（図1-(c)）が考えられる。また分散型としては，LEDを空間的にディスクリートに2次元配列させた直下型方式（図1-(b)）が考えられる。

　これらの方式がもつ優位点，および問題点を明らかにし，一般照明に適する方式，また一般照明以外でどのようなアプリケーションが考えられるかを検討した。比較項目としては照明の基本

*　Akihiro Funamoto　オムロン㈱　中央研究所　マイクロオプティクスラボ　主事

白色LED照明システム技術の応用と将来展望

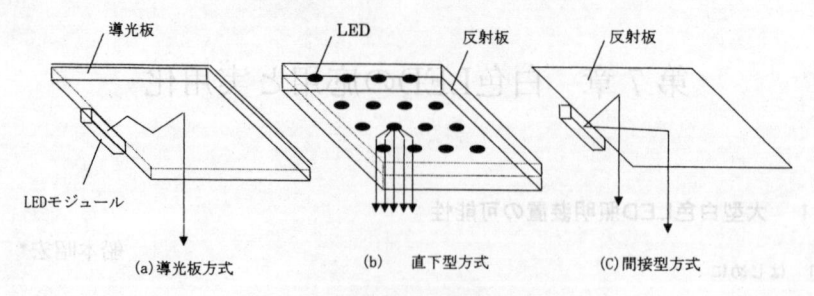

図1　各種発光領域変換型照明システム
(a) 導光板方式　(b) 直下型方式　(C) 間接型方式

特性である効率・サイズ・均一性を用いることとした。

効率はLEDのような局在化した光源から面に発光領域を変換する際に発生する，各方式に特有の光利用効率を光学理論に基づき，その限界値について検討を行った。その際，各方式が有する本来の特性を比較するため，設計手法や作製精度などの生産技術的な要素は考慮しないこととした。

サイズは各方式間で発光領域を同面積にしたときの厚さで定義した。既存の天井に設置する照明装置の置き換えを推進するためには現状サイズ以下であることが望まれる。

均一性は発光領域における輝度の最大値と最小値の比で定義した。照明においては，画像表示の分野におけるような均一性は要求されないが，外観の美的観点から，より均一であることが望ましい。

表1に，上記比較項目を光学シミュレーションにより計算した結果を示した。

一般用途向けの照明システムを考える場合，トータルでバランスの取れたシステムが要求される。現存の照明システムの置き換えを狙うとすると，同じ性能のものを作るだけではなく，より性能の高いものが置き換えの駆動力となりうる。

導光板方式の照明システムは効率，均一性ともに高く，その優位性は大きい。また導光板方式は厚みの点から現状の照明システムとの差異化が図れる。さらに指向性も良く，一般照明をはじめそれ以外の照明用途への応用も可能であり，市場は非常に幅広い。しかし光源のアレイ化に伴う問題点の検討が必要である。

直下型は厚みを薄くすることには限界があるが，効率が良くバランスの取れたシステムであり，実用化が容易である。しかし半導体素子を利用する観点からすれば，発光素子のアレイ化ができないので，照明システムの組み立て時の生産性，LED取替え時のメンテナンス性が高くないなど，そのメリットが活かされてはいない。また実際には生産上不可避であるLEDの輝度ばらつきがあるので，均一な照明を得るためには各々のLEDの輝度をそろえる必要があり，コス

第7章　白色LEDの応用と実用化

表1　各種方式比較

	導光板方式	直下型方式	間接型方式
光利用効率	92 %	95 %	96 %
均一性	100 %（原理上）*1	100 %（原理上）*2	—
厚み	10 mm	50 mm	100 mm
優位性	光源集積化構造 設計の自由度	僅かに光利用効率良	—
課題	*1 パターン視認性	*2 LED 光出力バラツキ による不均一	—
備考	—	—	補助照明であり基本照明としての利用難

ト，歩留まりの点では不利である。LED輝度ばらつきに対応した方式が望まれる。

　間接型は均一性や効率の面で問題が多く，室内全体を照明するような基本照明としてではなく，局部照明や演出性を重視した間接照明としての利用が考えられる。

　以上の照明システムに要求される基本特性，および実用性の考察より，導光板方式の有効性が高いと判断した。

1.3　ベクター放射結合型LED照明

　表1に示した特性値は理論的に考えられる限界値である。実際には作製誤差等があり，個々の特性値は理論値より低下する。我々は，光利用効率および均一性をより理論値に近い値で実現する導光板方式としてベクター放射結合型[1,2]を提案している。ベクター放射結合型は，図2に示すように，LED光源からの距離によって導光板外に出射する光強度を制御する技術である。具体的な特徴としては，導光板に形成された素子の各結合に関して強度分布を伝達関数で記述することで，結合効率，輝度分布を解析的に求められることにある。これは，放射結合素子を3次元的に形状制御することにより，導光板内の光の挙動を光線で取り扱うことで実現する。

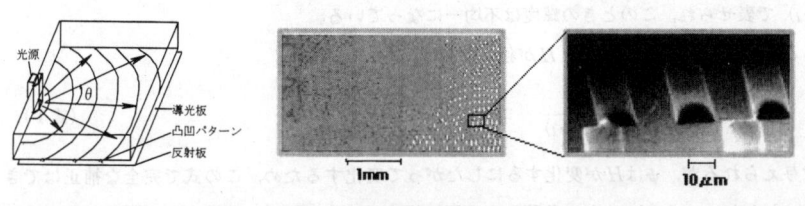

図2　ベクター放射結合型LEDバックライト

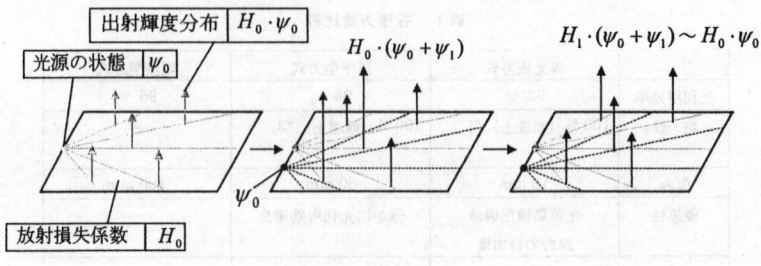

図3 計算モデル

しかし、これまで用いてきた設計手法は、光源の発光領域を無限小として記述することを前提としていたため、照明として用いるとき、複数光源を使用することに起因して発生する有限の発光領域の取り扱いは不可能であるという特有の課題がある。

上記の課題を解決するために、図3に導光板が有限発光領域を有する場合の計算モデルをもちいて、有限発光領域における結合素子配置の最適解を得た。

光源は有限発光領域に近似するために点光源を複数配置する。点光源を1個から2個にすると、導光板内に入射する光量の強度分布は1個のときと比べて変化する。そのために結合素子の配置がそのままだと均一な面光源が得られなくなり、結果として効率も低下する。そこで均一な面光源を得るために、補正計算によって結合素子の再配置を行う。結合素子の配置は、導光板内の入射光量分布と出射光量の割合である放射損失係数分布によって与えられる。次に光源を有限発光領域に近似した場合の放射損失係数の補正方法について述べる。

ある1つの点光源における導光板内の光量の状態および放射損失係数分布をそれぞれ ψ_0、H_0 とすると、導光板から出射される出射輝度分布はそれぞれの積である $H_0 \cdot \psi_0$ で表せられる。ここで放射損失係数分布 H_0 は、出射光輝度分布 $H_0 \cdot \psi_0$ が均一になるようにベクター放射結合理論を用いて与えられている。

今、ψ_0 とは別の点光源を設けその点光源による導光板内の光量の状態を ψ_1 とした場合、これによる出射輝度分布は $H_0 \cdot \psi_1$ となる。2つの点光源を用いたときの出射輝度分布は $H_0 \cdot (\psi_0 + \psi_1)$ で表せられ、このときの輝度は不均一になっている。

ここで H_0 の補正式は、ψ と H が独立ならば、

$$H_1 = H_0 \times \frac{H_0 \cdot \psi_0}{H_0 \cdot (\psi_0 + \psi_1)} \tag{式1}$$

で与えられるが、ψ は H が変化するにしたがって変化するため、この式で完全な補正はできない。しかし $\psi_0 + \psi_1$ と ψ_0 との状態が十分近い場合は、式1によって輝度がほぼ均一になるよう

第7章 白色LEDの応用と実用化

に補正される。この補正によって得られた放射損失係数分布を

$$H_m = H_{m-1} \times \frac{H_0 \cdot \psi_0}{H_{m-1} \cdot (\psi_0 + \psi_1)} \qquad (式2)$$

として，m を順次大きくしていき，H を真の解に漸近させる。

なお光源の状態 $\psi_0 + \psi_1$ も同様な考え方により，n個の点光源を $\psi_0 + \psi_1 + \varLambda + \psi_{n-1}$ と拡大することで有限サイズの光源にも対応できる。これより補正式は次式で表せられる。

$$H_m = H_{m-1} \times \frac{H_0 \cdot \psi_0}{H_{m-1} \cdot \sum_{i=0}^{n-1} \psi_i} \qquad (式3)$$

この式を用いて出射損失係数の補正を行い，均一性の高い放射結合素子の配置を行った。

図4に上記手法による配置をコンピューターにより計算した結果を示す。ここでは出力結果のうち光源付近のみを示している。

図4に示すように大きさ，方向の最適化されたパターンが周期的に配置されていることがわかる。光源が有限発光領域の場合でも，均一な面光源が実現できる放射結合素子の最適配置の計算が可能だということを確認できた。

ここまで求めた結果は実際の構成要素の寸法・特性を考慮せずに求めてある。これに対して，実際の照明器具には，さまざまな寸法・特性を持つものが存在する。小型の誘導灯から，中型のスポットライト，大型の一般照明まで，多数の用途分LED照明市場の展開が考えられる。照明器具の発光領域は，一般的に10cm²〜0.5m²程度である。

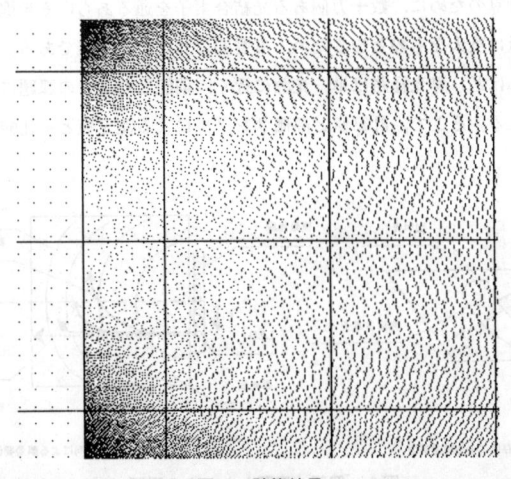

図4 計算結果

白色LED照明システム技術の応用と将来展望

そこで，発光領域が0.5m²と大型のオフィス照明をモデルとして想定し，導光板方式での課題の検討を行った。評価モデルの条件については，近い将来実現されるであろう照明用の高効率・高輝度LEDを想定して，発光効率は蛍光灯とほぼ同等の100lm／W・消費電力は1Wとした。オフィス用の照明として全光束10,000lmの照明器具を想定したとき条件を満たすためには，100個のLEDが必要となる。ただし，ここでの全光束は，器具効率を考慮しないものとした。器具効率を反映した出射面での全光束については，原理上は各方式ほぼ等しいことに加え，作成時の形状誤差など実際に作成する上での検討事項もあるため実際のLED照明設計時の検討事項となるからである。

前記した複数化光源に対応した最適設計法のアルゴリズムには，図5にて示された2つの課題が存在する。

第一の課題としては，複数光源により光源の配置位置が，同心円状に配置された光結合素子の中心からずれることによって生じる，光結合効率の光入射角依存性を考慮できていない点にある。これにより，導光板の光出射量の計算時に誤差が生じ，実際の均一性が低い値を示すことになる。

さらに，導光経路が直線かつ分岐はしないものとして取り扱っていたが，光結合素子に対して入射光が角度を持って入射することにより，導光坂内の光が偏向・分岐する。第二の課題は，この導光経路の偏向・分岐による設計誤差である。

第一の課題については，光結合効率の光入射角依存特性を考慮することで，ある程度は誤差を補正できると考えられる。しかし，第二の課題については偏向・分岐した光がどのような導光経路を通過するかの計算のために，数十万個ある光結合素子を通るあらゆる光線を計算しなければならず，その計算量は莫大なものとなるため，実質的に対応は不可能である。ただし，光源の幅が小さければ小さいほど，導光経路は単一光源に近く，前記した2つの課題による設計誤差は小さくなると考えられる。そこで，計算値と評価サンプルによる測定値とを比較することで，本設

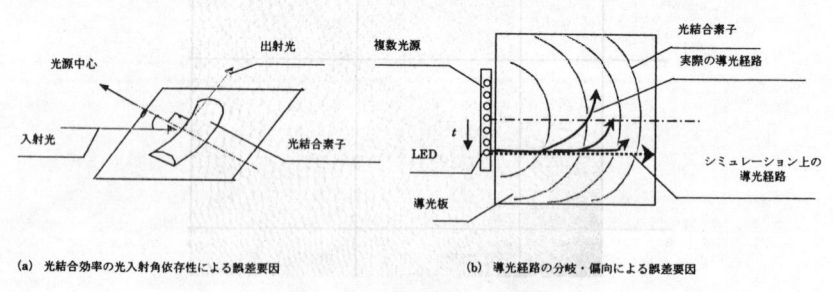

(a) 光結合効率の光入射角依存性による誤差要因　　(b) 導光経路の分岐・偏向による誤差要因

図5　照明へ展開したときの課題

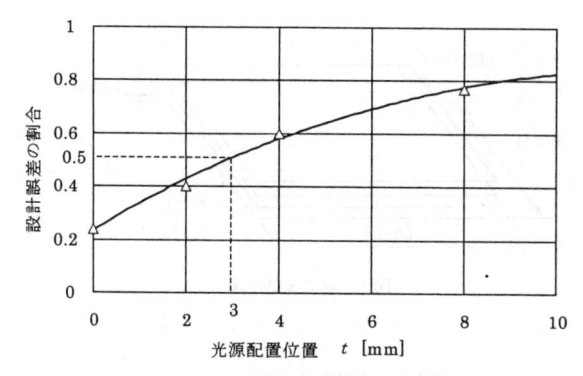

第7章　白色LEDの応用と実用化

図6　光源配置位置と設計誤差の割合

計アルゴリズムにおける設計誤差量を把握し，誤差の許容量の範囲内で配置できる光源サイズを選定するものとした。

図5(b)に示したモデルを用いて，導光板の設計誤差量を評価した。評価モデルの光結合素子の設計値は，単一光源において最適設計された形状である。その配置パターンを光源に対して垂直方向にずらし，ずらされたパターンの出射光量の測定値と計算値とを比較評価する。その際測定位置は，光源に対して水平方向とする。この評価により，光結合素子配置パターンの同心円中心位置からずれたポイントに設置された光源の潜在的な誤差量を評価した。

光源の配置位置と光源の出射光量の設計値からのずれ量である設計誤差との関係を図6に示す。誤差許容範囲を50%とした時，光源の配置位置は光源中心より3mm以内となり対応光源サイズは6mmとなる。よって，評価サンプルの光源配置側面の60mmに対して10%以内の光源サイズが望まれるという結果となった。これにより，均一性を50%以下とすれば光源の配置面積を大きく取ることができ，出射面における発光量も増えることになる。

上記対応光源サイズの結果より光源配置面積を求めた。ただし，LEDの配置面積1mm²であるとし，光源配置面にLEDを敷き詰めた場合を想定した。

このモデルによると，オフィス照明を想定した導光板0.5m²では，LEDの総数100個を上記の6mmの範囲内に二列で配列できることになり，想定する導光板の厚さ10mmを考慮すれば熱設計をしてなお余裕があることが分かった。

1.4　ベクター放射結合型LED照明の試作

前項までの検討結果を踏まえ，実際に導光板を作製し，これにLEDを取りつけて二次元配列することにより小型の発光領域変換型照明装置を試作した。ただし，前項までのモデルは高輝度

白色LED照明システム技術の応用と将来展望

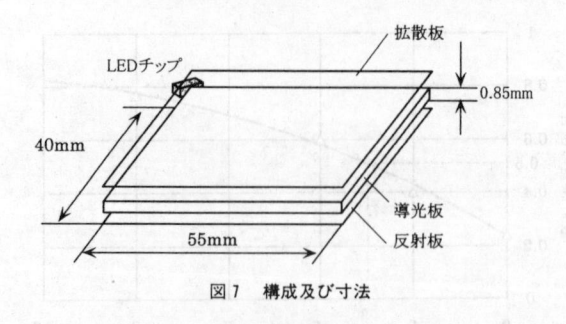

図7　構成及び寸法

タイプのLEDを想定しており現状では入手困難である。

　したがってLEDは現状入手が可能な白色の物を使うものとし，複数LEDを使用したときの誤差を模擬するため，LEDの位置を意図的にずらして配置したものを作製するものとした[3]。導光板も小さいものを作製し2次元配列をすることとした。詳細は後述する。

　作製した導光板の外観図を図7に示す。構成部品としては，導光板背面には背面の漏れた光を再利用するために反射板を，導光板前面には所望の指向性を得るための拡散板を用いた。単体導光板サンプルの外形寸法は55×40mmであり，そのうち発光領域は45×35mmである。この導光板を5×5に配列することにより0.05m^{2}の発光領域変換型照明装置とした。

　反射板としてはAg蒸着シート（反射率≧90％）を採用し，ヘイズ60％の拡散板を採用した。LEDチップは白色LED（GaN）を使用し15mA点灯をさせた。

　導光板の評価は面状光源の性質を考慮し，輝度，放射輝度ムラ，指向特性の3項目とした。輝度の評価については，輝度計を用いて導光板中央部の径5mmの正面輝度を測定し定義した。また，放射輝度ムラの評価については，輝度計を用いて発光エリアを9等分して各領域9点の輝度計測値をもとに算出した。なお，輝度および放射輝度ムラの評価については，そのバラツキを低減するために25個の導光板を作製し，全ての導光板について測定を行い，その平均値を示すこととした。また，指向特性の評価については，導光板中央部の径2mmにおける変角輝度を測定することにより行った。

　導光板を配列して作製した0.05m^{2}の発光領域変換型照明装置の写真を図8に示す。25枚の導光板がそれぞれ左下に配置されたLEDからの光を面に変換し，均一に面発光していることが確認される。また，導光板における指向特性の測定結果を図9に示す。これより，光源からの光軸方向とその垂直方向で異なる指向特性を有していることが確認される。なお，輝度結果は平均値で819cd／m^2，放射輝度ムラ≦28％となり，導光板単体としては優れた特性を得ることができた。しかしながら，今回の試作より明確になった課題を挙げると以下のようになる。

第7章 白色LEDの応用と実用化

図8 作製した照明システム

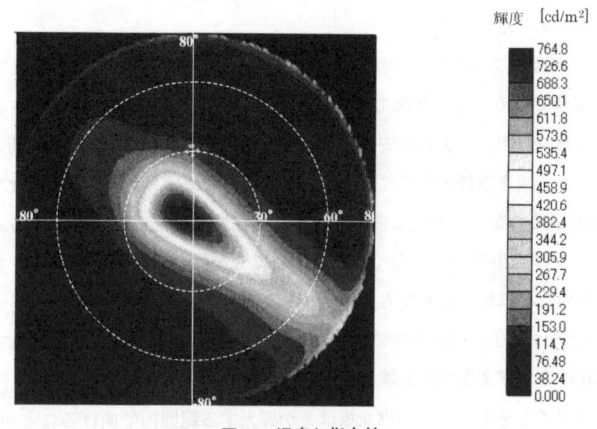

図9 輝度と指向性

① 図8から分かるように0.05m²領域内で,輝度が不均一な部分が生じている。これは導光板同士の間隔が原因で生じており,LED自身の大きさ,および配線スペースによることから,今後は重ね合わせ等による改善が必要である。
② LED自身における色度のバラツキにより,導光板の色度についてもバラツキが生じている。

ただし,①,②の課題とも現状の白色LEDを使用していることに起因する課題であるので,今後のLEDの高効率化・高輝度化に伴って改善されていくものである。しかし,導光板単体で見た場合は,さらなるLED集積化による改善が必要である。

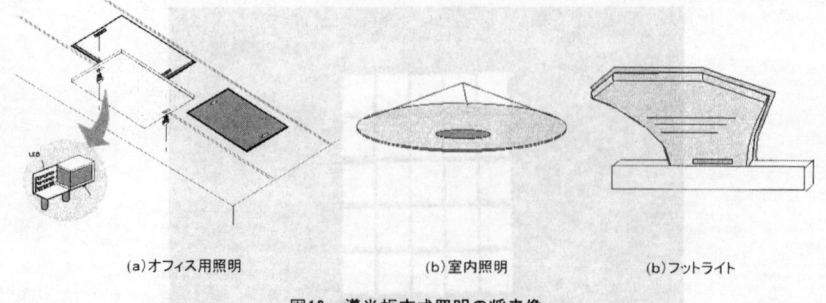

(a)オフィス用照明　　　　(b)室内照明　　　　(b)フットライト

図10　導光板方式照明の将来像

1.5 将来像

現在，LEDの効率・輝度に関しては日進月歩の発展を遂げており，すぐにでも一般照明としての展開が始まると思われる。図10に示すような展開例はごく一部であるが，導光板方式を用いた大型照明の例として示した。

図10(a)に示した例はオフィスなどに用いる導光板方式の照明である。発光領域を導光板によって点から面に変換できるので，光源であるLEDはモジュールに小型集積化できる。そのために光源モジュール及び照明システムが安価に製造可能になる。さらに，現状の照明のように誰でも簡単に光源モジュールを取替え可能になるであろう。さらには，光源を二次元化することにより一つ一つのLEDが見えないので眩しさを感じず，明視性及び快適性が向上する。また，いくつかのLEDが何らかの理由で点灯しなくなったとしても全体の照度が僅かに低下するだけで見栄え等は変化しないために取替え頻度も少なくなる。

図10(b)に示した例は家庭に用いる例である。導光板は四角である必要がないのでデザイン性に優れており現在のさまざまな照明と置き換えが容易である。

図10(c)はフットライトを例にした。導光板は光が導光する範囲内で曲げることが可能である。このような機能は現在の照明にないものであり，点光源により光制御が容易に行えるLED照明独自のものである。LED照明が市場で現状の蛍光管等から置き換わるためには同等以上の何らかの付加価値が必要になる可能性は高く，この機能が駆動力になることが期待される。

1.6 おわりに

以上のように白色LEDを大型照明装置に応用しようとした場合，光源の局在化が可能であるという観点からも，発光領域の二次元化が可能であるという観点からも，発光領域変換型照明システムが有用であることを述べた。

また，発光領域変換型照明システムの各種方式の特性の比較を行った。その結果，特に導光板

第7章 白色LEDの応用と実用化

　方式が有用であることが明らかになった。
　上記の方式を照明用システムに最適化するために，ベクター放射結合型の光源複数化の検討及び試作を行い有効な結果を得ることができた。
　さらには，導光板方式の付加価値を活かした照明システムの将来像を示し，本方式の有用性・発展性を示した。

文　　　献

1) M. Shinohara, M. Tei, S. Aoyama and M. Takeuchi, "Vector Radiation Coupling Method for High Efficiency and High Uniformity", Diffractive Optics and Micro Optics, 1998 OSA Technical Digest Series, Vol.10, pp.189-191 (1998)
2) 篠原正幸，青山茂，竹内司，"ベクター放射結合型LEDバックライト"，光アライアンス，日本工業出版，Vol.9, No.5, pp.13-16 (1998)
3) 松下元彦，船本昭宏，高岡元章，青山茂，"開発領域変換型照明システムの研究"，平成14年度（第35回）照明学会全国大会講演論文集，照明学会，pp.248

2 集積化白色LED光源の熱対策

石井健一[*]

2.1 はじめに

白色LEDの応用製品として小形照明器具やサイン灯などが開発されている。今後,白色LEDの発光効率改善によりさらに多くの応用製品が開発されると考えられる。

LEDの光放射は熱放射や放電を利用していないため,発生する熱量が少ない。しかし,このLEDも多数個集積すると大きな熱源となる。InGaN系青色LEDにYAG蛍光体 $((Y,Gd)_3Al_5O_{12}:Ce)$ を組み合わせた代表的な白色LEDを例にとると,入力エネルギー (W) に対して可視光として放射されるエネルギー (W) の比をエネルギー変換効率とすると,25lm/W程度の白色LEDでエネルギー変換効率は約10%である。蛍光ランプのエネルギー変換効率は25%程度[1,2],白熱電球は7%[2]程度である。したがって,たとえば入力電力60Wの一般照明用電球と同じレベルの電力を集積化白色LED光源に与えるとほぼ同じ熱が発生する。現在の白色LEDは単体で使用するか,または集積化して使用するにしても集積密度があまり高くないため,一般照明用電球に比べ非常に低ワットで使用していることになる。そのため熱の発生をほとんど感じないだけである。

この項ではこの一般照明用電球と同じレベルの熱源となり得るInGaN系青色LEDとYAG蛍光体で構成された白色LEDについて,その発光スペクトル,光出力特性,電気的特性,発光効率,寿命などが白色LEDの温度上昇によりどのように変化するかを述べるとともに温度の低減策について述べる。

2.2 熱による影響

(1) 発光スペクトルの変化

InGaN系青色LEDにYAG蛍光体 $((Y,Gd)_3Al_5O_{12}:Ce)$ を組み合わせた白色LEDはYAG蛍光体で黄色に変換された黄色光と青色光が混合され白色光にしている。このブルーヤグ系の白色LEDは温度の上昇に伴い青成分が増える。図1はガラスエポキシ基板に4×4個のマトリックス状に配置した白色LEDを順方向電流を20mA,80mAの各条件で点灯させたときの分光分布を示す。青色LEDの発光ピーク波長が順方向電流の増加に伴って465nmから471nmへと長波長側にシフトしている。また,黄色光の発光は弱まっている。そのため,発光色がxy色度座標で (0.28, 0.28) から (0.22, 0.23) へと青みのある白色へ変化する[3]。

したがって,光色を重要視する応用製品の場合は注意が必要である。

---

[*] Kenichi Ishii　三菱電機照明㈱ 器具技術部 照明技術課 課長

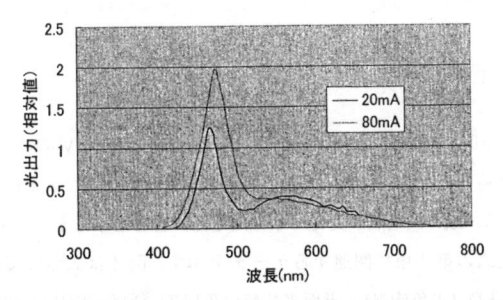

第7章　白色LEDの応用と実用化

図1　ガラスエポキシ基板サンプルにおける発光スペクトルの変化

(2) 光出力の変化

図2に順方向電流に対するLED素子温度の変化を示す。また，図3に順方向電流に対する光出力の変化を示す。使用したLEDはブルーヤグ系の表面実装タイプの白色LEDであり，紙フェノール，ガラスエポキシ及び金属の各基板上にそれぞれ4×4個のマトリックス状に配置し実装している。図2と図3は順方向電流を変化させたときのLED素子温度と光出力を同時に測定したものを別々にグラフ化している。金属基板は紙フェノール基板やガラスエポキシ基板に比べ熱伝導性がよいため，LEDから発生した熱を効率よく基板に伝導することができる。この2つの図より，LED素子の温度と光出力は密接な関係があることがわかる。LED素子の温度がある値を超えると，順方向電流を増やしても光出力は増加しない[4]。

(3) 電気特性の変化

LEDの順方向電圧V_Fは，その順方向電流I_FとそのLED素子（半導体チップ）の温度T_Cに左右される。すなわち，$V_F = V_F(T_C, I_F)$とあらわすことができる。順方向電圧V_Fは順方向電流I_Fによる影響と温度T_Cによる影響にわかれる。この順方向電圧V_Fの変化分を全微分の形であらわ

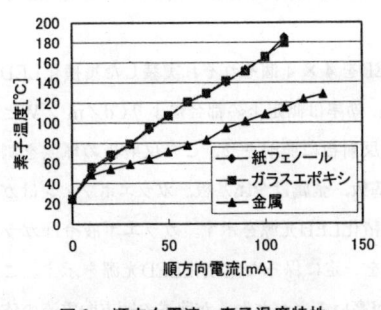

図2　順方向電流―素子温度特性　　　図3　順方向電流―光出力特性

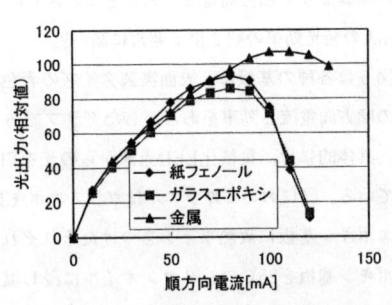

すと，次の式になる。

$$dV_F = \frac{\partial V_F}{\partial I_F} \cdot dI_F + \frac{\partial V_F}{\partial T_C} \cdot dT_C$$

一般に$\partial V_F/\partial I_F \fallingdotseq 10$ (V／A)，$\partial V_F/\partial T_C \fallingdotseq -1.5$から$-2.5$ (mV／K) である[5]。

　LEDは定電流で駆動されることが多いため，上式の第2項が重要である。また，LEDを定電流で駆動しない場合は，順方向電流の変化が順方向電圧に影響を与えるということを知っておく必要がある。次に上式の第2項に関連するデータを示す。図4は表面実装型青色LED（青色CSP），砲弾型青色LED（青色砲弾），表面実装型白色LED（白色CSP）と砲弾型白色LED（白色砲弾）の各LEDに1mAの順方向電流を流したときの順方向電圧の温度依存性を示すグラフであり横軸の温度はLED素子の温度を示している。順方向電圧とLED素子温度はほぼ線形の関係があり，LED素子温度が上昇すると順方向電圧は低下する。また，グラフ上の切片はLEDのタイプ，発光色により異なる[6]。

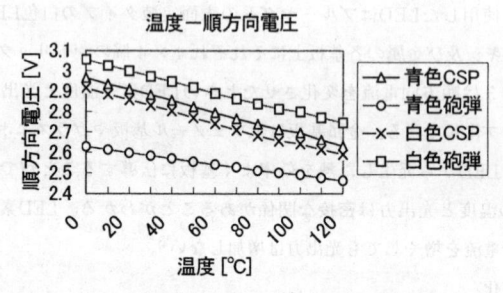

図4　順方向電圧とLED素子温度の関係

(4) 発光効率

　InGaN系青色LEDとYAG蛍光体を組み合わせた白色LEDでは，その発光効率はLED素子の温度の影響よりも順方向電流の大きさに大きく影響される。順方向電流1mAにおける発光効率は20mAの発光効率の約2倍で非常に高い[7]。

　図5は各種の基板に，表面実装タイプの青色LEDを4×4個それぞれ実装した集積化LED光源の順方向電流と効率をあらわしたグラフである。効率は測定上の都合によりCd／m²／Wとした。具体的には，集積化LED光源からの光を白色反射板に照射させ，この反射板の輝度を測定している。図においてガラエポはガラスエポキシ基板，金属は金属基板，ガラエポフィンはガラスエポキシ基板に放熱フィンをつけたそれぞれ集積化LED光源を示す。ガラエポ液冷はガラスエポキシ基板を25℃のシリコンオイルに浸し温度を一定に保った集積化LED光源を示す。この図より，放熱性の高い基板を使った方が発光効率が高いことがわかるが前述の順方向電流の依存

第7章　白色LEDの応用と実用化

青色CSP

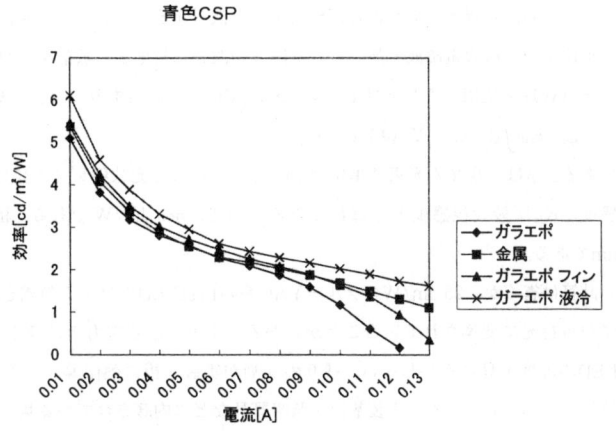

図5　順方向電流と効率の関係

度のほうが大きいと言える[6]。

(5) 寿命への影響

白色LEDの寿命は白色LEDが開発されてからあまり時間がたっていないこともあり，不明な点が多い。LEDの寿命は初期光度の50％に光度値が低下したときを寿命としている場合が多い。この定義で言うと，一般には20000時間から30000時間といわれている。寿命の原因はLED素子の周囲に位置する蛍光体のバインダーやエポキシ樹脂の劣化と考えられている。これらの有機物が劣化すると透過率が低下し全体の光出力を低下させることになる。

最近の白色LEDの発光効率向上は著しく，開発当初の5 lm／Wに比べ現在では20 lm／Wを超えている。そのため，さきほどの有機物の劣化もより加速されることも予測される。現在は劣化の少ない材料に変更し劣化を防止しようという動きがある。

2.3　発生熱の伝熱経路

白色LEDで消費される電力は最終的には熱となり外部に排出される。白色LEDの消費電力は72mW／個程度である。この消費電力がどのような経路で外部に排出されるか検討する。

(1) 発熱量と伝熱経路

白色LEDのPN接合部で消費された電力がどのように外部に排出されるかというと，可視光として直接LEDの外部に放射される成分，LED素子から電路などを経由してガラスエポキシや紙フェノールに代表される実装基板に伝導する成分とLEDの外表面や実装基板の表面から空気中に熱伝達される成分に分けることができる。

207

このうち，可視光成分が何Wに相当するか検討する。可視光は電磁波であるが可視光の量を表す単位系が一般の電磁波と異なる。電磁波の波長に対応した放射束を分光放射束と呼び単位はワット（W）を使用するが可視光はルーメン（lm）を使用する。両者の変換式は

$$\phi = K_m \int \phi_e(\lambda) V(\lambda) d(\lambda)$$

である。ϕは可視光の光束で単位はlm，$\phi_e(\lambda)$は分光放射束で単位はW，$V(\lambda)$は標準比視感度，K_mは最大視感度と呼ばれているもので，683 lm/Wである。積分範囲は380nmから780nmである。

計算は省くが，25 lm/WのブルーYAG系の白色LEDでは，この式を使うと，消費電力の約10％が可視光に変換されていることがわかる。従って消費電力のほぼ1割は直接外部に放射されLEDの温度上昇に寄与しない。残りの9割が実装基板に熱伝導し，さらに実装基板から空気に熱伝達・熱放射される。実装基板が照明器具などに内蔵されている場合は実装基板から照明器具のケーシングに熱伝導や熱伝達され最終的に照明器具などが取り付けられている天井板や空気に伝導，熱伝達，熱放射される。

2.4 LEDを集積した時の温度上昇についての検証

複数のLEDを1つの基板に実装したとき，基板の種類や基板を収納する筐体のサイズなどによりLEDの温度上昇は異なる。この項では，次に示すLEDを光源として使用した照明器具を製作し実機での温度評価とシミュレーションによる評価を実施した内容について検討する。

(1) 評価用モデル

図6に集積化LED光源とそれを収納する筐体を示す。LEDはInGAN系青色LEDにYAG蛍光体を組み合わせた市販の表面実装型白色LED（日亜化学工業製：NSCW100）24個を90mm×45mm，厚さ1.0mmのガラスエポキシ基板上に長手方向で約10mmピッチ，短手方向で15mmピッチの3列各8個のLEDを表面実装し，集積化LED光源モデルとした。

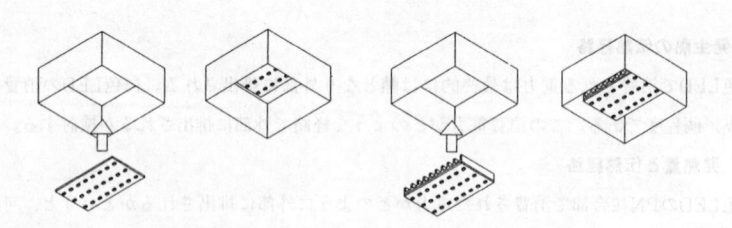

図6 (a) 図6 (b)

図6　集積化LED光源と筐体

第7章 白色LEDの応用と実用化

筐体は下側に開放した□100mm×40mm×t1mmのアルミ製である。この筐体には塗装処理などの表面処理を施していない。天井材は石膏ボードである。

この集積化LED光源を筐体の天井面側の内面に密着させた状態に配置した場合（図6(a)の右図）と集積化LED光源の裏面にヒートシンクを取付け筐体の中央部に浮かせた状態に配置（図6(b)の右図）した2つの場合について実測と熱流体解析ソフトウェアにより検討した。尚，実機による温度評価は周囲温度30℃の環境で，各LEDには定電流電源を用い20mAの順方向電流が流れるようにした。

熱流体シミュレーション解析は汎用熱流体解析ソフトウェア（シーディー・アダプコ・ジャパン製：STAR-CD）を用いて行った。シミュレーションにおけるモデル化範囲は縦750mm×横750mm×高さ800mmの模擬空間とし，その内部に筐体と集積化LED光源を配置した。模擬空間を構成する壁面の温度は25℃一定とした。なお，本シミュレーションは定常解析とし，LED1個あたりの消費電力は，定格の順方向電流20mA，順方向電圧3.6Vで点灯させた場合を想定し72mWとした。さらに，この消費電力のうち6mW（消費電力の約8.3%）が直接，光として放出されると仮定した。したがって，本シミュレーションでは66mWをLED1個あたりの消費電力として採用している。表1にシミュレーションモデルに使用した各構成部材の物性値を示す[8]。

(2) 温度評価の結果

実測値を表2に示す。集積化LED光源を筐体に密着させて取り付けたタイプの各部の温度は，LEDのカソード側はんだ面で39.9℃，筐体の外側壁で35.2℃である。ヒートシンク付集積化LED光源を筐体中央部に浮かせたタイプでは，LEDカソード側はんだ面で48.9℃，筐体の外側壁で32.7℃であり，筐体に集積化LED光源を密着させて取り付けたタイプと比べるとLEDから

表1 各モデル化部位の物性値

モデル化部位	参照物性	参照温度(K)	密度(kg/m³)	比熱(J/kg·K)	熱伝導率(W/m·K)
発光ダイオード	サファイア	343.2	3.966E+03	8.485E+02	4.013E+01
LEDパッケージング	アルミナ	343.2	3.886E+02	8.353E+02	3.259E+01
エポキシ樹脂	エポキシ樹脂	300.0	1.850E+03	1.100E+03	3.000E-01
銅線(リード線)	銅	343.2	8.866E+03	3.916E+02	3.958E+02
銅箔(レジスト部)	銅	343.2	8.866E+03	3.916E+02	1.500E+02
ガラスエポキシ基板	—		1.999E+03	1.256E+03	8.500E-01
アルミケース ヒートシンク	アルミ合金(A-6061)	300.0	2.700E+03	8.690E+02	1.800E+02
石こうボード	石こうボード	—	7.520E+02	1.046E+03	2.100E-01

表2　集積化LED光源を筐体に組み込んだ際の各部の温度（単位：℃）

	LEDカソード側はんだ面温度	LED素子温度（シミュレーション結果）	筐体外側壁温度	周囲温度	消費電力（W）
集積化LED光源を筐体内側天面に直付	39.9	47.7	35.2	30.0	17.2
集積化LED光源（ヒートシンク付）を筐体中央に浮かせて取付	48.9	60.7	32.7	30.0	17.2

の発生熱が内部にこもり筐体の外側壁にあまり熱伝導していないことがわかる。LED素子の温度は測定が困難であるためシミュレーションにより結果を得た。筐体に集積化LED光源を密着させて取り付けたタイプで47.7℃，筐体にヒートシンク付集積化LED光源を浮かせて取り付けたタイプで60.7℃となり大きな差がでた。ただし，シミュレーションの境界条件として模擬空間の壁面温度を25℃と設定したため，実測値を測定したさいの周囲温度30℃と関係付けるためシミュレーション結果に5℃を加えている。

天井面に取り付けられた筐体の内部及び周囲のシミュレーションによる温度分布を図7に示す。シミュレーションによる図はモデルの対称性を考慮したため全体の1/4が描かれている。図7(a)は集積化LED光源を筐体に直付けしたタイプであるが，筐体の天井面付近の温度は41℃である。これに対し図7(b)はヒートシンク付き集積化LED光源を筐体の中央に浮かせた状態に配置したタイプの温度分布を示し，ヒートシンク部を含め集積化LED光源全体が50℃を超えている。また，筐体内のシミュレーションによる温度分布を図8に示す。図8は図7の筐体内を拡大しかつ斜視図のようにあらわしたものである。図8(a)は図7(a)に対応するものであり，集積化LED光源全体及び筐体の天面が41～43℃とほぼ同じ温度になっている。これに対し図8(b)は

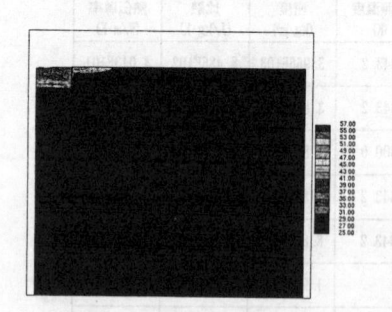

(a) 集積化LED光源を筐体に直付けした場合　　(b) ヒートシンク付集積化LED光源を筐体中央に浮かせて取付けした場合

図7　筐体内部及び周囲の温度分布

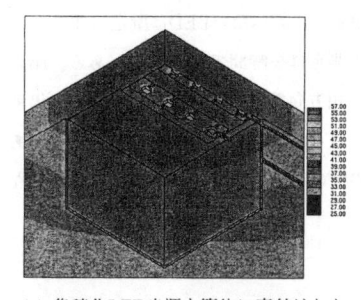

第7章　白色LEDの応用と実用化

(a) 集積化LED光源を筐体に直付けした場合。全体の1/4を表示

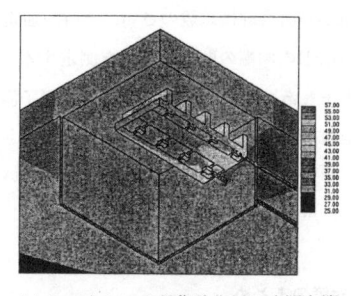

(b) ヒートシンク付集積化LED光源を筐体中央に浮かせて取付けた場合。全体の1/4を表示

図8　筐体内部の温度分布

図7(b)に対応するものであり，集積化LED基板とヒートシンク部のみが51～53℃と高い温度を示し，筐体部分は約35℃と低い温度になっていることがわかる。

(3) 考　察

伝熱のメカニズムは一般に熱伝導，対流による空気との熱伝達，熱放射に分けられる。定性的な表現になるが，図7(a)のように，集積化LED光源を筐体に直付けした場合は，筐体から天井面に熱が広がっている。それに対しヒートシンク付集積化LED光源を中空にうかせた場合は天井面への熱の広がりが少ない。また，シミュレーションの結果をみると，気流ベクトルの大きさ（空気の流速）は両者とも非常に小さく最大でも0.03m/s程度であり対流による放熱量は少ない。基本的には筐体がヒートシンクになっているので，いかに筐体に熱を伝えるかが課題といえる。筐体の温度を高める，即ち集積化LED光源からの熱をより多く筐体に伝えることにより，筐体表面の温度を高め結果として気流ベクトルを大きくすることができ，また，熱伝導で天井面への熱流も大きくできる。さらに熱放射による熱の放散も大きくなる。

LED素子の温度については測定が難しい。今回はシミュレーションによって結果を求めた。筐体にヒートシンク付集積化LED光源を浮かせて取り付けたタイプではLED素子の温度は60.7℃となったが，この数値についての妥当性を検討する必要がある。一般にLED素子の温度を60℃以下で使用すれば寿命が極端に短くなることはないといわれている。しかし，LEDの発光効率の向上が急速なため，寿命とLED素子温度の関連を検証するための評価が追いついていないのが現状である。

ここで，LED素子温度を求める方法について触れる。LED素子の温度を求める方法として，LED素子温度と順方向電圧の関係を利用する方法が挙げられる。まず，2.2(3)項電気特性の変化の項で説明した図4のようなLED素子温度と順方向電圧の関係をあらかじめ求めておく。そ

211

して，LEDの温度評価試験のさい，一時，通電を中止し，調べたいLEDに所定の順方向電流を流しこのLEDの両端の順方向電圧を測定する。この測定は短時間で行う必要がある。測定した順方向電圧とあらかじめ求めてあるLED素子温度と順方向電圧の関係からLED素子の温度を求める。他の方法として，LEDの仕様書に記載されている熱抵抗を利用する方法もあるがあまり精度がよくない。しかし，LEDを選択するさいの参考にはなる。この熱抵抗は当然小さなほうが好ましいがLEDの種類により異なる。

2.5 熱対策のまとめ

LEDを集積させて基板に実装させると，LED素子の温度が想像以上に上昇し種々の弊害が発生することを検証してきた。この項ではLEDを集積させて基板に実装するさいLED素子の温度上昇を極力小さくするためにはどのようにしたらよいかをまとめる。

① 熱抵抗の小さなLEDの選択

リードフレームタイプ（砲弾型）のLEDは，カソード側のリード部から熱がLEDの外部に伝導する割合が大きい。この間の熱抵抗が小さなLEDを選択する。表面実装型LEDもLED素子よりカソード側から熱が伝導する割合が大きい。

② 熱伝導率の高い基板を選択

2.2(2)項で示したとおり基板の種類によりLED素子の温度上昇が大きく異なる。アルミなどの熱伝導率の高い金属を用いた金属基板が最適である。

③ 基板の回路印刷パターンを太く

LED素子からの熱は当然のことながら金属部では流れやすい。回路印刷パターンの断面積が大きくなればこのパターンを流れる熱流も大きくなる。

④ 基板の中心部分へのLED実装は避ける

基板の中心部は熱が逃げにくく，その付近に実装されたLEDは全体的に高温になる。当然LED素子も高温になる。

⑤ ヒートシンクの活用

ガラスエポキシ基板や紙フェノール基板を使用する時はLED素子の温度上昇がきわめて大きくなる。筐体を直接ヒートシンクとして使えない場合は，基板背面にヒートシンクを付けることにより熱放射するための面積が大きくできる。

⑥ LEDの応用製品の多くは金属製の外郭を持つ

この外郭をヒートシンクとして使うためにLEDを実装した基板をこの外郭に密着させることにより熱を外郭に伝導させ外郭から熱を逃がすことが大切である。

第 7 章　白色LEDの応用と実用化

⑦　外郭の放射率を高める

外郭表面からの熱放射能はその放射率により大きく異なる。放射率は 0 から 1 の範囲であるがメッキ面では非常に小さい。これに反し塗装面は大きい。

⑧　LEDは定電流駆動が最適

入力電圧を一定にしてLEDを駆動するとLED素子の温度上昇によりその順方向電圧が低下する。この結果，LEDを流れる電流が増加しさらに温度が上昇する。定電流であれば順方向電圧が低下することにより温度は逆に低下する方向であり安全である。

本研究は「高効率電光変換化合物半導体開発（21世紀のあかり計画）」の一環として，新エネルギー・産業技術総合開発機構および（財）金属系材料研究開発センターから委託を受けて行われたものである。また，本シミュレーション解析にご協力を頂いたエンジニアリング開発（株）笹井峰雄氏，柾岡宏彰氏に感謝の意を表する。

文　　　献

1) J.W.F. Dorleijn and A.G.Jack.,Journal of the Illuminaiting Engineerring Society,p.77, Fall (1985)
2) 照明学会編，"ライティングハンドブック"，オーム社，p.131,135 (1987)
3) 「高効率電光変換化合物半導体開発（21世紀のあかり計画）」成果報告書（平成13年度），（財）金属系材料研究開発センター，p.200（平成14年3月）
4) 「高効率電光変換化合物半導体開発（21世紀のあかり計画）」成果報告書（平成10年度），（財）金属系材料研究開発センター，p.349（平成11年3月）
5) CIE 127 TECHNICAL REPORT　MEASUREMENT OF LEDs ,p.7 (1997)
6) 「高効率電光変換化合物半導体開発（21世紀のあかり計画）」成果報告書（平成10年度），（財）金属系材料研究開発センター，p.342～352（平成11年3月）
7) 田口常正，白色LEDによる21世紀のあかり，照明学会誌85-7,p.496-501 (2001)
8) 日本機械学会，伝熱工学資料改定第 4 版，丸善(1990)

3 一般照明装置の製品化(1)

金森正芳*

3.1 はじめに

白色LEDは1996年に商品化されて以来,その性能向上を目指した研究開発が国内外で活発に行われている。その結果,現在市場で流通している白色LEDの発光効率(lm/W)は白熱電球を超えハロゲン電球レベルに達しており,照明用光源としての実用性を確保しつつある。そして次世代の照明用新光源としての期待が高まっている。その一方で「長寿命」・「省電力」等のキーワードがひとり歩きをはじめ,過大評価されている面もある。

ここでは現時点における白色LEDの照明用光源としての評価,白色LED照明製品化の手法および実例,そして今後の展望について述べる。

3.2 照明用光源としての白色LEDについて

白色LEDと従来の照明用光源を主要な指標で比較した結果を表1に示す。

以下,指標ごとに検証していく。

表1 白色LEDと従来光源との比較

	白色LED	白熱電球	蛍光灯
寿命	未確定	1,000 h	12,000 h
発光効率	20 lm/W	15 lm/W	80 lm/W
コスト効率	0.01 lm/¥	3 lm/¥	5 lm/¥

3.2.1 寿命

白色LEDの特性中,最も情報が混乱しているのが寿命である。これには主に二つの原因がある。

一つ目として白色LEDに対する寿命の定義が公的に確定されていないことがあげられる。元来インジケーターとしての使用を前提としていた赤や緑の単色発光LEDには,「初期の明るさの50%になった時が寿命」という基準が半導体産業界において適用されている。これに対して照明用光源においては70%になった時を寿命とするのが一般的である。それでは半導体部品である白色LEDを照明用光源として使用する場合はどうするのかは,いまだ明確な結論が出ていない。

情報の混乱を引き起こすもう一つの原因は,LEDの明るさが減衰するメカニズムに起因している。明るさが減衰する主な要因はLEDを構成する有機材料(主に透明エポ

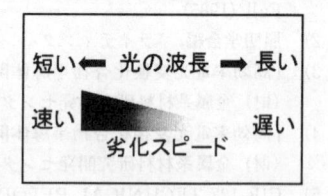

図1 光の波長と劣化スピードの相関

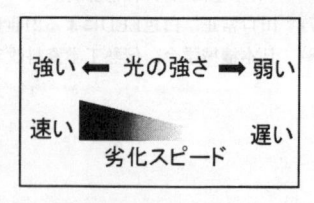

図2 光の強さと劣化スピードの相関

---

* Masayoshi Kanamori 山田照明㈱ LED研究室

第7章　白色LEDの応用と実用化

キシ樹脂）の劣化である。劣化が進むと透明度が落ち，内部の発光素子が発する光の透過率が低下して外部に放出される光量が減り徐々に明るさが減衰していく。有機化合物である透明エポキシ樹脂の劣化には「光の波長」，「光の強さ」，「温度(p-nジャンクション部)」という三つの要因が関係している。各要因と劣化スピードの関係を図1から図3に示す。劣化スピードが速いほど短寿命傾向となる。

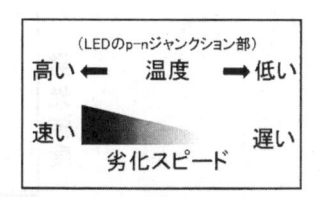

図3　温度と劣化スピードの相関

これら三要因のうち「光の波長」についてはLED製造時にほぼ固定されるため，大きな変動は起こりにくい。これに対し「光の強さ」と「温度」は照明メーカーを含めたユーザーレベルで容易に変えることができる。たとえば光の強さを変えたければ最大定格内で入力電流値を操作することによりほぼ直線的に変動させることが可能であり，またp-nジャンクション部の温度は周囲温度，入力電流値，放熱構造により大きく変動する。つまりこれら二つの変動要因のさまざまな組み合わせによりLEDの明るさが減衰するスピードが変化するのである。このような特性はLEDの持つフレキシビリティーの高さでもあるが，統一した寿命制定のためには基準となる試験条件の取り決めが急務である。

3.2.2　発光効率

1Wの電力で得ることのできる光量を表している（lmは光量の単位）。現在の白色LEDはハロゲン電球と同等の発光効率を実現している。しかしながら大光量を必要とする用途に適用するには蛍光灯の水準に到達する必要があり，さらなる効率向上が求められる。

3.2.3　コスト効率

¥1で得ることのできる光量を表している（ただしランプ単体のイニシャルコストで比較）。LED照明普及に向けた最大の課題がイニシャルコストの低減である。光の指向性や寿命等の要因を考慮せず単に光量とイニシャルコストの比率のみで比較した場合，白色LEDが従来光源と同等レベルになるにはその費用対効果を現在の数百倍に引き上げる必要がある。

さて，ここまでは主に経済的な観点から白色LEDを評価したが，照明用光源としてはさらに「光の質」についても評価する必要がある。現在の白色LEDはBlue/YAG方式が主流であり，青色LEDによる青色光とその青色光の一部を黄色光に変換するYAG蛍光体の組み合わせにより白色光を実現している。図4にBlue/YAG型白色LEDの分光分布(光成分の特性)イメージを示す。また図5に照明用白色光としては理想的といわれる日中の太陽光の分光分布イメージを示す。

演出のためにあえて特定の色味を強調するようなケースは別として，日常生活に用いる照明には生活空間内にあるさまざまな色を違和感を覚えない程度に再現できる汎用性が求められる。つ

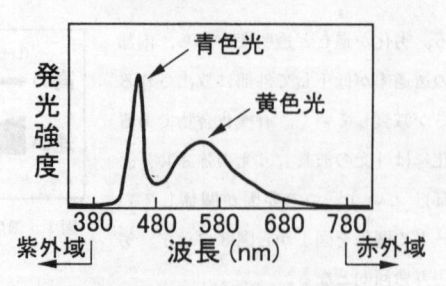

図4　Blue/YAG型白色LEDの分光分布イメージ

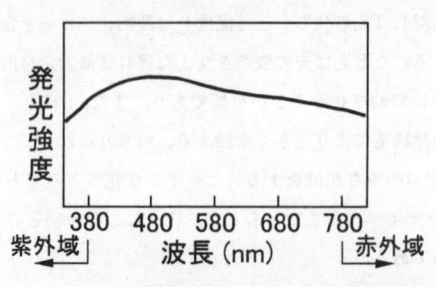

図5　日中の太陽光の分分布イメージ

まり図5に示す太陽光のように380〜780nm間の可視光域全体に光成分が均一分散しているのが理想的である。これに対し図4に示す白色LEDの場合，600nm以上の赤色域の光が弱いためこの領域の色再現性がよくない。今後改善すべき課題である。

また，白色LEDの色調に関するもう一つの問題として色ムラがある。白色光のベースとなる青色光のピーク波長が短波長側や長波長側にずれると微少なレベルで青紫光や青緑色となり，それに応じてYAG蛍光体が発する黄色光の出力が変化する。この結果，青色光の色ズレに加え青色光と黄色光の割合が変動し，個々のLED間に容易に視認できる色ムラが発生する。照射対象物の表面が白色もしくは淡色系であるとこの色ムラが非常に目立つことになる。

このように照明用光源として現在の白色LEDを評価してみると，まだまだ改善すべき点が多数あることがわかる。しかしその一方で従来光源に対するさまざまな優位性を有している。その一部を表2に示す。

低い始動電圧は安全性確保に有利であり，単体で光の指向性を持つため反射板が不要で照明器具の小型・軽量化に貢献でき，点灯時の優れた耐衝撃性とミリ単位の極小サイズによりモバイル機器の液晶バ

表2　白色LEDの優位性

	白色LED	白熱電球	蛍光灯
始動電圧	3.5 V	100 V	数百 V
光の指向性	選択可能	全般拡散	全般拡散
耐衝撃性	堅牢	脆弱	脆弱

第7章　白色LEDの応用と実用化

ックライト光源として広く普及している。その他環境問題を考慮したとき水銀レスという点も重要である。

3.3　白色LED照明の製品化について

限定的な用途ではあるものの既に白色LED照明が製品化されている。それらは大きく分けて二つに分類できる。一つは複数のLEDを集積して実用的な光量を確保し点灯用回路をも内蔵することにより汎用性と利便性を高めた「LED光源ユニット」、もう一つは最初から特定用途の照明器具として設計された「LED照明器具」である。LED照明器具には既製のLED光源ユニットを用いることもあれば、専用光源を含めて開発することもある。

3.3.1　LED光源ユニット

図6にLED光源ユニットの製品群を示す。これらはすべてAC100V入力で点灯可能であり、消費電力は1ユニットあたり2〜3W程度である。

また、LED×54個を集積した丸型形状ユニットの配光特性を図7に示す。使用しているLEDは単独での配光特性が20°のタイプである。

LED光源ユニットの開発において特に注意すべき点は熱の処理である。LEDから発生する伝導熱のほかに、内蔵している点灯用回路部品からの発熱が加わるため効率的な放熱設計が必要である。放熱を怠ると先に述べたようにLEDの寿命が短寿命傾向になる。熱伝達経路モデルの一例を図8に示す。

3.3.2　LED照明器具

図9に常夜灯としての使用を想定した天井取付け型LED照明器具の外形を、図10に器具内部の詳細を示す。

LEDを取り付ける基板はアルミニウム板上に数十ミクロンの厚みで絶縁層と通電パターンを

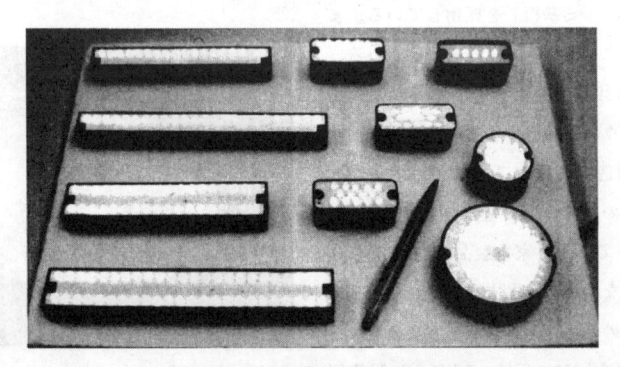

図6　LED光源ユニット

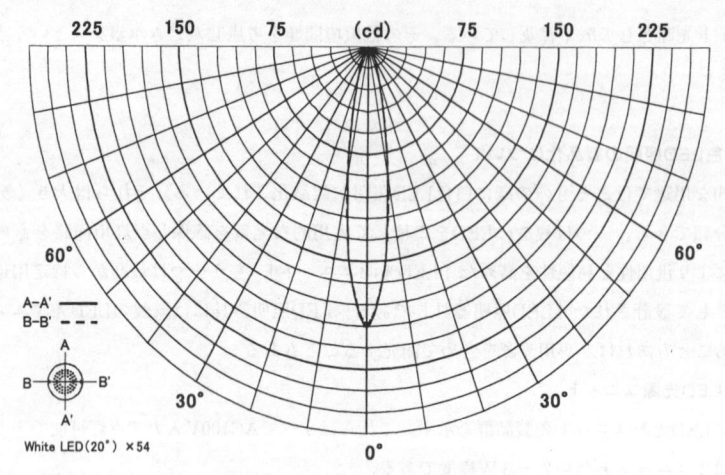

図7 LED×54個ユニットの配光特性

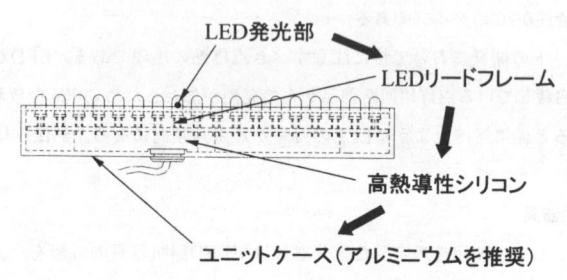

図8 LED光源ユニットの熱伝達経路モデル

構築した「アルミ基板」を採用している。また器具本体にもアルミニウムを用いている。LEDから器具外郭表面までを熱伝導率の高いアルミニウムで構成することにより，効率的な放熱構造を実現している。LEDを38個使用したこの器具の消費電力はAC100V入力時に約3Wであり，家電製品の待機電力レベルで必要な機能を確保することができる。

次に器具の小型化を追求したデスクスタンドの試作品を図11に示す。LEDを24個使用

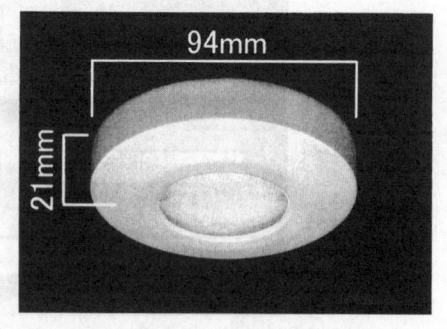

図9 LED常夜灯の外形

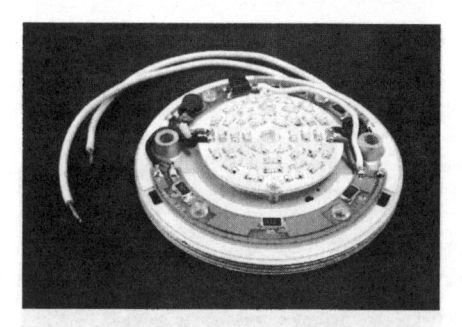

第7章　白色LEDの応用と実用化

図10　LED常夜灯の内部詳細

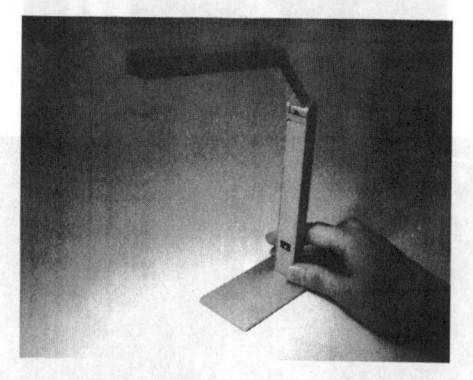

図11　LEDデスクスタンドの試作品

したこの器具の消費電力はAC100V入力時に約2Wである。

このように現時点で白色LEDを照明用光源として適用できるのは，低照度であっても機能上問題ない用途や照射面に近接して使用することが前提の場合である。これらの適用範囲であれば従来光源と比較して省電力が実現できる可能性が高い。

3.3.3　施工事例

施工事例として図12にLED水中照明，図13にLED足下灯，図14にLED地中埋込灯を示す。各事例とも器具1台当たりの消費電力は約2Wである。

3.4　白色LED照明の今後について

現時点では限定的な用途に限られている白色LED照明であるが，より多くの用途に適用させるためにさまざまな活動が行われている。LED照明普及の追い風となる最近の動向を以下に示す。

白色LED照明システム技術の応用と将来展望

図12　LED水中照明の施工事例

図13　LED足下灯の施工事例

- 寿命を含めた光源としての規格化は所定の公的機関において議論が繰り広げられており，照明用光源としての位置付けが固められつつある。
- 発光効率の改善は各LEDメーカーにおいて熾烈な開発競争が行われており，急速な効率向上が予測されている。(50～60lm/Wは今後数年で達成できるレベルと言われている)。
- LEDメーカー間のクロスライセンス契約が多数締結されたため，2003年度以降白色LEDの供給量は飛躍的に増えることが予想され価格の低減が期待できる。
- 白色光の発光原理として従来のBlue/YAG方式に加え，紫外光を発するUV-LEDとその紫外光を光の三原色 (RGB) に変換する蛍光体を組み合わせた方式が開発されている。基本的な

第7章 白色LEDの応用と実用化

図14 LED地中埋込灯の施工事例

		x	y
Blue/YAG	sample1	0.325	0.336
	sample2	0.319	0.317
	sample3	0.313	0.308
UV/tri-p	sample1	0.316	0.323
	sample2	0.314	0.319
	sample3	0.317	0.322

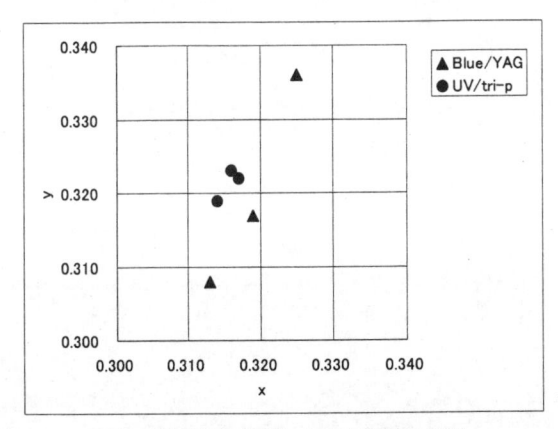

図15 白色発行方式の違いによる色ムラの比較

図中のx, yは色度座標上の値を表し，サンプルの分散範囲が狭いほど，色ムラが低減される。また「tri-p」は三原色発光蛍光体を意味する。

発光原理が現在の蛍光灯と同じこの方式は，白色光の色ムラ低減に非常に効果が高い。図15にBlue/YAG方式との比較を示す。

さて，今後白色LED照明が進む方向は次の2つが考えられる。

① 従来光源を白色LEDに置き換えることでより一層の長寿命，省電力を達成する。

② 従来光源では実現不可能であったサイズや用途を実現し，新たな利用分野を確立する。

白色LEDの登場はトランジスタの登場に例えて語られることが多い。つまりトランジスタの登場により真空管が姿を消したように，白色LEDの登場により白熱電球や蛍光灯がなくなるというストーリーである。しかし蛍光灯が登場しても白熱電球は普及しつづけているように，ユーザーは各光源のメリットを見極めながら用途に最適なものを選択していくものである。つまり①および②の方向性は同時進行し従来光源との良好な相互補完関係が確立されていくはずである。

文　　献

・Daniel Doxsee, Ultraviolet White LEDs and Lighting Applications, p.8, Extended Abstracts of the International Symposium on The Light for the 21st Century (2002)

4 一般照明装置の製品化(2)

山田健一[*1], 後藤芳朗[*2]

4.1 はじめに

1879年にエジソンが初めて白熱電球のあかりを灯してから120年以上の年月が経過した現在、白熱電球のみならず、蛍光ランプ、HIDランプといった各種の照明用光源が開発、実用化されており、これらの光源によるあかりは我々の日常生活の中で欠かせないものとなってきた。そして、これらの光源は省エネルギー化、小型化、長寿命化といった時代のニーズに応じて今日も進化を続けており、新光源の登場により我々の生活環境はより豊かなものになってきている。

一般に照明産業においては、光源が変わるとその器具形状、形態が大きく変化するといわれており、本書で取り上げる発光ダイオード (LED: Light Emitting Diode) の照明用光源への展開は照明産業に大きな変革をもたらすことが予測される。すなわち、LEDは小型、長寿命といった特徴を有する半導体固体発光素子であり、これまでの光源とは全く異なる発光メカニズムに基づいていることから、省エネルギー化といった観点からも大きく期待されている。また、ラジオが真空管からトランジスタへと移行したように、21世紀を迎えた今日においては照明用光源も固体化へと移行する時期にあるといえる[1,2]。本節では、白色LEDの一般照明装置への製品化について、まず白色LEDの現状と課題を解説したうえで、モジュール化について取り上げ、LED照明製品事例を紹介していく。

4.2 白色LEDの現状と課題

1990年代に入り大きなブレークスルーのすえ、InGaN系材料を用いた高輝度青色LEDが開発されたことにより、1996年にはこれにYAG蛍光体を組み合わせた発光方式の白色LEDが登場した。図1にこの発光方式の白色LEDにおける分光スペクトルを示したが、LED素子が発する約465nmをピーク波長とした青色光と、その一部がYAG蛍光体を励起して発する約570nmを中心波長とした黄色光とからなっており、青色光と黄色光との補色により白色発光を実現している。この発光方式の白色LEDは平均演色評価数Ra=85程度と比較的高い値であるが、発光スペクトルに赤色成分がほとんど含まれていないことなど、一般照明用光源として用いる場合にはその演色性が問題となっている。そのため、既に本書で取り上げているように近紫外LEDと3波長蛍光体とを組み合わせた発光方式で演色性を満足した白色LEDの研究開発が勢力的に行われている。

---

*1 Kenichi Yamada 松下電工㈱ 照明分社 照明R＆Dセンター 光源グループ
*2 Yoshirou Gotou 松下電工㈱ 照明分社 ナショップ・調光システム事業部 商品技術部 技師

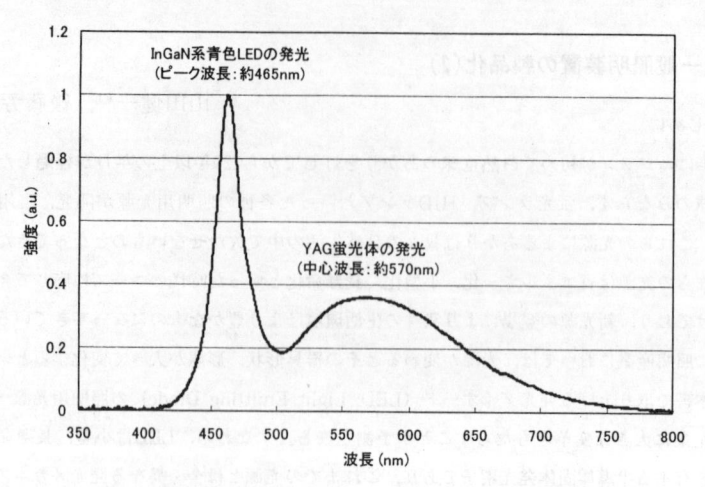

図1 白色LEDの発光スペクトル（青色LED＋YAG蛍光体）

一方，白色LEDの発光効率については，青色LEDにYAG蛍光体を組み合わせた発光方式の白色LEDでは1996年の発売当初において5lm/W程度であったものが2001年には15～25lm/Wと既に白熱電球を上回るレベルに達しており[3]，今後も飛躍的な向上が期待される。しかしながら，白色LED1個あたりの光束は1.5lm程度と従来光源に比べて極めて低いことから，これを照明用光源として適用させるためにはアレイ状あるいはマトリックス状に集積し，モジュール化することが必要とされる。現在，白色LEDを数～数十個程度集積してモジュール化されたものが既に一部の照明製品向けに用いられているが，集積した場合の発生熱対策やInGaN系白色LEDのコスト問題などからその使用個数が限られてしまうために，照明製品への展開も小光束で可能な用途に限定されてしまうのが現状である。

4.3 白色LEDのモジュール化

白色LEDのモジュール化にあたっては，次項で紹介する照明製品への展開を十分に踏まえてその寸法，電気的特性および光学的特性を設計することが必須である。また，白色LEDの小型という特徴を活かしてモジュールもできるだけコンパクト化を図り，スマートなデザインを満足させることが重要である。ここでは，弊社で既に製品化している丸型モジュール(C-LEDS)の構成とその特性について説明する。

丸型モジュールは大小2種類のものを揃えており，それらの寸法は直径でそれぞれ80mmおよび46.5mm，厚さは共に11mmである。図2に丸型モジュール(大)を示す。直径80mmの丸型モ

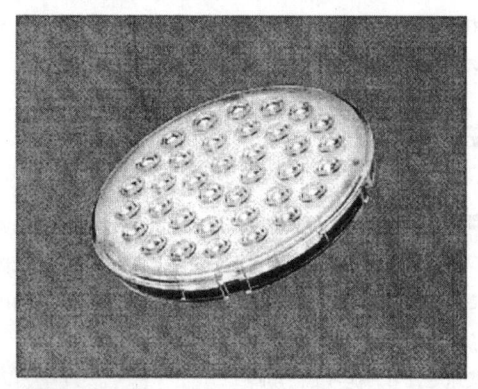

第7章 白色LEDの応用と実用化

図2 丸型モジュール(大)

ジュールはガラスエポキシ基板上に表面実装型白色LEDが36個実装されており,その裏面には電気部品を実装して定電流回路を構成している。実装基板はアクリル製ケースに組み込んでおり,その前面には各々の白色LEDからの出射光を集光するレンズが成形され,光学的特性の制御を行っている。モジュールの裏面からは電気的接合を行うために2本のピンが付いており,直径90mmのアルミダイカスト本体に取り付け直流駆動で点灯するようになっている。このモジュールの消費電力はわずか2.6Wであり,約27lmの光束が得られる。一方,直径46.5mmの丸型モジュールには表面実装型白色LEDが12個実装され,直径55mmのアルミダイカスト本体に組み込めるようになっており,消費電力はわずか1Wで約10lmの光束が得られる。

図3に大小の各丸型モジュールをアルミダイカスト本体に取り付けた際の照明特性イメージ図を示したが,照射距離50cmにおいて中心でそれぞれ750lxおよび295lxの照度が得られる。モジュールの光束はまだそれほど大きくはないが,このように集光さ

図3 丸型モジュールの照明特性イメージ図

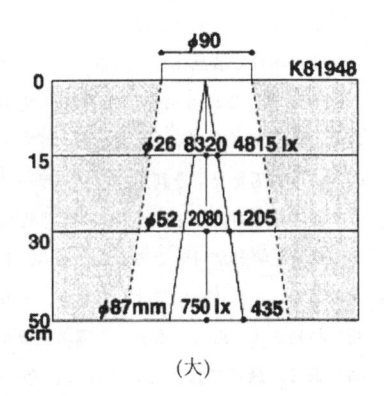

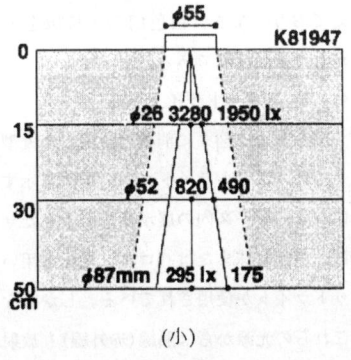

れた照明特性が得られることから、近距離を局部的に照射するフットライト、スポットライト、デスクスタンドなどの用途に応用が可能である。

4.4 LED照明製品事例
4.4.1 フットライト

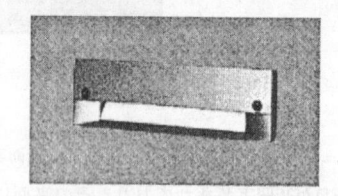

フットライトは夜間あるいは暗所での歩行時に足元を照らし、安全に誘導するためのものである。これは住宅および施設において廊下や階段、歩道などにある間隔で設置されており、その目的から足元を視認できる程度の照度で局部的に照明できればよいが、夜間中は常に点灯されている必要があることから消費電力が少なく、かつ長寿命であることが要求される。従って、現時点において白色LEDを照明に応用する場合、フットライトへの展開が最も適している。

図4に当社で製品化しているフットライトの一例を示す。これは白色LEDを10個使用しており、消費電力0.8W、寿命4万時間である。図5には太陽光発電を利用したソーラーアプローチライトを示す。白色LEDは低消費電力でかつ低電圧駆動が可能であることから、日中に発電してバッテリーに貯蔵しておき、それを夜間に駆動させて点灯するという環境配慮型の製品である。最近では、このように白色LEDを太陽光発電と組み合わせて利用するケースが増えており、まさに白色LEDの特徴を十分に活かした製品展開である。

4.4.2 スポットライト

図6および図7に前項で説明した丸型モジュールのスポットライトへの応用例を示す。一般にショーケース内の展示品を引き立たせるために、白熱電球またはハロゲン電球を用いたスポットライトが使用されている。しかしながら、これらの光源からは熱線(赤外線)も放射されているため、例えば化粧品などでは色あせを引き

図4　フットライト

図5　ソーラーアプローチライト

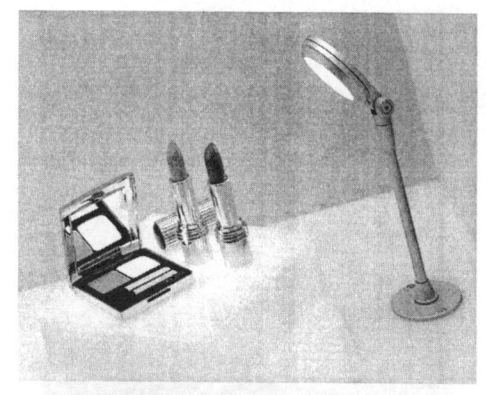

第7章　白色LEDの応用と実用化

図6　スポットライト(1)

図7　スポットライト(2)

起こすなど，この熱線により展示品自体を損傷させてしまうケースが多々あり問題となっている。これに対して，白色LEDは図1に発光スペクトルを示したようにその光線には熱線が含まれていないため，展示品を損傷させる心配がなく，その適用が大いに期待される。さらに，白色LEDの利用により照明器具のデザイン性を向上させることが可能であることから，ショーケース全体に高級感を与えるなどの利点もある。

4.4.3　デスクスタンド

図8に丸型モジュール(大)を用いて作製したデスクスタンドを示す。勉強・読書における推奨照度は500〜1000lxであることから[4]，ヘッドから机上面までの距離を30cmとし十分に照度が確保されるように設計してある。なお，従来のスタンドではヘッドの部分が光源に加え，配光制御

図8　デスクスタンド(1)

図9　デスクスタンド(2)

を行うための反射板を組み込んでいるために，ヘッド部の厚みが必要以上に大きくなってしまうが，小型でかつ反射板による配光制御を必要としない白色LEDを用いることによりヘッド部の薄型化が図れ，デザイン面で有利である。図9にはライン状モジュールを用いて作製したデスクスタンドを示す。このようにモジュールの形状や大きさに応じてヘッド部を自在に設計できることから，それぞれの用途に適した幅広い展開が可能である。

4.4.4　LED照明施設例

　図10に太陽光発電を利用した白色LEDサイン照明施設例を示す。これは前述したように商用

第7章 白色LEDの応用と実用化

(全体像)

(LED照明部)

図10 太陽光発電を利用した白色LEDサイン照明施設例
(「国際園芸・造園博(淡路花博)ジャパンフローラ2000」より)

電源を全く使用しない環境面を配慮した製品展開例であり,サインパネル面にソーラーセルと表示板が取り付けられ,上方より白色LEDライン状モジュールによって照射することにより,その機能を果たしている。照明部に白色LEDを用いることで,コンパクトながら指向性の高い光が照射されサインパネル面をすっきりと見せていることが分かる。なお,白色LEDより指向性の高い光が得られることから,導光板に適応させた方式のサインパネル照明製品も盛んに展開されている。

図11に白色LEDを埋め込んだ天井照明施設例を示す。ホールの天井に点在させた白色LEDに

(全体像)

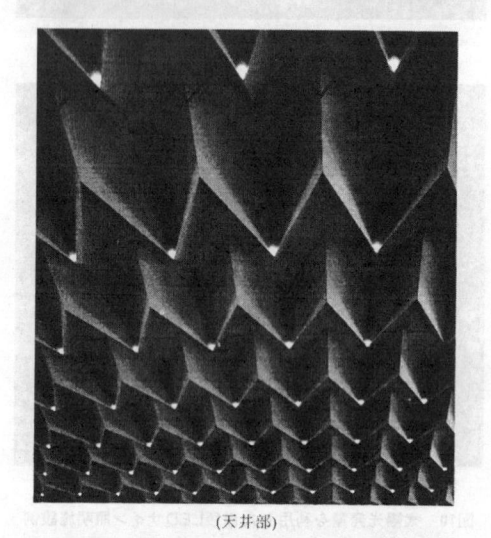

(天井部)

図11 白色LEDを埋め込んだ天井照明施設例
（「めぐろパーシモンホール」より）

より，その造形を際立たせ空間が印象的に演出されていることが分かる。これは白色LEDの小型，長寿命というメリットを活かし建造物と一体化させた建築化照明の実施例であり，白色LEDのこのような応用展開により照明の新たな可能性が見い出されている。

4.5 おわりに

これまで，白色LEDの一般照明装置への製品化について，いくつかの実施例を取り上げなが

第7章 白色LEDの応用と実用化

ら述べてきた。このような製品化へのプロセスにあたっては，ハード面からのアプローチだけではなく，ソフト面からも十分に追求していく必要がある。特に，高輝度の点光源である白色LEDを居住空間へ適用したときの人間への生理・心理的影響などについての知見はほとんど得られておらず[5,6]，製品の安全性を確保するにあたってはまだ大きな課題が残されている。また，これらの製品を普及させていくためには，白色LEDの性能を向上させるだけではなく，そのコストを低減させることも必須である。

現在では，国内はもとより海外においても白色LEDの照明用光源に向けた研究開発が激しく行われているが，これらの背景には1990年代のInGaN系高輝度青色LEDの実現や「21世紀のあかり」国家プロジェクトの実施など，日本発の数々の取り組みがその引き金になっていることに間違いない。そのため，今後も白色LEDによる新しい照明技術を日本が先導して築き上げ，「21世紀のあかり」と呼ぶにふさわしい照明文化を創造していきたい。

文　献

1) 山田健一ほか，照明学会誌，Vol.85，pp.646-648（2001）
2) 山田健一，照明学会誌，Vol.85，pp.981-982（2001）
3) 坂東完治ほか，第286回蛍光体同学会講演予稿，pp.17-24（2001）
4) 日本規格協会，JIS Z 9110（1979）
5) 日比野治雄ほか，平成13年度照明学会全国大会講演論文集，p.207（2001）
6) 日比野治雄ほか，平成14年度照明学会全国大会講演論文集，p.213（2002）

5 道路用,トンネル内LED照明装置の実例

小野紀之*

5.1 道路交通分野におけるLEDの利用

道路交通分野におけるLEDを利用した製品として,まず思い浮かぶのは道路情報板であろう。高速道路,一般道路を問わずほとんどの幹線道路に設置され,ドライバーに渋滞情報やルート案内などの情報を提供している。情報板の変遷はLED技術の進歩と密接な関係があり,当初は文字情報のコンテンツが主体であったが,LEDの高輝度化やモジュール化技術の向上に伴い,図形情報主体へと移り変わってきた。その中で最も大きな変化は青色LEDの実用化であり,これにより情報板もフルカラー対応となり,一部でカラフルな情報板も設置されはじめている。フルカラー情報板の最大の特徴は動画表示であり,道路の渋滞・混雑状況や気象・災害情報,または地域に密着したイベントなどの情報を,文字情報とは比較にならないほどのリアルさで提供することが可能となる。

次に挙げられるのはLED式信号機である。信号機についても情報板と同様に早くからLED化の計画があり,青色LED開発以前は緑色LEDで試作されたが,緑と青の色味の違いから実用化には至らなかった。しかし,青色LEDが登場すると,登場を待ち望んでいたかのように一気に実用化が進み,我々が街なかでLED式信号機を目にする機会も多くなってきた。信号機がLED化されることで,消費電力の削減と光源の長寿命化によるコスト低減が期待されることはもちろんであり,それ以外にも電球式では,信号灯器に太陽光が直接当たると反射鏡に光が反射し,あたかも点灯しているように感じられる疑似点灯が避けられなかったが,LED式であればこのような疑似点灯による誤認識を防ぐことも可能となる。また,自動車用信号機だけでなく,歩行者用信号機への利用も進められており,従来は赤や青の背景に止まったり歩いたりしている人の形が表示されていたが,LED化により人型をそのまま点灯することが可能になり,現在新たな基準の作成に向けての検討が進んでいる。

この他にもLEDを使用した道路交通に関連する機器は多く見られるが,やはりこれから期待されるのは,白色LEDの照明としての利用である。「高効率電光変換化合物半導体開発（21世紀のあかり）」プロジェクトも経済産業省により推進され,白色LEDはこれからの光源として大きな期待を集めている。しかし,現状では白色LEDの発光効率は照明用途としては不十分なため,道路照明やトンネル照明に本格的に利用されるには,まだ時間を要すると予想される。現在でも歩道照明など一部では照明器具として利用され始めているが,現在のHIDランプが白色LEDに置き換わるには更なる発光効率の改善を待たなければならない。ここでは道路用,トンネル内

---

* Noriyuki Ono 小糸工業㈱ 照明技術部 課長

第7章　白色LEDの応用と実用化

LED内の照明装置の実例として，今までに製品化された白色LEDを用いた照明器具と，道路交通分野における白色LED製品の実例を紹介する。

5.2　道路，トンネル照明のLED照明装置の実例
5.2.1　歩道灯

歩道灯は，図1のように4～5m程度の高さから歩道を照明するのが一般的で，光源には比較的低ワットの蛍光水銀ランプや高圧ナトリウムランプなどのHIDランプ（高輝度放電灯）が用いられている。最近では，白色LEDも新しい光源として一部の器具に使用されているが，HIDランプと同程度の光束を得るために，数百個のLEDを平面的にレイアウトし，LEDの個数を増やすことで必要な照度を稼いでいるタイプがほとんどである。しかし，照明器具としての実力ではHIDランプには及ばないため，省エネルギーや長寿命を特長に製品ラインアップに加えられているのが実情である。

配光制御は，HIDランプを使用する場合には，反射鏡やグローブなどを用いて行われているが，LEDの場合は図2に示すように，LED数十個をブロックとしてレイアウトし，ブロック毎に振向角度を調節することで対応している。

図1　歩道灯

演色性は，現在主流である青色LEDとYAG蛍光体の組み合わせ方式の白色LEDでは赤色成分の長波長域が不足しているため青みがかった印象で，同じ白色系の光源である蛍光水銀ランプと同程度の演色性は得られていない。

現時点では，発光効率や演色性の問題から，しばらくは引き続きHIDランプや蛍光ランプが光源の主流を維持すると考えられるが，白色LEDの発光効率や演色性は飛躍的に進歩しているため，いずれは地位が逆転することが予想される。また，LEDは指向性が強く，漏光が少ないため光害を抑えやすいメリットがある。今後はこのような特長を活かした製品が増えてくるものと思われる。

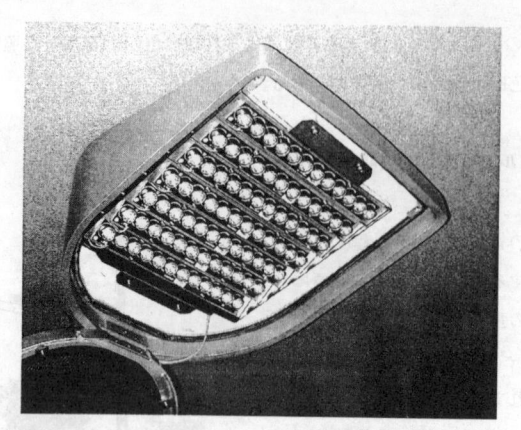

図2　LEDのブロックによる配光制御

5.2.2　足元灯

歩道灯が4～5mの高さから歩道全体を照明する手法であるのに対し、足元灯（図3）は歩行者の足元を低位置から照明する器具である。光源と照射面の距離が短いため、現在の白色LEDの発光効率でも十分な照明効果が得られ、蛍光灯を使用した場合と比較して省電力化と長寿命化が期待できる。低位置から照明するため周近への漏光が少なく必要な場所を効率良く照明できるため、用途としては、漏光の影響が心配される住宅地域の歩道や、街路樹によって道路照明が遮蔽され十分な照度が得られていない歩道などへの設置が適している。

また、低位置に設置されることから歩行者の目に留まりやすくなるため、景観が重視される公園や遊歩道などでは灯具のデザインに配慮

図3　足元灯

し、周囲と一体感を持たせる必要がある。また、これとは逆にアミューズメントパークなどでは積極的に個性的なデザインを採り入れ、ストリートファニチャーとして利用することも考えられる。

その他、低位置で歩行者に近いという利点を活かして、マンセンサーと音声合成装置を内蔵さ

第7章　白色LEDの応用と実用化

せ，歩行者に音声で観光案内や道案内，または音楽を流すなど，音声案内機能付き足元灯も登場している。

5.2.3　ソーラー照明灯

図4のソーラー照明灯は電源に太陽電池を使用した環境配慮型の照明灯である。太陽エネルギーを活用しているため，通常必要となる商用電源の配線工事が不要となり，電気料金も掛からず経済的である。一般的には自然公園や散策路など，商用電源を引くことが困難な場所に設置される。その他，電源に依存しないため台風，地震による停電時においても点灯することが可能で，災害時の緊急避難場所などの設置に適している。

光源には従来，蛍光灯や低ワットのHIDランプが用いられていたが，バッテリーの電圧がDC12Vで白色LEDとの相性が良く，太陽光発電は曇りや雨の日には発電能力が低下するので，消費電力の少ないLEDの使用は有効である。

光源に用いる白色LEDは，200～500個の砲弾型白色LEDを複数のブロックに分けて基板に実装し，配光を考慮して各ブロックの向きを考慮してレイアウトする。また必要に応じて拡散板を用いて配光を広げるなどの対策も行われている。

図4　ソーラー照明灯

5.2.4　ハイブリッド照明灯

図5のハイブリッド照明灯はソーラー照明灯に風力発電を併用（ハイブリッド）した照明灯である。ソーラー照明灯の設置が困難な場所として，年間の日照時間の少ない地域や，周辺の地形や環境から一時的に太陽光が遮られ十分な電力が得られない所が挙げられるが，そのよう

図5　ハイブリッド照明灯

な状況に対しては，風力発電機を併用したハイブリッド照明灯が有効である。その他では風力を得やすい橋梁や海沿いの地域にも適している。

　最近は環境問題や省エネルギーについての関心の高まりもあり，自然エネルギーを活用した照明の視覚的なPRという意味で，白色LEDを光源に用いたハイブリッド照明が設置されるケースが増えてきている。

5.2.5　センターライン表示灯

　トンネル内を長時間走行すると，壁面の圧迫感からドライバーは無意識のうちに壁面から離れて走行する傾向が見られる。片側1車線の対面通行トンネルにおいては，両方向の車両がセンターライン寄りを走行することになるため，万が一センターラインを突破した際には重大な事故に至る可能性が高くなる。そこで，通常は反射テープのついたラバーコーンが連続して設置され，車線区分を明確にし，安全対策が施されている。

　センターライン表示灯（図6）は，対面通行トンネルのセンターラインに白色LEDを光源に用いた表示灯を埋め込み，ドライバーにセンターラインを明示し注意を喚起するものである。通常はラバーコーンと共に設置されるため，ラバーコーンに光が遮られないように発光部を横方向にオフセットして配置している。

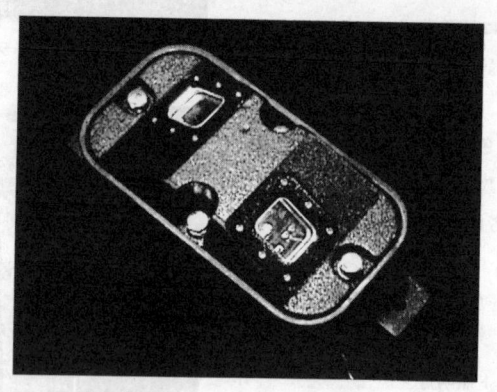

図6　センターライン表示灯

　光源にLEDを用いているため，コンパクトな構造とすることが可能で，路面からの高さを5cm程度に抑えることができ，流線型のデザインを採用しているため，車線を逸脱し灯具に乗り上げてしまった場合にも車両への影響はほとんどない。また，灯体は鋳鉄，発光窓はポリカーボネート製のため10tトラックの加重にも十分にも耐えられる強度を持っている。

第7章　白色LEDの応用と実用化

その他,センターラインに連続して設置するため,ドライバーはトンネル線形を捉えやすく視線誘導効果も期待できる。

5.2.6 誘導灯

ガードレールなどに設置して道路線形をドライバーに明示するブリンカーライトには,従来から長寿命でメンテナンス性も良いLEDが使用されてきた。最近では設置場所の制約を受けやすいトンネル内においても,コンパクトな構造にできることを生かしたLED式視線誘導灯が,壁面や路肩に設置されるようになった。

濃霧が頻繁に発生する区間においては道路線形を的確に把握することが必要であり,視線誘導灯の役割は重要となる。従来は光源に白熱電球が使用されていたが,濃霧時の低視程時には十分な光度が得られず,誘導効果が得られにくかった。また白熱電球の寿命は約1,000時間と短いため,メンテナンスにも費用を要した。そこで近年は,LEDの高輝度化により低視程時にも視認可能となったことから,LED式誘導灯（図7）の採用が始まっている。光源にLEDを用いているため,白色だけでなく様々な色を使用することが可能で,分合流部においては,本線と分岐路で色を変えて誘導効果を高めることも可能になる。

図7　LED式誘導灯

また,LEDを光源に用いた誘導灯は光度が高いため,誘導灯としてだけでなく,料金所のナンバー識別用の光源など,補助的な投光器として使用することも可能である。

5.2.7 ガイドライトシステム

ガイドライトシステム（図8）は見通しの悪いカーブ区間などに設置され,道路線形と対向車

図8　ガイドライトシステム

図9　非常口表示灯

の接近をドライバーに知らせ、カーブ区間での安全な走行環境を提供するものである。対向車が存在しない場合は光源にLEDを用いた表示灯により道路線形を表示し、車両感知器により対向車を検知した場合は、対向車の接近に合わせ赤色などをドライバーの進行方向とは逆に流れ点灯し対向車の接近を知らせる。一般的に、対向車が存在しない場合は緑色に点灯し道路線形を表示し、対向車が存在する場合は赤色で表示することが多い。

第7章 白色LEDの応用と実用化

5.2.8 非常口表示灯

トンネル内には壁面に非常口までの距離を示す非常口表示灯（図9）が設置されている。従来は光源に蛍光灯が使用されていたが，最近は白色LEDを使用した製品が登場した。蛍光灯内照式は管部の輝度が高くなるため輝度ムラが目立ったが，LED式は発光面にムラがなく視認性が高くなっている。また，LED型は蛍光灯型に比べ約半分の厚みで器具の製作が可能となりコンパクトな構造となっている。

5.3 道路，トンネル照明における白色LEDの今後

　白色LEDは，長寿命と低消費電力が特徴として挙げられ，次世代の光源として注目されている。しかし，演色性は，低圧ナトリウムランプや高圧ナトリウムランプには優っているものの，蛍光水銀ランプや蛍光ランプには劣り，発光効率も15～20 lm/W程度で，現在道路照明やトンネル照明の主流であるHIDランプや蛍光ランプには及ばない。そのため本項で紹介した道路，トンネルなど道路交通分野における白色LED照明装置の実例においても，白色LEDを道路照明やトンネル照明として採用した例はまだなく，実用化されているのは歩道灯や足元灯など比較的低ワットの器具が主体である。またそれらも実用性よりは昨今の環境意識の高まりに対するPR性から製品化された感が強く，実用面ではまだ課題が残る。

　しかし，現在は白色LEDの主流は青色LEDでYAG蛍光体を励起する方式であるが，今後は紫外LEDでRGB蛍光体を励起する方式の実用化により，発光効率の向上と演色性の改善が期待されており，白色LEDの照明への応用はますます進むものと予想されている。数年後には我々の想像を超えた道路照明器具が登場しているかもしれない。

6 集積化, 街灯, サインパネルの実例

田口常正[*1], 小橋克哉[*2]

6.1 はじめに

現有する市販の白色LEDの光束は, 1～2lmであり, 数100lmを得るには数100個の白色LEDを集積化して光源を試作しなければいけない。

本項では, 集積化した白色LED光源の特性と応用例として, 太陽電池を組み合わせ, 白色LEDを照明光源に用いた自立型の太陽電池式街灯およびサインパネルについて述べる[1,2]。白色LED照明光源は, 光の指向性の強い点光源の集積体であり, 従来からある白熱電球, 蛍光灯と異なる照明分布を示すものと考えられる。そこで, LEDの多点光源による照度分布をシミュレーションする簡便なソフトを開発し, 実際に製作した白色LED 700個を集積化させた光源の実測分布とシミュレーションの比較を行う必要がある。

6.2 集積化した多点光源

平面上にLEDを多数集積させるという方針で多点光源体を作り3m直下の照度分布を測定した。図1に, その多点光源の試作器とその特性を示す。LEDを集積化することによりかなりの発熱をするので, 放熱対策が必要である[3]。

試作した700個の白色LED照明と, 従来の照明器具を用いて照射面の照度測定を行った。白色LED照明の計測の条件は, 試作した基板 ($135mm(x) \times 230mm(y)$を用いてx軸方向 (135mm))で実測を行った。LED照明とその他の照明器具は, 光源から3m直下の中心部の照射面から任意方向の外部に向かって10cm刻みで照度を測定した。照明器具の定格時の発光効率は白色LED照明15 lm/W, 蛍光灯60 lm/W, シリカ白熱電球14 lm/Wである。従来照

Electric power	21 W
(include rectifying circuit)	
Brightness	95000 cd/m^2
Illuminance	> 10000 lx
(at a distance of 30 cm from the LED array)	
Luminous perfomance	29.4 lm/W

図1 砲弾型白色LEDを集積化した光源

---

*1 Tsunemasa Taguchi 山口大学 工学部 電気電子工学科 教授
*2 Katsuya Kobashi 山口大学 工学部 電気電子工学科 技官

第7章　白色LEDの応用と実用化

明と白色LED照明の特性を表1に示す。白色LEDは、砲弾型透明エポキシ樹脂のレンズ効果により指向性を持っており半値角は15°である。LEDの一個当りの注入電流が10mAの時の消費電力は、26Wで照明直下での照度は363 lxあり、実用的な最低照度を10 lxと定義すると図1に示すように半径2mが照射範囲となる。次に消費電力15Wの蛍光灯の器具は、市販の卓上型スタンドを用いており、リフレクターには白色のプラスチックカバーが付いている。このカバーにより蛍光灯背面の光束は前面に反射され拡散照明する構造になっており、照射直下で26 lx、照射範囲は広く半径3.5mであった。最後に消費電力57Wのシリカ白熱電球の器具は、市販のスポットライト型でリフレクター構造は無く照明直下で14 lx、照射範囲は半径2mであった。

これらの結果から白色LED照明は、消費電力が2倍近いシリカ白熱電球との比較において、照射範囲が同程度であり、照明直下の照度に至っては25.9倍の照度が得られた。

表1　従来照明光源と700個の特性

光源	管径 (mm)	管長 (mm)	定格電力 (W)	全光束 (lm)	定格寿命 (h)	備考
蛍光灯	25.5	436	15	910	6,000	3波長昼光色
シリカ白熱電球	55	110	57	810	1,000	ホワイト
	縦 (mm)	横 (mm)				
白色LED照明	135	230	56	844	>50,000	青色発光+励起黄色

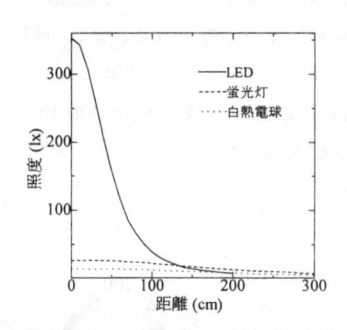

図2　3m直下における白色LEDを700個使用した照明と蛍光灯、白熱電球の照度比較

6.3　照度分布シミュレーション

試作した白色LED照明は点光源の集まりであり、個々にレンズを持っている従来にない光源であると考えられる。ここでは、LED光源は点光源の集まりと考え、それらを2次元に配列した時の照度分布のシミュレーションについて説明する。また、LED数百個を群体化させたものを単純に多点光源体と称することとする。

この多点光源体の照度は，以下に示す(1)，(2)，(3)，(4)式によって計算できる．ベクトル方向の表示はユークリッド空間表示 (x, y, z) を用いた．

$$E(x_D, y_D, z_D) = \sum_{i=1}^{N} \frac{I_i(\theta_i)}{r_i^2} \cos\delta_i \tag{1}$$

$$r = |r_{DA} - r_{Si}| = \sqrt{(x_D - x_{Si})^2 + (y_D - y_{Si})^2 + (z_D - z_{Si})^2} \tag{2}$$

$$\cos\delta_i = e_{Si} \cdot N_{DA} \tag{3}$$

$$\theta_i = \cos^{-1}(-e_{Si} \cdot e_z), e_z = (0, 0, 1) \tag{4}$$

ここで，E：受光面の上での照度，I：LEDの光束感度，r_{DA}：受光器を任意の位置に置いた時の受光器の平均的な位置ベクトルでおよそ受光器面の中点を取る (D: detector A: average)，r_{Si}：多点光源体 i 番目における任意の点光源の位置ベクトル (S: source)，r_i：r_{DA}からr_{Si}までの距離ベクトル，以降 i 要素距離ベクトルと称する，e_{Si}：i 要素距離ベクトルに対する単位ベクトル，N_{DA}：受光器の向きを示す方向ベクトル（法線ベクトル），$\cos\delta_i$：i 要素距離ベクトルと受光器法線ベクトルとのなす角のコサイン，光源からの受光面の見込み面積のための補正係数，θ_i：z 軸の負方向の単位ベクトル (0, 0, -1) と i 要素距離の単位ベクトルとのなす角．

図3は1点光源の要素と受光面に対してのベクトル関係を示す．原点はベクトル演算の性質上任意点でも良いが，ここでは仮に (0, 0, 0) とする．また，計算ではLEDは全て (0, 0, -1) 方向を向いていると仮定した．以上によって多点光源体における照度 (E) を求めることができる．上記(1)式を用いて調査したい受光面の位置ベクトルを変化させながら，任意点毎に照度を計算して図4に示す照度分布曲線を作成した．

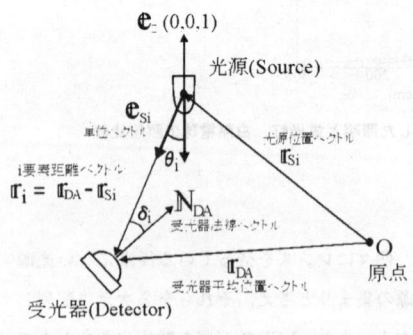

図3 多点光源による1点光源と受光器のベクトル関係

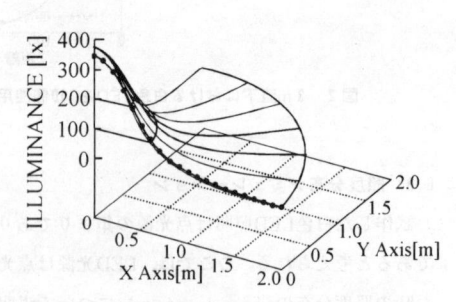

図4 白色LED700個使用した照明における仮想の照度分布

第7章 白色LEDの応用と実用化

この際，LEDの多くが円対称配光であるのでパラメータのみで計算を行った。また，周囲に反射物があった場合などの反射による照度量の加算は考慮されていない。この照度分布曲線は，図2のLEDの実測値（実線）と比較すると非常に良い一致を示し，このシミュレーションの有効性が確認された。

6.4 省エネルギー型街灯の試作と照明特性

システム構成は大きく分類して図5(a)に示すようにステンレス製の支柱と制御盤から構成されており，支柱には白色LED照明ユニットが120°の扇角に2基，大型の太陽電池，および人体センサから構成されている。制御盤は開発したマイコン式コントローラ，充放電器，12V鉛蓄電池(97AH)を直列に2個接続し24Vの電源から構成されている。

図6は開発街灯のシステム図で，太陽電池モジュールの公称値による最大出力電力は109Wである。開発コントローラの操作パネルは，メインスイッチ，セレクトスイッチ，液晶パネル，エラーランプ，太陽電池出力用電流モニタおよび鉛蓄電池電圧用モニタから構成されている。基板の中央部に書き換え可能なワンチップマイコンを搭載し，最終出力段のLEDの点灯用ドライバーにはMOS形電解効果トランジスタ（Metal-Oxide-Semiconductor-Field-Effect-Transistor: MOSFET）をLチャンネル用，Rチャンネル用の2個装備している。

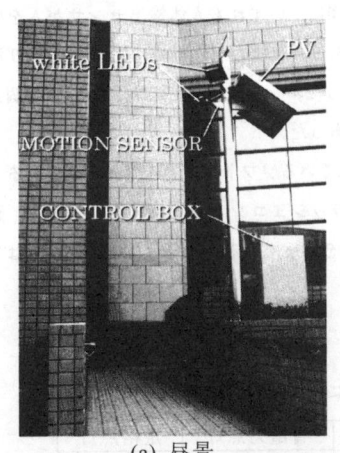

(a) 昼景　　　　　　(b) 夜景（点灯時）

図5　開発した白色LED街灯

カラーの図は巻頭ページをご覧下さい。

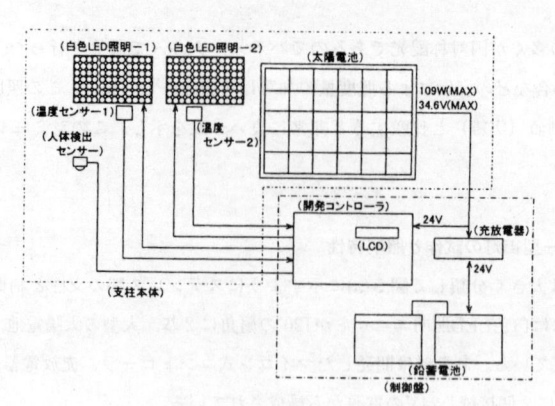

図6　開発街灯のシステムブロック図

　LED照明は直流点灯の定電流制御方式を採用しており，この照明装置には3種類の点灯方法が選択できる。表2に開発街灯の照明ユニット1基当りにおける点灯方法別の照度とLEDの消費電力を示す。

　照度計測は白色LED照明の中央部から3m直下で行った。1つは，待機点灯で街灯周囲に人がいない無人状態の点灯方式でLEDの1個当りの注入電流は，発光効率が最も良い1mAの点灯方式である。LED照明の消費電力は2.1Wで，照度は40 lx，そして発光効率は約45 lm/Wであった。他の2つの点灯方法については，図5(b)に示す様に，いずれも人体検出センサが人を感知した時の通常点灯方法で，省電力点灯と定格点灯がある。省電力点灯時のLEDの1個当り注入電流は10mAで消費電力は26Wで，照度は363 lxであった。一方，定格点灯時のLEDの1個当り注入電流は20mAで消費電力は56W，照度は665 lxであった。

　照明ユニットは，ワンチップマイコンに書き込まれているソフトウェアで制御されている。このワンチップマイコンは40ピンの8ビットCMOSフラッシュコントローラを用いており，動作クロックは20Hzで10ビットのアナログ/デジタル入力を持っている。開発したシステムではアナ

表2　照明3m直下の点灯方法別による照度と消費電力

項　目	待機点灯	省電力点灯	定格点灯
単位当りの電流 (mA)	1	10	20
照度 (lx)	40	363	665
消費電力 (W)	2.1	26	56

第7章 白色LEDの応用と実用化

ログ入力を鉛蓄電池の電圧の監視，LED基板温度の監視，太陽電池から発生する超電圧の監視に使用している。鉛蓄電池の電圧の監視は，定格24Wに対して異常になった時，LED基板温度の監視はLED基板が動作保証温度以上になった時であり，このいずれかの異常が発生すると照明は点灯しないシステムになっている。太陽電池の受光面は南向きで傾斜角度は35°に設置されており，日没の監視は太陽電池の起電圧で識別し，設定閾値以下になると日没と判断し，異常がなければ照明を点灯する。また，日没後の待機点灯時間や人を感知した後の，通常点灯の点灯時間，点灯方法などは液晶パネルに表示されるパラメータ値によりセレクトスイッチを介して任意に設定できる。ちなみに，4月における1ヶ月間の1日の時間当り平均出力は70Wh/Dであり，日射量を4時間とした場合に一日平均約280Wh/Dが発電されていることになる。一方，LED照明は夜間に，1日8時間点灯する様に設定しており，待機点灯を7時間，人などが街灯の人体検出センサで感知した時の定格点灯を1時間と仮定した場合に，点灯用ドライバーの消費電力を加えた時の待機点灯における1日当りの消費電力は47.04Wh/D，定格点灯で134.4Wh/Dとなり合計では，181.44Wh/Dが消費される。つまり，太陽電池が1日に発生できる総発電量の64.8%が夜間点灯に消費されることになる。また，開発したコントローラの消費電力は，約100mAで1日の消費電力は57.6Wh/D，1日の総発電量の20.06%を消費する。太陽電池からの発生電力は，充放電器によりパルス幅変調（Pulse Width Modulation: PWM）方式により効率的に鉛蓄電池に充電する独立型のシステムをとっている。開発コントローラと別ユニットに構成した理由は，開発コントローラに異常が生じた場合に，照明の制御が不安定な状態に陥っても，この充放電器によって充電と放電だけは，確実に動作することにより鉛蓄電池を保護している。逆に，充放電器に異常が発生した場合には，鉛蓄電池の電圧が異常になりコントローラがこの異常電圧を検出する。よって，日没になっても照明が点灯しないことから視覚的に異常を検地することができる。

6.5 LEDサインパネル

ここでは，太陽光発電を用いた省エネ型LEDサインパネル照明装置の特性について述べる。

従来，ネオン管などの放電管を用いたサインパネルが汎用品とされて使用されている。しかし，放電管を利用することにより，使用電気量が嵩む・高圧放電現象だから危険・高圧ガス封入が施されているので危険・ノイズが発生する・ランプ寿命がLEDより短いので取り替える必要があるなど多くのデメリットが挙げられる。しかし，サインパネル用光源としてLED光源を用いることによって，これらの欠点を一挙に改善することができる。

発光部では，今回使用する指向角15度の砲弾型LED光源による照射によってサインパネル表示部が一様に発光して見えていることが最も重要となる。LEDを隙間なく配置することによっ

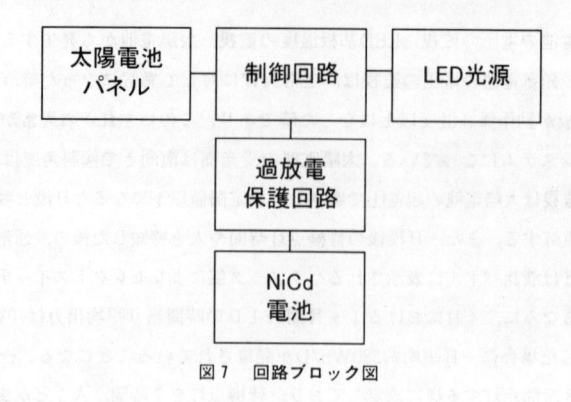

白色LED照明システム技術の応用と将来展望

図7 回路ブロック図

太陽電池パネル → 制御回路 → LED光源
制御回路 ↔ 過放電保護回路 ↔ NiCd電池

ても作製することができるが，LEDの使用個数が増加するのでコストが高く現実的でない。しかし，単に隙間を開けて配置しても，この砲弾型LEDの指向角15度という特徴により発光面に斑が発生する。

次に，設計した回路のブロック図を図7に示す。一般にLEDは電流制御によって明るさを変化させる。しかし，定電流駆動を行うならば定電流化のためにFETを用いた回路などの煩雑な周辺回路が必要となる。これらの周辺回路による熱損失によるシステム全体の効率が落ちてしまうことも考えられる。設計したサインパネルでは，文字の認識が可能であるということがその役割であるので，LEDは点灯時間の経過に伴った電池電圧低下による輝度の減少という現象は表示性能に大きな影響を与えないと考えている。そして，通常の照明装置とは異なり，このサインパネル照明装置には調光の必要が求められていないので電流を可変するシステムを要しない。そこで，定電流駆動ではなく回路設計が簡便となる定電圧駆動による点灯回路システムの採用をすることによりシステム導入の簡素化も念頭に置いたシステムとした。

このシステムで使用する砲弾型白色および有色（青色・緑色）LEDの1個当たりにおける定格駆動電圧は3.5V前後の値である。そのLEDを4個直列接続した時のLED4個を駆動するのに必要な電圧は約14Vとなる。また，今回使用を予定している電源であるニッケルカドミウム充電池の放電開始電圧は14V付近になる。したがって，4個のLEDを直列に接続することで適切な電流値を得ることができる。

このように定電圧駆動の回路システムを設計することにより，付随する周辺回路も少なくなり，さらにシンプルなシステムを構成することが可能となる。

また，定電圧駆動というこのシステムの特徴を最大限に活かすために，太陽電池出力電圧をフ

第7章 白色LEDの応用と実用化

ォトカプラに流れる電流より検出した。このフォトカプラ出力によりタイマーリレーを駆動し夜間点灯する構成として簡素化を実現した。

さらにニッケルカドミウム電池の過放電を保護する回路も組み込んだ。この過放電保護回路部はそれぞれのニッケルカドミウム電池に取り付け，電池電圧が基準電圧以下になると電池部を切り離すことにより過放電を保護する。また，過放電保護回路は，過放電時に電池電圧の復帰によって起こると想定されるチャタリング現象が発生することも予想できる。したがって，これを防ぐためオペアンプに正帰還をかけてヒステリシスを持たせた。

実証試験用に作製したサインパネルを図8に示す。高さが約3m，横幅が約70cmの筐体の内部に文字部には白色LEDを560個，側面のサイドライン部には青・緑色LEDをそれぞれ120個ずつ用いている。同程度の規模のサインパネルをネオン管で作製すると約1kWの電力が必要になるが，LEDを光源として利用することにより約1/20の48Wに抑えることになる。しかも，LEDの高輝度という特徴によって正面から発光部を目視するとまぶしいくらいの明るさになる。また，開発したシステムでは電源供給には太陽電池とニッケルカドミウム電池を組み合わせたものを採用している。昼間は太陽電池で発電した電気をニッケルカドミウム電池に充電する。充電した電力を夜間に点灯用電源として利用している。ニッケルカドミウム電池は鉛蓄電池と異なり，電解液を補充する必要がない。内蔵したニッケルカドミウム電池は1920Whの電池容量を備えている。これは使用したLED総数が800個なので，200並列のLED回路がある計算になり，充電池の定格電圧12V，LEDの定格電流20mAで約40時間連続点灯できる。リレー回路が駆動すると約5

(a)夜景（点灯時）　　　　　(b)昼景

図8　設置したLEDサインパネル

カラーの図は巻頭ページをご覧下さい。

表3 照明器具の応用と市場性

No.	LEDの特徴	照明器具のコンセプト	市場用途
1	指向性のある光	反射板不要、器具効率が高い	局部照射器具（スポットライト）
2	回路・ランプ組合せ自由	ランプ数、色、ビーム角の組合せ自由	用途別配光器具 最小電力で適正照度
3	発熱量が少ない	器具が薄くできる	ダウンライトの薄型化（天井施行の不要）
4	長寿命	メンテナンスフリー	省メンテナンスによる保守の軽減
5	軽い	動く機器への搭載	自動車、エレベータ、新幹線、飛行機等への搭載
6	低温に強い	低温器具への採用	寒冷地、冷凍庫等への検討

表4 照明用LEDの応用に対する将来予測

	期待されるLEDの照明の用途	将来の予測期待度	適用度向上のための要解決点・関連のコメントなど
1	一般照明	△	効率向上、単位電力の増大
2	道路照明	○	効率向上、配光改良
3	タスク照明	○	効率向上、演色性向上
4	アクセント照明	○	照度が低い、ディスプレイに近い
5	(劇場の)階段灯	○	必要照度が低い
6	フラッシュライト	○	ディスプレイに近い
7	誘導灯	○	ディスプレイに近い
8	交通信号灯	◎	現在既に普及しつつある
9	自動車電装用	◎	低電圧でLEDの適合性大
10	自動車前照灯	△	転位電力の増大、配光改良
11	液晶バックライト	◎	ディスプレイに近い

◎：大 ○：中 △：小

時間点灯するよう設定しているので，全く日照が無い日が8日間続いても点灯する能力を有する。したがって，サインパネルから非常用電源として外部に電源供給することもできる。

LEDの特徴を活かすと現状では，表3に示す様な用途への応用が考えられる。現在，日本電球工業会を中心として照明用の標準化と将来予測が表4に示す様にまとめられている。

6.6 おわりに

実用的な街灯の照明高さである3mからの照明直下におけるLED照明ユニット1基の定格点灯の消費電力は56Wで，シリカ白熱電球の57Wとの照度比は47.5倍ある。また待機点灯における消費電力は2.1Wで，これを15Wの蛍光灯の消費電力と比較すると，実に1/7であり照度比は1.5倍と，約800 lm程度の光束である従来照明器具と比較すると低消費電力で，局所的照度であるが非常に高い照度が得られた。この局所的照度は，先に本論でも述べたようにLEDのエポキシ樹脂のレンズ作用によるものであり，レンズの半値角を現在使用している15°より広角なものを選定すれば，照明直下の局在照度は低下することになる照射範囲を広くすることは可能である。

図5(b)は開発した白色LED照明による夜間時の定格点灯時の風景を示している。この街灯は設置後の点灯開始から3年経過した現在においても照度の低下等を含め大きな問題はまったく無

第7章　白色LEDの応用と実用化

く省エネルギー型照明光源として点灯している。現在は，実用面を確認する目的でこの街灯を大学近くのバス停に移設し試験を続けている。また，太陽光発電とニッケルカドミウム電池を組み合わせたシステムによって，商用電源の利用や多くのメンテナンスを必要としない完全独立型の半永久的な使用が可能な照明設備を紹介した。

　今後の課題として，指向性放射体を精密に測定するために，光源体積・測定体積・測定受光面などを考慮に入れた照明理論と測定法を確立する必要がある。そして，砲弾型LEDを光源として身近に利用するためには，配光シミュレーションソフトウェアのパラメータ設定の更なる改善が重要である。

文　　献

1) 小橋，内山，森，内田，田口，光アライアンス，**13**，19（2002）
2) 瀬戸本，内田，田口，照明学会論文誌，**85**，577（2001）
3) 田村，瀬戸本，田口常正，電気学会論文誌(A)，120，244（2000）

第8章　海外の動向，研究開発予測および市場性

田口常正*

1　はじめに

　1998年8月"21世紀のあかり"国家プロジェクトが発足後，約5年の間にアメリカを始めとする，海外諸国は軒並みにあかりプロジェクトと類似の計画を立案している。しかしながら，あかりプロジェクトほど大掛かりで組織的に運営されていたものはなく，国家予算も充分確保されていないのが現状である。特に，アジア諸国のなかで，台湾，韓国は白色LEDの研究開発に熱心で，2002年から積極的に日本の技術をキャッチアップしようと努力している。

　本章では，海外の開発動向を紹介し，アメリカ，台湾，韓国における白色LEDの技術と開発戦略について述べる。次に，LED照明の研究開発予測と将来の市場性に関しても言及する。

2　高効率白色LED開発の世界動向

　表1は，白色LEDを開発および商品化している海外の研究機関から出されている特性をまとめたものである。白色LEDはすべて蛍光体を励起するタイプが製品化されており，それらのい

表1　高効率白色LEDの特性と世界の動向

研究機関・企業	手法蛍光体	励起光源外部量子効率(%)	基板	白色光効率(lm/W)	平均演色評価数(Ra)	製品化
①21世紀のあかり	RGB OYGB	近紫外 43、35	サファイア (加工)	30 >40	93 >93	
②日亜化学工業	Y ?	青色 35 近紫外 35	サファイア (加工)	61 50	<70 ?	未定（通常の白色LEDはすでに販売）
③豊田合成	RGB	?	サファイア	<10	?	2002年10月サンプル出荷
④オスラムオプト	RGB	30	SiC	30		2003
⑤Cree lighting	RGB	30	SiC	30		2003
⑥GE lighting	RGB (OYGB)	30	サファイア SiC	30	70	2003
⑦Lumileds	GR	青色 28	サファイア	>30	>70	2002製品化

*　Tsunemasa Taguchi　山口大学　工学部　電気電子工学科　教授

くつかはすでに商品化され市場に出回っている。表1には，7研究機関が挙がっているが，日本は，①21世紀のあかり研究体，②日亜化学工業㈱，③豊田合成㈱，ドイツは，④オスラム社，アメリカは，⑤Cree Lighting，⑥GE Lighting，⑦Lumiledsである。

表2は，アメリカのOIDA（Optoelectronic Industry Development Association）が中心になって，1999年にNational Research Program on Semiconductor Lightingプロジェクトを立ち上げた時の目標値と予算要求額である。DOE（department of energy）がDARPAを通じて予算を振り分けるような構図になっている。"21世紀のあかり"プロジェクトと異なっているところは，蛍光体励起用の光源はVCSEL型のUVレーザーを考えている[1]。しかしながら，このプロジェクトは結果的に予算がつかなかった。米国，欧州において，この様な大型国家プロジェクトの立案は例がない。

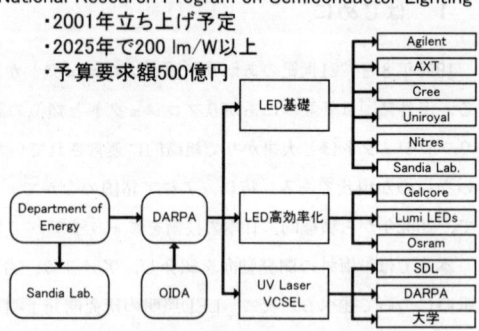

表2 1999年Sandia国立研究所，OIDAのSemiconductor Lightingプロジェクトの組織案

National Research Program on Semiconductor Lighting
・2001年立ち上げ予定
・2025年で200 lm/W以上
・予算要求額500億円

2.1 アメリカ

最近，SEMATECHコンソーシアムモデルとDOEビジネスモデルに基づいたSolid State Lighting（SSL）プロジェクトの立案が図られている。特に，表2に示した様にSandia国立研究所を中心に1999年以降毎年国家予算の要求を行っている[1～3]。表3は，2020年までのアメリカのテクノロジーロードマップである。2007年に白熱電球を代替，2012年に蛍光ランプを代替し，2020年にすべての光源を置換えようとする戦略的な値である。

表3 アメリカにおける2020年までのSSLロードマップ

TECHNOLOGY	SSL-LED 2002	SSL-LED 2007	SSL-LED 2012	SSL-LED 2020	Incandescent	Fluorescent
Efficacy (lm/W)	25	75	150	200	16	85
Lifetime (khr)	20	>20	>100	>100	1	10
Flux (lm/lamp)	25	200	1,000	1,500	1,200	3,400
Cost ($/klm)	200	20	<5	<2	0.4	1.5
Color Render Index (CRI)	75	80	>80	>80	95	75
Markets Penetrated	Low-flux	Incandescent	Fluorescent	All		

第8章 海外の動向,研究開発予測および市場性

2.2 台湾

ITRI (Industrial Technology and Research Ind.,) を中心として"Next generation lighting"プログラムを2002年に立ち上げ,R/Dコンソーシアムを組織した[4]。2002～2005年の3年間で50 lm/Wの白色LEDを実用化する計画である。R/Dとしては100 lm/Wが目標である。"21世紀のあかり"プロジェクトと同じ様に,エピタキシー,プロセス,製造,パッケージング,モジュール,デバイス,応用が出来る企業を集めている。中でも,LEDで実績のあるEpistar等が参加している。

2.3 韓国

Kwangju(光州)にあるKorea Photonics Technology Institute (KOPTI)が中心になって"White LED industry of Solid State illumination"プロジェクトを立ち上げようとしており,2000～2003年3月までにロードマップ作りが完了している[5]。表4は,2002年12月プロジェクトのキックオフを目的に韓国,光州市で開催された第1回セミナーのプログラムである。

2.4 その他

中国でも,北京大学と企業を中心に,青色,緑色LEDの実用化,2001～2007年間で照明用白色LEDの開発を目指している。ドイツではオスラム社がレーゲンスブルグの本社にLED製造工場を設立し,本格的にLED照明器具の作製に取り掛かる姿勢をうち出している。英国は,ケンブリッジ大学を中心に白色LED開発を進める準備中である。

表4 1st Photonic Semiconductor Industrial Technology Workshop Program schedule(White LED technology for lightings)

Time	Title
09:30～10:10	Registration
	Youngmoon Yu (KOPTI, Technology Support & Business. Incubation Ctr/Manager)
10:10～10:25	Opening announcement, Sang Sam Choi. (President of KOPTI)
	Celebration announcement, Kwang-ta Park. (Mayor of Gwangju)
	Celebration announcement, Sijoong Kim. (President of KOFST)
	Presider: Prof. Sungjoo Park (K-JIST)
10:30～11:10	Efficient AlGaInN-based UV-LEDs in 350-370 nm Wavelength Prof. Sakai, Shiro (Tokushima University, Japan)
11:10～11:40	Recent trend of Epitaxy technology for LED lightings President Taekyung Yu (Epi-Valley Inc..)
11:40～12:10	High efficiency Ultra violet (UV) LED fabrication technology Manager Donsoo Kim (Itswell Inc..)
12:10～13:10	Lunch
	Presider: Prof. Gyemo Yang (Cheonbuk Univ..)
13:10～13:50	Recent Progress & Future Prospect of White LED Lighting Technology in Japan Prof. Taguchi, Tsunemasa (Yamaguchi University, Japan)
13:50～14:20	Nitride-based LED fabrication processes Dr. Sijong Lim (LG Electronic and technology institute)
14:20～14:50	Recent Progress of Nitride-based Emitter Research in SAIT (Samsung Advanced Institute of Technology) Dr. Cheolsoo Sone (Samsung Advanced Institute of Technology)
14:50～15:10	Coffee Break
	Presider: Prof. Euijoon Yoon (Seoul Nat'l Univ.)
15:10～15:40	Trends of fabrication technology of sapphire wafers Dr. Youngmoon Yu (Korea Photonics Technology Institute)
15:40～16:10	Development of fabrication & evaluation technology of LED phosphor materials Dr. Heedong Park (Korea Research Institute of Chemical Technology)
16:10～16:40	GaN Landscape: Today and Tomorrow Dr. Daniel Noh (Emcore Corp., USA)
	Presider: Dr. Youngsik Park (Korea Photonics Technology Institute)
16:40～17:10	Raising Policy of Photonic Semiconductor Industry of Gwangju city Economy & Trade division-director Jinate Hong (Gwangju city)
17:10～17:15	Closing Remark Prof. Suk-ki Min (Korea Univ., KOFST)
18:00～20:00	Dinner & Free talking

3　研究開発予測

日経エレクトロニクスの大久保記者らが非常にうまくまとめているので，以下にこれを参考にして記述する[6]。

白色発光ダイオード（LED）の発光効率はここ数年で，約1桁近く上がっており，今後も改善されてゆくことは間違いない。2004年には，一般家庭で使われている蛍光灯とほぼ同等の60 lm/W級のものが市場に出回り，2007年には研究開発レベルで，100 lm/Wに達すると予想される。このような発光効率の向上は，これまでは主にLEDチップの材料の改良で出来たが，2005年以降にはLEDチップの形状そのものを改良する技術が重要であるものと考えられる[6]。

図1に3種類の白色LEDの発光スペクトルを示した。照明用途では演色性を高めるため，できるだけ太陽光のスペクトルに近い白色LEDが理想とされる。現在，白色LEDの主流である青色LEDと黄色の蛍光体材料を組み合わせた品種は赤色と緑色の発光が弱い。平均演色評価指数（Ra）は70程度であり，太陽光には程遠い。そこで，赤色と緑色の発光を強めるため，豊田合成は"21世紀のあかり"計画で提案したモデルと同様の近紫外LED（～382nm）を光源として赤色，緑色，青色の蛍光体材料を励起して白色光を得る白色LEDを2001年に発売した。ただし，青色から赤色までの中間領域での発光が弱く，Raは40にとどまっていた[6]。同社は2002年末になってこの中間領域での発光を強めた白色LEDを発売した。研究開発レベルでは，より太陽光のスペクトルに近づける白色LEDが発売されている。山口大学の田口研究室は，第2章図12に示した様に，近紫外LEDチップに橙色，黄色，緑色，青色の4種類の蛍光体材料を組み合わせた白色LEDを開発した。Raは93である。

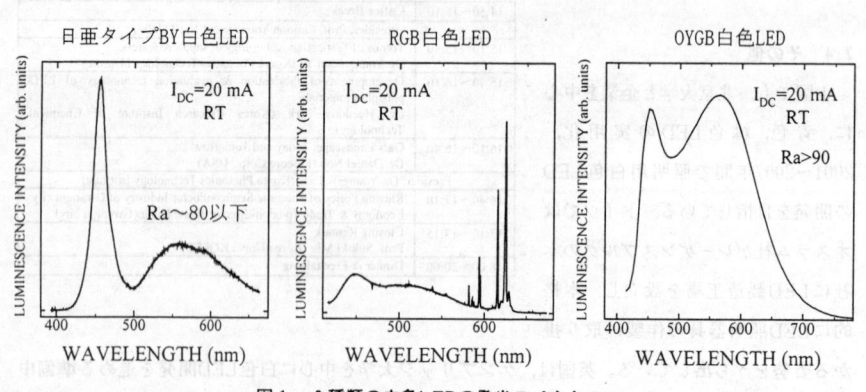

図1　3種類の白色LEDの発光スペクトル

第8章 海外の動向，研究開発予測および市場性

　白色LEDの発光効率が，高効率な蛍光灯と同等の発光効率（100 lm/W）を達成するには，励起源の外部量子効率（η_e）が青色LEDチップを光源にした場合に最低40％，近紫外LEDチップの場合には同50％が必要になると予想されている[6]。

4　市場性

　欧米では，応用製品の運用までを含めたトータルコストが引き合えば市場を立ち上げやすい状況にあり，LED照明に関係したダイナミックな事業化が考えられ，事業化の実力ある企業は多数予想される。

　欧米に於ける照明用途向けLEDの商品化・需要・事業化動向を考えると，現時点で，
① LEDの「性能」，「コスト」等から考えると，直ちに白熱灯や蛍光灯に代替し得る提案は無い。
② LEDは，現在のところ，「局部の部分的な照明」に限定されている。
③ 「特許問題の解決」，「技術の向上」等が市場の拡大の要因になる。
④ 「人間の眼に対する影響」検討，さらに「視覚ストレス」としての検討の必要性がある。
⑤ 米国では，電力の豊富な州もあり，必ずしも「省エネルギー」を目的としていない例もある。

　白色LEDはこれまで，インジケータや大型ディスプレイ，携帯電話機バックライトで使われてきた。高効率と高出力化に伴い，数100mAの高電流素子が開発され，図2に示す様に，"表示

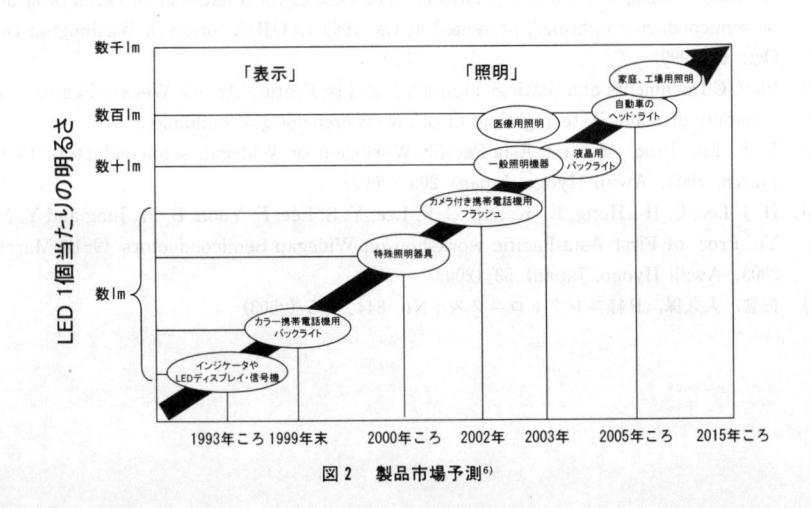

図2　製品市場予測[6]

光源"から,照明用途への活躍の場が広がってきた。特に,チップサイズ1mm²角の高出力LEDは,2003年には一般照明,2005年には自動車のヘッド・ランプにも搭載される予想がある。カメラ付き携帯電話機の撮影用フラッシュとしての採用も2002年から始まり,2003年には一気に切り替わりそうな勢いである[6]。表示用でもLEDの高出力化を受けて用途が広がる。2003年には15インチ型よりも大型の液晶モニタで高出力LEDが採用される見通しである[6]。さらに,医療用光源への応用も考えられている。2010~2015年には,我々の家族,工場,オフィスの蛍光灯の一部が代替されてゆくことになる。

5 おわりに

"21世紀のあかり"国家プロジェクト発足後,海外で類似のプロジェクトの立案が多くあり,世界の研究開発動向から目を離せなくなってきた。特に,アメリカは,2020年に200 lm/Wという目標値を掲げており,将来この値が実現されればこれからの照明産業は大きく変わってゆくことになる。

文　献

1) R. Haiz, F. Kish, J. Tsao and J. Nolsm, "The case of for a national research program on semiconductor lighting", presented at the 1999 to OJDA forum in Washington DC, Oct., 6 (1999)
2) file://C Documents and Settings akojima Local se Feature Article Weekly Feature. Ht
3) Frontiers in Solid State Lighting, http://www.eren.doe.gov/buildings
4) Y. S. Liu, Proc. of First Asia-Pacific Workshop or Widegap semiconductors (9-12 March, 2003, Awaji Hyogo, Japan) 205 (2003)
5) H. J. Lee, C. H-. Hong, E. -K. Suh, C. R. Lee, Y. S. Lee, E. Yoon, B. M. Jung and Y. M. Yu, Proc. of First Asia-Pacific workshop on Widegap Semiconductors (9-12 March, 2003, Awaji Hyogo, Japan) 53 (2003)
6) 白倉,大久保,日経エレクトロニクス,No. 844, 105 (2003)

第9章　まとめと今後の課題および将来展望

田口常正*

1　はじめに

真空管がダイオード，トランジスターに置き換わったと同じように，21世紀に入りLED（Light-emitting diode：発光ダイオード）が固体照明光源として取り扱われる様になってきた。特に，2003年に入り，白色LEDの発光効率が30～60 lm/Wとなり，白熱電球の効率を凌ぎ，蛍光灯に近づきつつある。図1は白色LEDの様々な応用例を示す。日本ではいち早く，固体照明工学と新しいLED照明システムの到来を予測し，"21世紀のあかり"国家プロジェクトをスタートさせ，一般照明への応用に関する研究に取組んできた。一方，米国を中心とした諸外国も，2000年から国家プロジェクトの立案をはかり，日本の白色LED技術に迫ってきている。今日，20年後の照明産業を予測するのも夢ではなくなり，まさに，照明技術・システム・デザインの分野に新風が舞い上がり，照明革命が起こっていることを告げている。

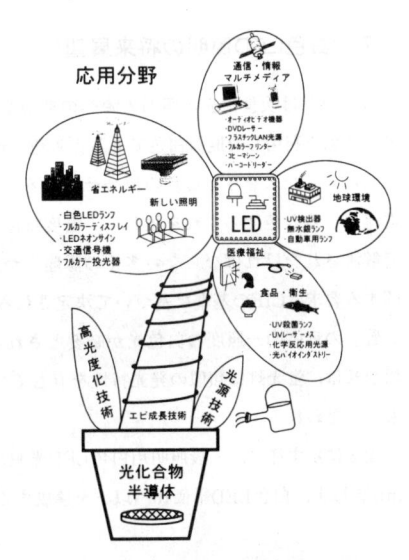

図1　白色LEDの応用

白色LEDの高効率化技術の進展には目を見張るものがあり，わずか5年程度でほぼ成熟した技術となった。今後さらなる高効率・高演色性白色LEDの開発と製品化が期待される。

特徴をまとめると以下の様になる[1]。

① LEDは化合物半導体の積層構造から成り，エピタキシャル成長法により作成される。
② 光は自然放出メカニズムで活性層外部に外出される。放射光は積層構造内から直接又は反射しながら放射される。

＊ Tsunemasa Taguchi　山口大学　工学部　電気電子工学科　教授

③ 電球等と違い単一な比較的発光帯幅の狭い光である。発光波長は化合物半導体材料によって決まる。
④ 現在，LED作製に最も重要な材料はAlInGaPとInGaN（又はAlInGaN）系半導体であり，高効率赤色から青色発光を示す。外部量子効率は約50%近く上がっている。
⑤ GaN系近紫外又は紫外LEDと蛍光体を用いることで，すべての可視光と白色光を発光することが可能であり，新しい表示・照明光源として期待される。

2 白色LED照明の将来展望[2]

白色LEDは次世代表示照明光源への期待が高いが，商品化されている砲弾型白色LED光源は補色関係を利用した擬似白色である。青色と黄色の色ギャップを生じ，色彩学的見地からすると人間にストレスを与える色の組合せである。さらに，高い演色性（Ra＞90）が得られない。高電流になると色度のずれを生じる，温度特性が悪いなど，将来，一般照明用白色LED光源として解決されなければならない多くの課題をかかえている。LEDによる照明用白色光の「質」に関する要求はCIEの基準に基づいて決定されるものであり，3波長蛍光灯と同じく演色性の高い「質」の良い均一照度の白色光が必要とされる。その意味でも近紫外LEDとRGB蛍光体による組合せは，蛍光灯に類似の発光特性を有しており，今後の技術革新によってはこれが主流になるものと思われる。

図2に示す様に，一般照明用白色LED光源に期待される目標値は，2010年までに発光効率100 lm/W以上，白色LED単価10円以下を達成することであり，今後，実用化研究が世界各国で凌ぎ

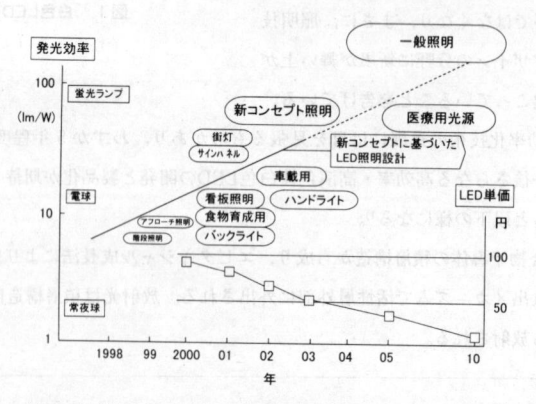

図2　年代順にみた白色LED光源の応用例とLED単価予測

第9章 まとめと今後の課題および将来展望

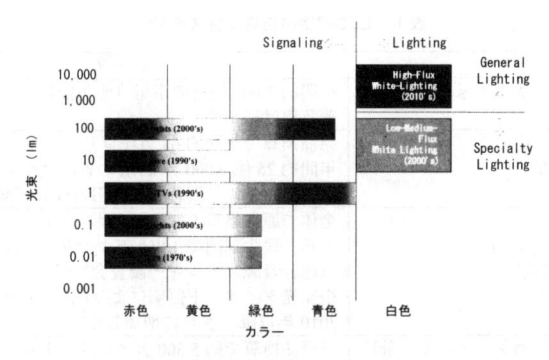

図3 発光色と光束による応用分野

を削って行われていくものと予想される。さらに，図3に示す様に，高光束（1,000 lm）が各種LEDで実現出来れば，完全に従来の電球，蛍光灯等を代替することが可能になる。これから10年間の技術革新に大いに期待したい[3]。

高い省エネルギー効果や半永久的に使用できるといった優れた特性，さらには国民一人の省エネルギーに対する関心等から，発光ダイオード照明は，実用化後，急速に普及が進むと考えられる。2010年において，照明器具の年間販売量（年間市場）の70%を発光ダイオード照明が代替すると仮定すれば，発光ダイオード照明の年間市場は，図4に示す様に約5,000億円にも上ると予想される。

2010年，発光ダイオード照明が5,000億円市場に達した場合，日本で普及している全ての電球・蛍光灯類のおおよそ10%が発光ダイオード照明に入替わった，つまり，普及率が10%に達することになる。

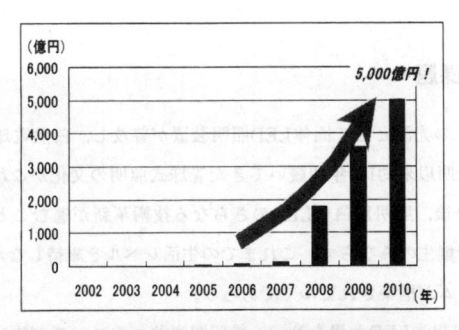

図4 発光ダイオード照明器具市場予測

白色LED照明システム技術の応用と将来展望

表1　LED照明の市場と将来予測[4]

項目	データ
発光ダイオード予測市場 （2010年）	年間約5,000億円の市場（照明器具） 普及率は約10%
発光ダイオード照明の 省エネルギー量 （2010年）	原油換算で年間約63万キロリットル 年間約25億9,000万kWhの省エネルギー 電力料金で、年間約505億円の経費節減
2010年に向けた政府の 省エネルギー目標 （2001年策定）	全体で原油換算5,700万キロリットル うち、民生部門で1,860万キロリットル （総合資源エネルギー調査会） ※発光ダイオード照明により民生部門の3%に相当 2010年以降、さらに増加していく。
（全過程の年間消費エネルギー量） （1999年）	（原油換算で約5,500万キロリットル） （資源エネルギー庁データより）

　表1に示す様に、発光ダイオード照明を導入したことによる省エネルギー効果は、約26億kWh、原油換算で約63万キロリットルにも上る。これは、日本の全家庭の年間消費エネルギーの約1.1%に相当し、電力料金に直すと、合計で約505億円の経費節減になる。

　2010年に向けた政府の省エネルギーの目標は、民生部門で原油換算1,860万キロリットルである。即ち、発光ダイオード照明のみで、民生部門の約3.4%の目標を達成することができる。むろん、この値は、発光ダイオード照明を導入した直接的な効果のみについてであり、発熱量が小さいことによる冷房効率の向上や、ランプの取り替えが要らないことによる省資源といった点も含めれば、なお大きな効果が見込まれる[4]。

　さらに、こうした省エネルギー効果に加えて、発光ダイオード照明は、国民一人一人が手軽に省エネルギーに取り組むことを可能とし、ひいては地球環境の保護に貢献できるということを、実感させてくれることにも大きな意義がある。発光ダイオード照明を購入するだけで、あらゆる人が地球温暖化、地球環境の保護に貢献していける。

3　将来展望と課題

　21世紀に向けて第4の光源として固体LED照明装置が普及し、白熱電球・蛍光体が置き換わり、エジソンの電球発明以来約120年間続いてきた管球式照明の文化がこれから変わってゆくことは明らかである。今後、照明用白色LEDのさらなる技術革新が進むことにより、21世紀の前半には、照明文化の新創生のみならず、これまでの生活レベルを維持しながら、省エネルギーで安全な社会環境システムが構築されてゆくであろう。

　白色LEDは従来の可視光LEDと異なり、一般照明光源へのニーズが強い。しかしながら、そ

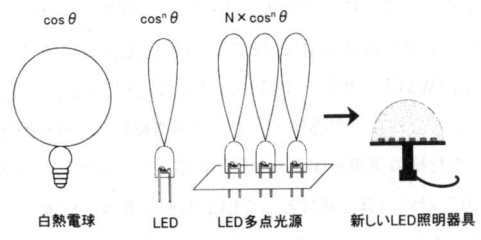

第9章 まとめと今後の課題および将来展望

図5 多点光源と配光特性の模式図
比較のために白熱電球の場合も示した。
また，新しい光源の予想図も示した。

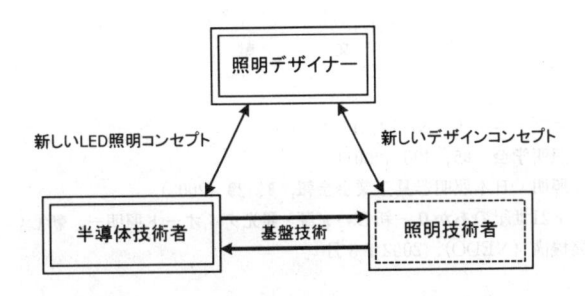

Semiconductor-Lighting（半導体照明）technology and system

図6 共通の専門知識に基づいて新しい半導体LED照明コンセプトを作り出す
半導体技術者，照明・システム技術者と照明デザイナーの連携

の応用には多くの光量（数十～数千lm）を必要とするため，図5に示した様に多点のLEDを集積化した光源ではなく高光束LEDと照明器具が一体化した新しいLED照明システムの実現が待たれる。さらに，白色LED照明光源システムの実現に向けて，図6に示した様に，半導体工学，発光素子工学と照明工学の研究者，技術者の連携による新しい技術革新が不可欠である。更に，白色LED照明光源が，人間の生活，環境に適応するか否かは人間の生理・心理的効果が入り込むため，感性工学的な研究も必要である。今後，照明・インテリアデザインを含む様々な分野の研究者・技術者の協力が必要となる。

LED照明用白色光の"質"には，3波長蛍光灯と同じく演色性の高い"質"の良い均一照度の白色光が必要とされる。その意味でも近紫外（nUV）と多色発光蛍光体による組合わせは，蛍光灯と類似の発光特性を有しており，今後の技術革新によってはこれが主流になるものと思われる。米国では，光出力ワット（W）クラスの多点光源白色LEDの開発およびUV LEDとRGB

蛍光体の組合わせによる高性能白色LEDの実用化に向けた取り組みが行われている。1兆円といわれる一般照明用光源と照明器具市場において，白色LED光源に期待される目標値は，2010年までに発光効率100 lm/W以上，単位光束25 lm以上，1 lmが1円以下，寿命1万時間以上を達成することである。しかしながら，半導体メーカーと照明機器メーカーが連携してどのようなコンセプトの，どのような仕様の照明を作るのか真剣に取り組まなければ照明として利用が広がらない。"21世紀のあかり"計画の第二期目としてLED照明の普及・促進を進めるために国際標準化とインフラ整備の活動を行うことが必要である。

文　献

1) 田口常正, オプトニクス, No.12, 11 (2000)
2) 田口常正, 照明学会, **85**, 496 (2001)
3) 田口常正, 照明, 日本照明器具工業会会報, **8**, 29 (2003)
4) パンフレット21世紀のあかり―新しい光源・発光ダイオード照明―, 新しいエネルギー・産業総合開発機構 (NEDO), 2002年3月

《CMCテクニカルライブラリー》発行にあたって

弊社は、1961年創立以来、多くの技術レポートを発行してまいりました。これらの多くは、その時代の最先端情報を企業や研究機関などの法人に提供することを目的としたもので、価格も一般の理工書に比べて遙かに高価なものでした。

一方、ある時代に最先端であった技術も、実用化され、応用展開されるにあたって普及期、成熟期を迎えていきます。ところが、最先端の時代に一流の研究者によって書かれたレポートの内容は、時代を経ても当該技術を学ぶ技術書、理工書としていささかも遜色のないことを、多くの方々が指摘されています。

弊社では過去に発行した技術レポートを個人向けの廉価な普及版《CMCテクニカルライブラリー》として発行することとしました。このシリーズが、21世紀の科学技術の発展にいささかでも貢献できれば幸いです。

2000年12月

株式会社　シーエムシー出版

白色LED照明システム技術と応用　　(B0851)

2003年 6 月30日　初　版　第 1 刷発行
2008年 6 月22日　普及版　第 1 刷発行

監　修　田口常正　　　　　　　　　　　　Printed in Japan
発行者　辻　賢司
発行所　株式会社　シーエムシー出版
　　　　東京都千代田区内神田1-13-1　豊島屋ビル
　　　　電話 03 (3293) 2061
　　　　http://www.cmcbooks.co.jp

〔印刷　倉敷印刷株式会社〕　　　　　　　　© T. Taguchi, 2008

定価はカバーに表示してあります。
落丁・乱丁本はお取替えいたします。

ISBN978-4-7813-0008-5 C3054 ¥3600E

本書の内容の一部あるいは全部を無断で複写（コピー）することは、法律で認められた場合を除き、著作者および出版社の権利の侵害になります。

CMCテクニカルライブラリーのご案内

耐熱性高分子電子材料の展開
監修／柿本雅明／江坂 明
ISBN978-4-88231-973-3　　　　B844
A5判・231頁　本体3,200円＋税（〒380円）
初版2003年5月　普及版2008年3月

構成および内容：【基礎】耐熱性高分子の分子設計／耐熱性高分子の物性／低誘電率材料の分子設計／光反応性耐熱性材料の分子設計／【応用】耐熱注型材料／ポリイミドフィルム／アラミド繊維紙／アラミドフィルム／耐熱性粘着テープ／半導体封止用成形材料／その他注目材料（ベンゾシクロブテン樹脂／液晶ポリマー／BTレジン 他）
執筆者：今井淑夫／竹市 力／後藤幸平 他16名

二次電池材料の開発
監修／吉野 彰
ISBN978-4-88231-972-6　　　　B843
A5判・266頁　本体3,800円＋税（〒380円）
初版2003年5月　普及版2008年3月

構成および内容：【総論】リチウム系二次電池の技術と材料・原理と基本材料構成／【リチウム系二次電池材料】コバルト系・ニッケル系・マンガン系・有機系正極材料／炭素系・合金系・その他非炭素系負極材料／イオン電池用電極液／ポリマー・無機固体電解質 他／【新しい蓄電素子とその材料編】プロトン・ラジカル電池／海外の状況
執筆者：山崎信幸／荒井 創／櫻井庸司 他27名

水分解光触媒技術 -太陽光と水で水素を造る-
監修／荒川裕則
ISBN978-4-88231-963-4　　　　B842
A5判・260頁　本体3,600円＋税（〒380円）
初版2003年4月　普及版2008年2月

構成および内容：酸化チタン電極による水の光分解の発見／紫外光応答性二段階光触媒による水分解の達成（炭酸塩添加法／Ta系酸化物へのドーパント効果 他）／紫外光応答性二段光触媒による水分解／可視光応答性光触媒による水分解の達成（レドックス媒体／色素増感光触媒 他）／太陽電池材料を利用した水の光電気化学的分解／海外での取り組み
執筆者：藤嶋 昭／佐藤真理／山下弘巳 他20名

機能性色素の技術
監修／中澄博行
ISBN978-4-88231-962-7　　　　B841
A5判・266頁　本体3,800円＋税（〒380円）
初版2003年3月　普及版2008年2月

構成および内容：【総論】計算化学による色素の分子設計 他／【エレクトロニクス機能】新規フタロシアニン化合物 他／【情報表示機能】有機EL材料 他／【情報記録機能】インクジェットプリンタ用色素／フォトクロミズム 他／染色・捺染の最新技術／超臨界二酸化炭素流体を用いる合成繊維の染色 他／【機能性フィルム】近赤外線吸収色素 他
執筆者：蛭田公広／谷口彬雄／雀部博之 他22名

電波吸収体の技術と応用 II
監修／橋本 修
ISBN978-4-88231-961-0　　　　B840
A5判・387頁　本体5,400円＋税（〒380円）
初版2003年3月　普及版2008年1月

構成および内容：【材料・設計編】狭帯域・広帯域・ミリ波電波吸収体／【測定法編】材料定数／電波吸収量／【材料編】ITS（弾性エポキシ／ITS用吸音電波吸収体 他）／電子部品（ノイズ抑制・高周波シート 他）／ビル・建材・電波暗室（透明電波吸収体 他）／【応用編】インテリジェントビル／携帯電話など小型デジタル機器／ETC【市場編】市場動向
執筆者：宗 哲／栗原 弘／戸高嘉彦 他32名

光材料・デバイスの技術開発
編集／八百隆文
ISBN978-4-88231-960-3　　　　B839
A5判・240頁　本体3,400円＋税（〒380円）
初版2003年4月　普及版2008年1月

構成および内容：【ディスプレイ】プラズマディスプレイ他／【有機光・電子デバイス】有機EL素子／キャリア輸送材料 他／【発光ダイオード(LED)】高効率発光メカニズム／白色LED 他／【半導体レーザ】赤外半導体レーザ 他／【新機能光デバイス】太陽光発電／光記録技術 他／【環境調和型光・電子半導体】シリコン基板上の化合物半導体 他
執筆者：別井圭一／三上明義／金丸正剛 他10名

プロセスケミストリーの展開
監修／日本プロセス化学会
ISBN978-4-88231-945-0　　　　B838
A5判・290頁　本体4,000円＋税（〒380円）
初版2003年1月　普及版2007年12月

構成および内容：【総論】有名反応のプロセス化学的評価 他／【基礎的反応】触媒的不斉炭素-炭素結合形成反応／進化するBINAP化学 他／【合成の自動化】ロボット合成／マイクロリアクター 他／【工業的製造プロセス】7-ニトロインドール類の工業的製造法の開発／抗高血圧薬塩酸エホニジピン原薬の製造研究／ノスカール錠用固体分散体の工業化 他
執筆者：塩入孝之／富岡 清／左右田 茂 他28名

UV・EB硬化技術 IV
監修／市村國宏　編集／ラドテック研究会
ISBN978-4-88231-944-3　　　　B837
A5判・320頁　本体4,400円＋税（〒380円）
初版2002年12月　普及版2007年12月

構成および内容：【材料開発の動向】アクリル系モノマー・オリゴマー／光開始剤 他／【硬化装置及び加工技術の動向】UV硬化装置の動向と加工技術／レーザと加工技術／【応用技術の動向】缶コーティング／粘接着剤／印刷関連材料／フラットパネルディスプレイ／ホログラム／半導体用レジスト／光ディスク／光学材料／フィルムの表面加工 他
執筆者：川上直彦／岡崎栄一／岡 英隆 他32名

※書籍をご購入の際は、最寄りの書店にご注文いただくか、㈱シーエムシー出版のホームページ（http://www.cmcbooks.co.jp/）にてお申し込み下さい。